入門

食と農の人文学

湯澤規子／伊丹一浩／藤原辰史

編著

ミネルヴァ書房

ま え が き

「食は研究のテーマになりますか」。高校生からこんな質問を受けたことがある。近所に様々な国籍を持つ住民が増えると同時にエスニック料理店が次々とできたことに気づいた彼女は，それについて自ら学び，探究したいと考えたが，周りから「研究のテーマにならないのではないか」と言われ，逡巡していた。せっかく身近な食の事象を通して社会や世界に関する問いが生まれても，その学びと探究の扉の前で戸惑い，立ち止まってしまう。それはこの高校生に限らず，私の周りにいる大学生たちも同様で，まさに本書を手に取ってくれたあなた自身も，そのような問いと悩みを持っている一人なのかもしれない。

　この背景には大きく分けて二つの要因がある。一つは，「食」をめぐる事象はあまりにも身近であるため，学術研究の対象にはなりにくいと多くの人が思いがちだからである。冒頭の「テーマにならない」というアドバイスはこれに起因するだろう。もう一つは，古今東西，絶え間なく続いてきた食と農の世界はあまりにも広く，深く，複雑であるため，一つの学問領域に収まりきらないからである。そのため，足を踏み入れてはみたものの，方向を見失いやすいという不安がつきまとう。

　他方，昨今では，国内外を問わず，様々な分野から食やそれを支える事象に関する意欲的，かつ魅力的な研究が続々と登場している。それは学問の分野横断という動きにとどまらず，学問という枠さえ越えて，文芸やジャーナリズムの領域にも広がっている。いや，むしろ学問として食と農を多面的に論じるという動きは，文芸やジャーナリズムの発信にも多くを学びながら，近年ようやく始まったというべきなのかもしれない。編者である私たちもその例外ではない。とはいえ，個々の研究者や表現者は未だ孤立した点として仕事をするにとどまり，共通の場で議論を深める機会が少なかった。

　この状況に鑑み，分野を超えた食や農の議論を展開するプラットホームが必

要だという伊丹一浩さんの提案を受けて，私たち3人が「食と農の歴史研究会」という手弁当の会を立ち上げたのは2017年のことである。その研究会で出会った人や研究にはいずれも規格外の迫力と魅力，そしてオリジナリティがあり，研究会のたびに新しい発想を得ることができた。そして，食と農は人間の営為と深く関わる人文事象であるがゆえに，喜びや美しさだけでなく，いびつさや矛盾を合わせ持つことにも気づかされた。だから，研究会で私たちが抱いた，こうした感慨や気づきを，食や農の探究に関心を持つ初学者たちに伝える場を創りたいと考えたのは，ごく自然な流れだった。そうすることで，たとえば，冒頭の高校生の質問に応答できるかもしれない。具体的には，「食と農の人文学」と題して，様々な分野とフィールドを持つ24人の執筆者が，自らの研究とそのプロセスについて経験を含めて語り，食と農をめぐる研究の入門書を編むことにした。それが本書刊行の経緯である。

　執筆者は，食や農に関するユニークな研究や作品を発信している研究者，ジャーナリスト，作家である。その経験を一冊の本としてつないでみると，点から線へ，そして面的な広がりへと展開し，「食と農の人文学」はかくも奥行きのある世界なのかと，私たち自身もあらためて実感することになった。

　本書を読んでいくと，時空を超え，世界中を駆け巡りながら旅をし，食べものを見つけ，採取し，栽培し，料理し，食べ，味わい，分ち合い，話し合い，泣き，笑い，憤慨し，驚き，戸惑い，気づき，思索する場面を共有し，臨場感あふれる食と農の場面に立ち会っているように感じられるだろう。読者の皆さんにその魅力をわかりやすく伝え，興味に沿って読めるように，本書では第Ⅰ部〜第Ⅴ部まで，「食を生み出す地域を歩く」，「食と農の歴史をひもとく」，「食と農をめぐるローカルとグローバルを再考する」，「食と農をジェンダーで読み解く」，「食と農の学びと探究をひらく」という5つのテーマを設けた。どのテーマから読み始めても構わないし，各章のタイトルを見て，読者の皆さん自身の基準でアンソロジーを編んでもよいかもしれない。

　学びと探究の手引として「経験知」を共有できるように，執筆者には失敗談も含めて，調査研究，フィールドワークの経験をできるだけ具体的に記述してもらった。完成した論文や書籍からは知り得ないプロセスにまつわる経験知は，

何よりも貴重な研究ガイドとなるからである。学びと探究を深めたい場合は，各章末尾に付記した推薦図書とその解説を参照し，活用してほしい。

　食べること，料理すること，味わうこと，食材を得ること，食材と認識すること，食を分かち合うことなどは，データや数値に置き換えられる事象ばかりではない。そこには極めて個人的な事象，歴史や地域の固有性に根差した事象が多分に含まれている。単純ではない。表面だけでは見えない。楽しいことばかりではない。すぐに結論が得られる問いでもない。むしろ，研究の過程は一筋縄ではいかない世界が次々と展開し，途方にくれることも多い。しかし，こうした人文事象こそが，食や農をめぐる広く，深く，複雑な世界を彩り，探究にこのうえない楽しみと喜びを与えてくれる。各執筆者のテーマとフィールドは多彩であるが，共通して伝わってくるのはそうしたメッセージである。

　各章を読むと，五感を使って世界を享受する「食べる」という行為と同様に，五感を使って「探究する」ことがいかに得難く大切な経験であるかということも痛感させられるだろう。昨年の秋，フランスの農村調査に飛行機で向かう途中，アルプス山脈を越えた時に本書の表紙のような悠々とした耕地が窓から見え，何と美しいのだろうと息をのんだ。しかし，地上に降り立ち，農村を歩いて話を聞いてみると，まったく違う世界が見えてきた。そこには例年にない熱波や水不足があり，商業的農業と有機農業との確執があり，しかしそれでも新規就農者や地元農産物を味わい支える人びとの存在が希望をつないでいることに心を動かされた。人間が関与する食と農を探究し，未来を語ろうとするならば，私たちはやはり，地べたを歩きながら考えなければならないのである。

　食と農の世界を歩き，歴史をひもとき，再考し，読み解き，ひらいていく。多くの人がその経験を持ち寄り，膝を突き合せて議論を分かち合う。編者および執筆者一同，本書がそうした場を共に育むきっかけの一書となることを切に願っている。

2024年1月

編者を代表して　湯澤規子

目　次

第Ⅳ部　食と農をジェンダーで読み解く

第Ⅴ部　食と農の学びと探究をひらく

※カバーと各部扉のイラストは，ギリシア神話に登場する四季の女神（豊饒の女神）

第Ⅰ部

食を生み出す地域を歩く

第1章

納豆をフィールドワークする

横山　智

　地理学を専門とし，1990年代中盤からラオスを中心とした東南アジア大陸部農山村の土地利用や生業変化の研究を実施している。大学院生の時にラオスで納豆と遭遇したことをきっかけに，納豆にも興味を持ち2000年代後半から本格的に納豆の研究を開始した。東南アジアとヒマラヤのみならず，納豆を探しにアフリカにもフィールドワークにでかけ，現在まで世界各地の約80地点で納豆を調べている。納豆を研究するには，専門外である微生物や植物の知識も必要となるので，微生物学や植物学など，さまざまな分野の研究者の力を借りながら研究を実施しなければならない。現在は納豆だけではなく，世界各地のさまざまな伝統的発酵食の全てに調査対象を広げて，学際的な研究プロジェクトを実施している。人びとが目に見えない微生物をどのように飼い慣らしているのかを解明したいと思っている。好きな食べ物は，ミャンマー・カチン州の糸引き納豆，ラオスの発酵豚肉（ソム・ムー）。好きな飲み物は，1日のフィールドワークを終えた後に飲むビール。

半導体エンジニアが地理学者になる

　私は，民間企業で半導体エンジニアとして働いていた。しかし，社内の人事異動をきっかけに，将来のことを考えるようになり，25歳の時に会社という組織から離れることを決断した。そして，1991年に青年海外協力隊を受験し[(1)]，電子工学の職種で東南アジアのラオスに派遣されることになった。それが，見知らぬ国であるラオスとの最初の出会いである。

---

(1)　青年海外協力隊とは，外務省所管の国際協力機構（JICA）が実施する海外ボランティア派遣制度で，1965年から日本国政府によって政府開発援助（ODA）の一環として実施されている事業である。

　1992年4月にラオスに赴任し，首都ヴィエンチャンの通信・運輸・建設・郵政省管轄の郵便電話学校に配属になった。郵便電話学校では，日本の援助で導入される予定のデジタル電話交換機に使われているマイクロプロセッサの動作原理を教えた。任期の2年間を全うし，1994年4月に帰国した。日常会話には困らない程度のラオス語は身についたが，ラオスで生活していた間は，専門の半導体に関する最新知識は全くアップデートできなかった。日本経済はバブルが弾け，帰国時に28歳になっていた時代遅れのエンジニアを雇ってくれる企業はなかった。将来計画もなく，とりあえずモンゴルとアメリカを旅行しながら，これからどうやって生きていくべきかを考え，これまでと違う人生にするのなら最後のチャンスだと思い，大学で学び直すことにした。

　大学で何を学ぶのかと考えた時に，すぐに地理学が候補にあがった。文系の学問に関する知識をほとんど持っていなかった私は，ラオスでフィールド調査ができる学問分野として地理学ぐらいしか思い浮かばなかったのだ。ラオスで調査をしたいと思ったきっかけは，青年海外協力隊時代に仲良くなった郵便電話学校の学生たちとの付き合いからであった。

　郵便電話学校には，受験して入ってくる高卒の学生以外に，地方の郵便局や電話局から派遣された職員が学んでいた。私は地方から来ていた学生の話を聞くのが大好きだった。両親はラオス語が分からず民族の言葉しか話せない，村では民族衣装を着ている，ケシを栽培している，焼畑で米をつくっているなど，首都で生活をしている私が知ることのできない地方の生活の多くを，学生たちから教えてもらった。しかし，当時のラオスは移動の自由がなく，旅行許可証がなければ他県に行くことができなかった。外国人が旅行許可証を取得するのは難しく，私は2年間もラオスに住んでいたのに，ほとんど首都しか知らずに帰国した。

　ラオスを研究するため，地理学が学べる大学に編入学して，29歳で学部3年生となった。大学では文化人類学や国際関係論も学び，ラオス北部の村を調査して卒論を書いた。1990年代のラオスは，外国人が農山村で調査する許可を得るのは非常に難しかった。青年海外協力隊時代に知り合ったオランダ人の友人が北部の農村で国連の灌漑開発プロジェクトを担当していたので，友人の口利

きで国連開発計画（UNDP）ラオス事務所のインターンの身分で村に入った。その調査で，私は郵便電話学校の学生から話を聞いた焼畑やケシ畑を初めて目にした。

　ラオス農山村を研究し続けたいと思った私は，1997年4月に大学院に入学した。当時31歳，明らかに研究者を志すには遅く，無謀な挑戦であった。修士を取得するまでの2年間は国内を調査しながら地理学の研究手法を身につけることにした。ただし，春休みには毎年ラオスに行き，卒論の調査地で補完調査を続けた。修士論文を書き上げた後，文部省（現・文部科学省）のアジア諸国等派遣留学制度⁽²⁾の国費留学生として，ラオス国立大学社会科学部地理学科で研究する機会を得て，ラオス北部山地部の生業構造の調査を実施して博士論文を提出した。

　青年海外協力隊の時は，エンジニアとして活動していたので，地理学には全く興味がなかった。青年海外協力隊に参加した動機も研究者になるためではなく，単なる現実逃避であった。しかし，地域研究を進めるために必要なラオス語を習得できたこと，ラオスで築いた人脈で調査が可能となったこと，その後にラオスに国費留学できたことなど，今から考えると，青年海外協力隊としてラオスで過ごした2年間は，研究者としての礎の期間であった。

ラオス地域研究者が納豆研究を始める

　2000年に国費留学生としてラオスの焼畑を調査していた時，北部の世界遺産の街であるルアンパバーンの市場で「トゥアナオ」と呼ばれる海外の納豆を見つけた。その納豆は，正直，あまり美味しくなかったが，他の地域には美味しい納豆があるに違いないと思い，それ以降，東南アジアの各地の市場で納豆を探し始めた。2003年に大学での職を得て，ラオスの焼畑や森林利用を研究していた私にとって，納豆を市場で探すのはあくまでも趣味のような調査で，それを研究テーマにすることなど全く考えていなかった。

---

(2)　アジア地域研究者を希望する博士課程の大学院生を2年間，国費でアジア諸国の大学に派遣する留学制度で，2000年代半ばまで実施されていた。

　それから7年後の2007年，民間の研究助成を得て，初めて納豆と出会ったラオスのルアンパバーン，そして中国国境地域のルアンナムターで納豆の生産現場を調査した。そこで目にしたトゥアナオのつくり方は，大豆を天日で干してから軽く炒り，大きな鍋で柔らかくなるまで茹でて，通気性の良い肥料袋のようなプラスチック・バッグに入れて日陰で3日間置くだけであった(写真1-1)。出来上がったトゥアナオは納豆臭を醸していたが，全く糸を引かない。しかも，センベイ状にしてから天日乾燥したり，発酵後に潰して唐辛子や塩を入れたりして，調味料として利用されていた。

　かつて日本の納豆は，蒸煮した大豆を稲ワラに包んで発酵させていた。稲ワラには「枯草菌」(*Bacillus subtilis*) が付着しており，それが発酵のスターター（種菌）となる。しかし，ラオスでみたトゥアナオのつくり方は，スターターとなる稲ワラのような植物も使っていなかった。糸引きはないが，納豆臭がするので，トゥアナオは納豆に違いない。「大豆をこの袋に入れると納豆になります」

写真1-1　プラスチック・バッグで発酵させたラオスのトゥアナオ

(出所) 筆者撮影。2007年8月ラオス・ルアンナムター県ムアンシン郡

という手品を見せられたようであった。さらに，日本の納豆はご飯のおかずだが，トゥアナオは調味料として使われており，利用方法の違いにも興味を持った。この調査を契機に，ラオスの生業研究と並行して，納豆研究にも取り組もうと思ったのである。

　大豆を発酵させて納豆をつくる枯草菌にはさまざまな種類（亜種）があり，糸が引く種類もあれば，糸を引かない種類もあり，また匂いが強い種類もあれば，匂いが弱い種類もある。[3] 枯草菌は，土壌や植物に普遍的に存在し，空気中

---

(3)　木村啓太郎・久保雄司 (2011)「納豆菌と枯草菌の共通点と違い」『日本醸造協会誌』106 (11)，756-762頁。

にも漂う常在細菌である。芽胞を形成して休眠状態に入ると，熱や酸への耐性も高く，劣悪な環境でも生き延びられる。したがって，同じ場所で同じ道具を使って納豆をつくっていれば，その場所や道具に枯草菌が棲みつき，煮豆を放って置くだけでも棲みついた菌によって発酵される[(4)]。しかし，当時の私には，微生物についての知識がなく，スターターを入れずに納豆ができるという手品の種明かしができなかった。もし微生物学を学んでいたら，プラスチック・バッグだけで発酵させた糸を引かない納豆を見つけても，それを研究しようとは思わなかっただろう。私に微生物学の知識が全くなかったから，納豆研究に取り組むことになってしまったのである。自分の無知を今になって後悔しても仕方がない。

　私はスターターとなる菌をどのように大豆に接種するのか，地域間で比較する研究を実施した。大豆を発酵させる菌を調べるのは微生物学分野の仕事であるが，目に見えない微生物をどのようにコントロールして納豆をつくるのかを調べるのは人文学分野の仕事である。微生物に関する知識が必要になれば，その都度，勉強すればよい。

納豆調査は植物利用調査である

　蒸煮した大豆を枯草菌で発酵させた食品を納豆と定義すれば，納豆がつくられている地域は，日本を東端として，西端は東ネパールに至る，東アジア，東南アジア大陸部，インド北東部，ヒマラヤ各地に分布している。図表1-1に各地でつくられている納豆の名称を示す。ほとんどの納豆は，「発酵」と「豆」という現地語が組み合わされた名称となっている。たとえば，タイ系諸族は，納豆のことをトゥアナオと呼ぶが，「トゥア」は豆一般のこと，そして「ナオ」は発酵のことなので，「発酵した豆」という意味になる。

　東南アジアやヒマラヤの納豆生産を調べると，ラオスのようにプラスチック・バッグを使っている地域よりも，身近な環境に生育する植物の葉をスター

---

(4)　岡田憲幸（2008）「トゥアナオ」木内幹・永井利郎・木村啓太郎編『納豆の科学──最新情報による総合的考察』建帛社，213-214頁。

図表1-1　東南アジアとヒマラヤの納豆の分布

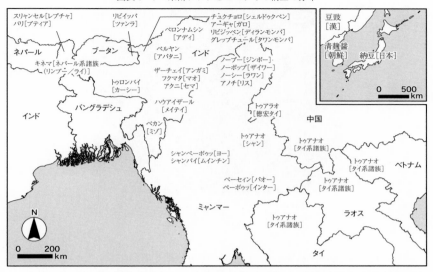

注：納豆の現地呼称［民族名］を示す。たとえば，トゥアナオ［シャン］と示されている地域では，
　　シャン族が納豆のことをトゥアナオと称しているという意味である。
（出所）横山智（2014）『納豆の起源（NHKブックス1223）』56頁，図2-1ををもとに筆者作成

ターとしている地域が多く見られた。ちなみに，日本のように純粋培養した菌
を使っている地域はない。日本と同じように粒状の糸引き納豆をおかずとして
食べるミャンマー・カチン州に住むジンポー，ザイワー，ラワン，リスなどの
民族や中国・雲南省徳宏に住む徳宏タイ族がつくる納豆は，イチジク（*Ficus*
spp.）やパンノキ（*Artocarpus* spp.）の葉に付いている菌をスターターとしてお
り，日本と同じようにご飯にかけて食べていた（写真1-2）。これらの植物を
スターターとすると，強い糸引きの納豆となる。一方，タイ，ラオス，ベトナ
ム，ミャンマーのタイ系諸族がつくる納豆は，バナナ（*Musa* spp.），チーク（*Tec-
tona grandis*），フリニウム（*Phrynium pubinerve*）などの葉に付いている菌をス
ターターとしており，ひき割り状や乾燥センベイ状に加工して調味料として
使っていた。調味料納豆は糸引きが全くない，もしくは非常に弱いのが特徴で
ある。調査を進めるうちに菌の供給源となる植物の種類によって糸引きの強弱
が異なり，それが納豆の利用方法とも関係していることに気づいた。

写真1-2　イチジクの葉に包んで発酵させた納豆

（出所）筆者撮影。2009年8月ミャンマー・カチン州ミッ
チーナ

　納豆の研究に植物が重要となるとは，当初は全く考えていなかった。私は海外の植物を同定することはできないので，国立民族博物館の研究会で知り合った植物分類学者に植物同定を依頼した。自分ができないことは，他分野の研究者に協力を仰ぐことも大切である。植物分類学の研究者も，東南アジアの植物の意外な利用方法に興味を持ってくれて，お互いの研究にとって利益となっている。

　かつて日本で使われていた稲ワラは，調査をした範囲では，ミャンマー・シャン州の一部の地域だけで使われていた。稲ワラはシダが入手しにくい時の代替スターターとして利用されており，現地の生産者はシダでつくった納豆のほうが稲ワラよりも美味しいと言う。シダはインド・シッキム州東シッキム県でもスターターとして使われていた。シッキムの生産者は親子二代で納豆をつくっており，母親の時代にはイチジクを使っていたが，シダのほうがイチジクの納豆より美味しいので，娘はスターターをイチジクからシダに変更した。シダは，東南アジアとヒマラヤで共通に使われる植物であった。納豆をつくるためのスターターとして，地域や民族ごとに異なる植物が使われていたり，逆に共通する植物が使われたりする理由は，生産者が試行錯誤を繰り返しながら，好みの味と食感を求めて美味しい納豆をつくる努力をしてきたからと考えられる。

　日本でも煮豆を包むことができる大きな葉の入手は難しくないのに，我々の祖先はスターターとして身近な環境に生育する植物を使わずに稲ワラだけを使い続けてきた。稲ワラでモノを包むためには，編んだり，苞をつくったりといったひと手間が必要である。それでも，日本で稲ワラがスターターとして使われ続けてきたのはなぜか？　日本人は稲霊が宿っていると考えられるワラに対して，強い信仰を持っており，ワラでつくった納豆を食べることは，神と共食するという意味が含まれていたのかもしれない。[5]

菌をドメスティケーションする

　植物をスターターとする納豆のつくり方以外に，前節で説明したプラスチック・バッグを使う簡易的な生産が，どのように生まれたかも検討が必要である。プラスチック・バッグで大豆を発酵させる方法は，東南アジアとヒマラヤの各地で見られ，それは2000年以降に急速に普及した。

　ミャンマー・シャン州の納豆生産者は，かつてはシダで包んで発酵させていたが，その後，自然素材の麻袋で包み，現在はプラスチック・バッグで包んでいた。プラスチック・バッグを使い始めたのは，他の生産者を真似たのだという。植物の葉を使っていた時から，プラスチック・バッグを使用するようになるまで，さまざまな試行錯誤を経て，最終的に東南アジアやヒマラヤの人びとは，植物の葉を使わなくとも，納豆ができることに気がつき，簡易的なつくり方にたどり着いたと考えられる。

　また，ネパールでは，新聞紙を敷いた段ボールに茹でた大豆を入れて放置するだけの簡易的なつくり方が採用されていた。かつては，現地語で「サル」と呼ばれるフタバガキ科ショレア属（*Shorea robusta*）の葉で煮豆を包んで発酵させていたが，2000年代以降に段ボールを用いたつくり方が普及した。

　しかし，段ボールで納豆「キネマ」をつくるネパールの生産者の実践を，単に簡易的で非伝統的なつくり方とは断言できない。なぜなら，ネパールの生産者は，使用する容器ではなく，「ここでなければ上手くつくれない」と場所に

---

(5)　横山智（2021）『納豆の食文化誌』農山漁村文化協会，68–93頁。

写真1-3　納豆とMSGが並んで売られている市場

（出所）筆者撮影。2009年8月ミャンマー・シャン州タウンジー郡区

ついて述べていたからである。「ここ」とは，自宅内の階段の踊り場で，昔から同じ場所でキネマをつくり続けていた。「ここ」には美味しいキネマをつくることができる枯草菌がドメスティケーション（栽培化）されているのだ。段ボールやプラスチック・バッグといった，納豆をつくる容器の問題ではなく，どうやって発酵を担う枯草菌をその場所にドメスティケーションさせ，いかにその菌を維持してきたのか，それが重要である。

　生産者は，菌に関する科学的な知識は持っていなくても，世代を超えて納豆づくりを伝承してきた。何世代もの間，目に見えない菌をコントロールし，さらに菌をドメスティケーションしてきたのだ。伝統的な発酵食を生産する人々がいかに知識を獲得し，それを継承してきたのか，また菌をどうやってドメティケーションしてきたのかに関しては，未だに研究成果がほとんど蓄積されておらず，今後，食と農の人文学が明らかにしなければならない重要な研究テーマである。

人文学からアプローチする納豆研究

　納豆の研究は，当初思っていた以上に奥深かった。フィールドワークをすればするだけ，次々と新しい課題が出てくる。今後，食と農の研究を担う若手研究者の方々にそれらの課題を託さなければならない。

　東南アジアの山地部で生産されている納豆は，現地の料理に欠かすことができない伝統的なうま味調味料である。しかし，近年のグローバル化や地域の流通網整備によって，低地部の安くて美味しい魚醬のような魚介類発酵調味料が山地部にも普及するようになった。また，「味の素」（グルタミン酸ナトリウム：MSG）も納豆のライバルである（写真1-3）。調味料として使われる納豆が魚介類発酵調味料や MSG に取って代わり，徐々に納豆が衰退している地域も見られる。ここで人文学の研究者が解明すべき課題は，新しい調味料の受容と，それに伴う食文化の変容である。

　そして，インド北東部，ブータン，ネパールのヒマラヤで使われる調味料納豆の競合相手は魚介類発酵調味料ではなく，チーズやバターなどの乳加工品である。インドのアルナーチャル・プラデーシュの市場ではチーズと納豆が並べて売られており，ブータン東部では，納豆「リビ・イッパ」をチーズの代わりに使っていた。しかし，チーズを調味料として利用する食文化を知らない私は，チーズと納豆の微妙な関係性が理解できない。東ヒマラヤの山脈南面は，モンスーンの影響を受けて夏に雨が多い湿潤地域で，大豆発酵食品をつくる農耕民と乳加工品をつくる牧畜民の食が融合した独自の食文化が形成されている。しかし，これまで東ヒマラヤは，現地に入ること自体が難しく，当地の食文化の研究成果は乏しい。今後，大豆発酵食品と乳加工品の交差地域における食文化の解明に取り組んでいきたい。

　今回は紙幅の関係で触れられなかったが，納豆以外にも，世界にはさまざまな豆類の発酵食品がつくられている。たとえば，西アフリカではマメ科樹木のヒロハフサマメノキ（*Parkia biglobosa*）の種子を枯草菌で発酵させた調味料「ダワダワ」が調味料として使われている。[6] 西アフリカの納豆様調味料は，民族によって「スンバラ」とか「ネテトウ」などと呼ばれることもある。しかし，最近はヒロハフサマメノキの種子ではなく，大豆を原料としたダワダワが西アフリカ各地でつくられている。大豆は，搾油用や飼料用としての需要が高まり，

---

(6)　加藤清昭（1990）「納豆アフリカを行く――西アフリカの納豆ダワダワをたずねて」『食の科学』144，64-72頁。

近年は代替肉の原料にもなり，世界各地で栽培されているが，大豆の普及により，西アフリカの伝統的な発酵調味料が変化していることは，ほとんど論じられていない。

　納豆は，おかずにもなり，調味料にもなり，アジアとヒマラヤ各地の食文化に重要な役割を果たしている。西アフリカの大豆でつくられているダワダワを含めると，調味料として利用されている納豆は世界各地に分布し，どの地域でもグローバル化の影響を受けながら変化している。食と農の人文学から，納豆研究にアプローチし，地域の伝統的発酵食文化の変化を解明する研究を期待したい。

推薦図書

・内澤旬子（2006）『世界屠畜紀行』解放出版社
　食肉が「つくられる」過程を現代でも残される部落問題，そして肉と宗教との関係を交えつつ，世界各地を巡って取材した類書ない1冊。
・中島春紫（2018）『日本の伝統　発酵の科学──微生物が生み出す「旨さ」の秘密』講談社　ブルーバックス
　科学的に発酵の仕組みを解説するだけでなく，発酵文化についての説明もあり，発酵や微生物の知識を学ぶ学生の入門書として最適。
・横山智（2014）『納豆の起源』NHK出版　NHKブックス
　東南アジアとヒマラヤの納豆を紹介し，照葉樹林文化論を再考しつつ納豆の起源を提唱した本邦初の海外納豆研究の書籍。

第2章

1匹の虫から

野中健一

　始まりは1984年，大学2年の夏。私は愛知県額田町（現・岡崎市額田）の森林組合で働いていた。自然と関わる仕事を模索する中で森林組合のアルバイトを知り，木こりを想像して行ってみたら，夏は下草刈だった。その作業班の一員として従事していた。マムシが出ると退治するのではなく首輪を結わえて山をいっしょに下りて瓶の中へ。このほうがお金になっていたのにびっくりもした。ある日の午後のひと休み時，作業班のおじさんが，休憩場に差し掛かっていた木枝にアシナガバチの巣をも見つけて，中の蜂の子を取り出して食べ，私にも差し出してくれた。「これはうまいぞ。ミルキーだぞ」。この時の西日を浴びて輝くおじさんの笑顔，ここに「自然と人間の関わり」がみえた。以来35年余りにわたる地理学徒として昆虫食から自然と人間との関わり合いの探究が始まった。

全ては雨が降ってから──カラハリ狩猟採集民の昆虫食

　「ほう，おもしろい」。ボツワナ・カラハリ砂漠の狩猟採集民の調査メンバーに，昆虫食をテーマに加えてもらった私に，ある方からかけられた言葉だった。裏を返せば，昆虫の多様性でいえば熱帯の方がはるかに多いのに，砂漠での調査でどれほどの成果が上がるのか？ということであった。その頃の私は，海外調査に連れて行っていただけるだけで，どこあっても「喜んで！」だった。昆虫はどこにでもいる。ましてや憧れの地でもあった。メインテーマはもとより，全く知らない土地での暮らし，全てに関心を持っていた。

　到着したカラハリ砂漠は乾季の終いの時期で，これから4ヵ月あまりの滞在が始まった。荒涼とした一面茶色い世界で，狩猟・採集活動は行われていなかった。「全ては雨が降ってからだ」という。この期間，言葉を覚えたり，生活を

整えたりと，やることはあったが，これでは研究できないではないかと，ちょっと焦って悶々としていた。しかし，人々は日々暮らしている，人が何をやっているか，まずはそれを徹底的に調べていこうと思い立った。わからないままに観察することにした。どこかへ行く時は付いていき，やっていることとその時間を記録していった。この当時のGPS機器は行程をカバーできるだけの充電はできず，肩掛けサイズで，どこにどれほど行くかわからない中では，少しでも重量を減らすため，容易には持ち運べなかった。もっぱら万歩計によるおよその距離換算しかできなった。

　出かける目的はもっぱら薪拾いだった。林の中で茶色くなった鞘翅（しょうし）を見つけてどんな昆虫だろうかと，わくわくした。しかし，それが何かはこの時には想像もつかなかった。しかし，後にこの調査結果は生活行動研究としていくつもの面白いことがわかってきた。

　そのうちに，雨が降り始めた。ひと月ほど待ちわびた雨季の到来だ。大地に草が芽吹き，木々に葉っぱが繁りだした。ある日のこと，近所の女性が家の陰を作る木の上を掘り棒でつついていた。何だろうと見に行くと，イモムシを落としていたのだった。初めての昆虫食！　しかしその数は3匹。その女性は，家の調理場である焚き火の燬で加熱して食べた。1匹でも食べることの意味は何だろう……季節到来を味わっていたのだ。

　しばらくたって女性たちは野草採集に出かけるようになった。何人か連れ立っていくことが多く，おしゃべりを楽しみながら歩いていた。話に夢中になってヘビを踏んづけてしまいぴょんと飛び退くこともあった。後ろについている私がその蛇と鉢合わせ……なんてこともあった。ある時のこと，ひとりの女性が，歩きながらも灌木の根元をすかさず掘りだした。現れたのは黒いオオアリ。その巣口から砂が運び出されていたのを見つけたのだ。少し巣口を広げ，手で巣口の前をパンパン叩きはじめた。すると中からヘイアリが出てきた。攻撃に対する反撃であろう。どんどん数を増やしていく。後に私もやってみたら，手を噛まれまくってとても痛かった。絶妙な手さばきの技なのだ。回りの草を集めて，それでアリをくるんで，収穫物を入れる袋に入れた。時間にして1分にも満たない。

　これをどうするのだろう？　家に帰って，晩ごはんに採ってきた野草を臼に入れて杵で搗きだした。ほどよいところで，そのアリを取り出して入れた。そしてさらに搗いた。これを居合わせた人たちで食べだした。私もいただいた。何だろう？　この酸味。そう，アリの蟻酸由来の酸味なのだ。そうか！　これは野草に酸味を付けるもの，つまりドレッシングだ！　虫そのものを食べるのではない，虫が味つけになるのだ。これに気づいたことは後に大きな意味を持つことになった（写真2-1）。

　雨季たけなわの時期には，木にタマムシが何匹も止まっていることがあった。これも食べ物だ。ある時，焼いて丁寧に鞘翅と頭と脚をむしりとって調理している場面にでくわした。これが乾期に見つけた鞘翅の正体だった。その数はおよそ20匹。それをこの時期にたくさん獲れる果実

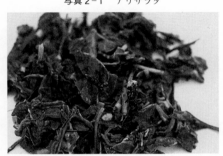

写真2-1　アリサラダ

（出所）筆者撮影

と合わせて搗いたのだ。果実の甘酸っぱい味に虫の味を加える――これも新しい味を創り出しているのだとわかった。虫の味を味わっている――「虫の味」は調味料？　それまでの日本などでの調査からは，食用にするのはおいしいからだ，と考えていた。しかし，その味が何なのか，先への追求はできていなかった。ここでのアリとタマムシの使い方は，調味料である。冒頭のイモムシの味を表す言葉もあった。ということはその味の特性がわかり，積極的に用いていることだろう。同じ時期に同地で過ごした言語学者の中川裕さんも関心を持って，語彙を調べていった。すると，味，コク，食感などを表し，そして各々の食用昆虫にある味がわかってきた。さらに，搗くという行為も調べてみると，その搗き加減（時間，強さ），混ぜ合わせる材料で搗き方に独立した名称が付けられていることがわかった。それまで狩猟採集民の食はもっぱらエネルギー源

---

(1)　野中健一（1996）「たたきの食文化――狩猟採集民の調理技術」『朝日百科植物の世界』96，247-250頁。

としてとらえられ，調理方法や味わい方にはさほど言及されていなかった。取るに足りない量にみえていた食べる虫から，味の理解と表現，楽しみ方がわかり，豊かな世界が広がって見えるようになった。[(2)]

自然を味わう

　カラハリから戻って，さらにインドネシアや東南アジア大陸部での調査経験もふまえて，それまでの日本で接してきた昆虫食をあらためて考え直した。それと同時に各地の人たちから仕事を頼まれるようにもなった。そのひとつが，蜂の子食で村おこしをしたいという串原村（現・恵那市串原）のくしはらヘボ愛好会からのものだった。ヘボとはクロスズメバチのこの地方での方言で，このくしはらヘボ愛好会の活動がテレビで全国放映されて知られ，多くの人たちの関心を集めるようになっていた。都会の人たちにヘボをもっと知ってもらいたい，食べてもらいたい，そのために都会の人たちに受け入れられるような料理を作りたいという依頼だった。知り合いの中国料理の料理人はかつて雲南地方で薬膳料理を学び，昆虫の用い方について造詣が深かった。この話をしたところ快く引き受けてくれて，料理が提供された。そして地元で試食会を催した。その結果は，中国料理としてはおいしいが，ヘボ料理としては物足りないとなった。挙げ句の果てにはそうまでして都会の人に食べてもらわなくてもいいとまで言い出す始末。今までのものではウケないので新たな料理を考案しようという当初の目論見から外れてしまう。しかし，そこにこそヘボ料理の神髄があるのではないかと考え，ではヘボの味とは何か？と問うた。出てきた答えは「皿に大盛りされていること」「それを口に入れて噛みしめると，なんとも言えない，いい味が口に広がる」これに皆が同意した。視覚と食感の大切さが何よりだ。これは形を見えなくすれば良い，その栄養素が大事だという昆虫食によく言われる用法とは全く違う。山盛りから想起されることは，その巣の大きさであり，そこから連想されるヘボ捕りの様子である。苦労や楽しみが想起される

---

(2)　野中健一（1997）「中央カラハリ砂漠のグイ・ガナ＝ブッシュマンの食生活における昆虫食の役割」『アフリカ研究』50，81-99頁。

のだ。そして，それをヘボ独特の味を味わうことで身体に取り込む。大盛りと
いっても決して独り占めするのではなく，家族や仲間で分け合って楽しむ。こ
れぞ「自然を味わう」ということに他ならない（写真2-2）。この議論は，地
元の人たちのアイデンティティーの再確認となった。当時，過疎が進行する日
本各地で地域活性化というのが叫ばれていた。そのために，いかに外部から人
を呼び込み，金を落としてもらうか，が課題だった。しかし，ここでは，自分
たちのもっているものの価値を認めることにある。これを内的活性化と呼ぼう
と考えた。この会での議論の顛末はヘボ文化の人たちに自信を持たせることに
なった。[3]

　地元の楽しみとして開催されていた
ヘボ祭りはこれまで30回以上続けられ，
全国からも外国からも「世界一危ない
祭り」を体験するために来る人が増え，
地元のヘボ飯，ヘボ五平餅が人気に
なった。コロナ時にはYouTubeを
使って生放送もされ，世界に向けて，
そして世界の人ともつながった。

　私にとっては，元来ずっと思い描い
ていたテーマ，「自然と人間との関係」をいかにして食からとらえるのか，そ
の根本に至ることができた。

写真2-2　クロスズメバチの蜂の子の取り出し

（出所）筆者撮影

メコンに佇んだ日

　「なんで虫がいるんだ？」──新たなプロジェクトで集まった時に投げかけ
られた言葉だった。1996年，ひょんなことから私は2年度にわたる「東南アジ
アにおける農業の変貌」研究プロジェクトチームの一員，しかも代表になった。
まだ経験も乏しい若輩者の私に対して他のメンバーは農学，環境科学，食品科

---

(3)　野中健一（1998）「自然を味わう──ハチの子の味わい方と村おこしへの活用」『人
　　文論叢』15，141-154頁。

学分野の錚々たる方々だった。タイなどでのフィールド経験も豊富な熱帯農学の先生からは，「農業のことやるのになんで害虫でしかない虫を調べるんだ」とみられたのだ。そんな中で，ビクビクしながらの初年度にはタイ各地の村を回りながら農村の農業を軸としながら食や生業活動について調べていった。私にとっては，それまでの日本で話には聞いていたが実際に見るのは初めてというものが多く，その面白さに惹かれていった。虫はさておき，魚捕りなど実際の漁撈の様子を見ることができ，たいへん多くの種類の小魚が簡単な漁具で捕られているのにわくわくした。食用昆虫にしても，図鑑をもとに聞いていくと出てくるわ出てくるわ。そして乾季だが，いろいろな虫を捕っている場面にも遭遇した。さまざまな植物もあった。これらは，全てごはんのおかずにされている。農業といっても，米を作り，そしてそれを食べるおかずの世界は，野菜や家畜だけでなく，たくさんの野生の生物で彩られていることがわかった。農業と自然利用の組み合わせからなる豊かな世界が見えてきた。⁽⁴⁾

　当初は各地をまわることができたので，日本でやった研究のような地域差からとらえることができるかもしれない。あるいは，時代差からもわかることがあるのではないかと思ったが，どこでもいろいろ食べている！　そんなミクロな差を見いだせるようなものではなかった。だが，ひとつのことが実に子細に見えてくる。ここでの経験は後につながる。乾季に干上がってくる池で見た女性の四つ手網によるヤゴ捕りは，後に国際小規模漁業学会議で，水生昆虫が漁業として成り立っている，「インセクティング」というべき活動だと堂々と報告するまでに至った。

　調査ではそれぞれの先生方がその専門分野から調べていく。そんな中で，どうしてこうなっているんだう？と抱く疑問は，その専門からみればわかることも多い。そうか！とわかると次の課題が出てくる。そのような膨らませ方で村の様子が実に豊かに見えるようになった。移動の車内でも話は盛り上がり，まるでバンドワゴンのような楽しさであふれた。まさにセッションのグルーヴを

---

(4)　野中健一・宮川修一・水谷令子・竹中千里・道山弘康（1999）「ラオスの農業と農民生活」『熱帯農業』43（2），115-121頁。

体感した。

　2年目はどこに行こうかと相談する中で当初は海から山までバリエーションに富むベトナムを候補にした。しかし，調査許可を得るのが難しいことがわかり，ラオスに決めた。東北タイのプロトタイプが見えるかも知れないとの目論見もあった。この年も北の山地から中南部の平地まで各地を回った。この時も乾季。しだいに干上がって小さくなった水たまりでザルで掬う漁法が見られた。その中には魚もいれば貝もカニも，そしてヤゴもゲンゴロウも，そんな多様な生き物の利用が実に面白い。水域が大きい方が魚介類の生息は当然多いだろう。しかし，それを得るには相応の漁法もいる。水域が小さくなれば，その分自由度が狭まり，捕りやすくなる。雨季乾季の変化の中での利用は実におもしろいと思った。また，村の様子は東北タイに比べたらずいぶんのどかだった。まだ平原地帯でも森を開いて田んぼを作るような時代，そして市場経済も始まって日が浅く，工場労働も限られていた。この面白さをしかもさまざまな分野の人たちと共同調査でもっと明らかにしていきたい。そんな気持ちが強まった。

　2003年，私は新たに設立された人間文化研究機構 総合地球環境学研究所のプロジェクトメンバーとなった。ここでのテーマは「東南アジアの生態史」という壮大なものだった。それをいかに進めるか，私は研究仲間らとラオスに赴いた。雨季の中部から南部のあたりをまわっていったが，なかなか芳しいものが描けなかった。さらに，研究を進めるために欠かせない調査許可を得ることもままならない。先が全く見通せない中，ヴィエンチャンのホテルを出て，メコン川のほとりで打ちひしがれ佇んでいた。

　思えば，その15年程前，メコン川の上流の中国・雲南省景洪でも同じ川の流れをみていた。その時もこの先どうしていいやら暗澹たる気持ちだった。この時もそう。違うのは，とうとうと流れる川を見下ろす橋の上からでなく，まさに川のほとりであった。濁流が渦を巻き，木切れが舞い込まれていた。自分もそんなものなんだとぽーっと眺めていた。そのうちにその木切れがぽかっと浮いてきた。それを見て，自分も抗うことなく，流れに身を任せることでもいいではないかと思った。後日，調査協定を結ぶべく，現地で会えなかったラオス農林研究所所長を京都に招き，会議の機会をもった。研究室を訪ねてきた所長

は，壁に貼ってある写真に目をとめた。それは田舎で撮ってきた景観，漁撈や食事の様子だった。「こういうのが好きなのか？」と尋ねられて，私は，こういう自然と結びついた暮らしを解明したいということを説明した。昼食は近くの鶏料理屋でとった。この料理にも喜ばれた。思い返せば，村に行ったときのごちそうは，村の鶏を潰して料理することだった。こうして調査協定を結ぶことが決まり，それは今に至るまで続いている。所長は私たちが調査している村にもしばしば来てくれて，村の料理を楽しんでくれた。

　この協定のもと，所長の推奨にしたがい，近くのサイタニー郡を選び，全104村で概況調査を実施し，その結果をもとに，テーマに適した村をいくつか選定した。最終的にはひとつの村を定めようと，調査報告会に来てくれた村長に，ぜひ村に住んで調査をしたい旨を話した。村人が起きてから寝るまでの暮らしを見ていきたかった。当時外国人が泊まり込むことは認められていなかった。しかし，その村長は，将来村人が使えるような施設にして，そこに寝泊まりするなら認めようといってくれた。これに所長も許可をくれた。こうして村役場兼調査ステーションとなる建物を作った。私たちのチーム名はZubZub（ズブズブ），水の中を歩き進む様で村人にも親しまれる語にした。この名をとってZubZubハウスと呼ばれた。

　これによって長期調査が可能となり，ひとつの村で，そして時間をかけて調べていける幸運に恵まれた。共同研究で明らかにできたことがたくさんあった。自然資源の採集活動はその時の状況次第であって，予定されるものではない。村の人々の活動をつぶさに追い，付いていけば，そんなことがあるのか，あるいは，こんなものもとるのかと，さまざまな場面に遭遇できた。偶然性が高いだけにどれだけ出かけるかが大事になる。

　そのひとつが，田んぼの隅で，巣穴を見つけて1匹のコオロギを掘り出したおじさんだ（写真2-3）。このおじさんは，後にFAOの食用昆虫会議で，虫1匹に込められた意味を考えようと投げかけるのに役だった。この顔は大学院生時代，生活費を稼ぐための発掘アルバイトで樹木伐採をしていた時の経験に重なった。年輩の方と仲良くなって，カミキリムシの幼虫がおいしかった話を聞いていた。これは卒論で各地を回っていたときにもよく話題に上り，「焼く

写真2-3　コオロギを掘り出したおじさん

（出所）筆者撮影

写真2-4　カミキリムシの幼虫を食べるおじさん

（出所）筆者撮影

とひゅーと伸びて，甘くて美味しかった」と遠くを見るような目で語られていたものだった。あるとき，伐採した木からカミキリムシの幼虫が出てきた。この方にお願いして，火を熾して焼いてもらった。まさにひゅーと伸びた。それをこんなにして食べるんだと見せてくれた。その顔はまさに幸せいっぱいの顔（写真2-4）。この気持ちはどこも同じなんだと実感できた。

　子どもが森に出かけて葉っぱに止まるゾウムシを1匹見つけてポリッと噛んで食べる，田んぼでカメムシを1匹見つけて食べる，最終途中の女性が葉っぱを1枚食べる，乾季の田んぼで，カニを1匹掘り出す，ひとつひとつが大きな世界を作り上げているようにみえてきた。⁽⁵⁾

土から離れて生きていけない

「おいしい」とはなんだろう？　カメムシの味も臭いのではなくおいしい。そんなことから，味そのものではなく，気持ち，すなわち「うれしい」ということではないだろうか？　1匹でもうれしい。これはなんだろう？　研究仲間と話していくうちに，フィールドは違えど共通するのは，現地の人たちは健康的ということだった。各地では，虫をはじめさまざまな野生動植物を，少しずつ摂取している。これは量ではない。だが，ここに意味があるのではないか？　少しでも意味のあるもの，そうだ微量元素！　微量元素は自然から得られるもの，野生動植物を介して摂ることができる。2010年より，ラオス，南アフリカ，パプアニューギニアでの比較研究を立ち上げた。私にとってパプアニューギニアはあこがれの地であった。最寄りの町から峠を越えて船で上流へ遡る。船外機を落として探したり，嵐が来てビバークしたり，夜になって航路がわからなくなり，途中の村で1泊することもあった。いつ着くのかわからない。しかし着けばそこは楽しい土地。泥炭の地でふわふわしている。出発前にぎっくり腰を患った時でも，村へ行けば治ると押し出されたこともあった。1年間の調査データを回収するためにひどい風邪をおして行ったこともあった。

この研究の中間報告を2013年の国際地理学会議で発表した時，ちょうどテレビで「天空の城ラピュタ」をやっていた。主人公が「私たちは土から離れて生きていけないのよ」といっていた。この研究はまさにこれだ！とさっそく発表にそのシーンとセリフを挿入した。そして今，「土作り」に注目して地域循環共生をテーマに研究を進めるに至っている。

1匹の虫から

2023年夏，私は，台湾の島で，干潟に佇んでいた。思えば，調査は進むばかりでなく，むしろどうしたらいいのか，佇む日々でもあった。自然と人の関係の原点はどこにあるのか？　どうすれば続くのか？　はたして続ける意味はあるのか？　佇んだ中からみえてくる一筋の道，干潟で見ていたのは，石を積み

---

(5)　野中健一（2009）『虫はごちそう！』小峰書店，183頁。

上げて作った石干見という漁具であった。ひとつひとつの石，それがひとつひとつ丁寧に載せられ，日々の干満の中そこに存続し続け，魚が獲られてきた。石のひとつひとつが，私には1匹の虫だった。その積み重ねでここまできた。

　蜂の子を食べさせてもらったおじさん，発掘のアルバイトで樹木伐採をしていた時にでてきたカミキリムシを食べるおじさんの笑顔，カラハリ砂漠で初物のイモムシを調理するおばさん，ラオスの田んぼ脇で巣穴を掘り，1匹のコオロギを掘り出したおじさんの満足げな顔，メキシコでメスカルのボトルに1匹のイモムシを入れる誇り，1匹の虫からそこに生きる人たち，そして社会，自然がみえてくる。私の研究は虫ではなく，虫を食べることから見えてくる人たちの文化と自然にある。それは1匹に込められる思いをいかにひもとくか，である。その出会いがつながり，大きくなってきた。

　大学では，授業で昆虫食の話をする時に，南アフリカ産のイモムシがあるから食べてみたい人はどうぞという。毎年訪ねてくる学生は，わくわくした目をしている。そして1匹を味わう。この1匹のイモムシから次の時代が広がっていくのがみえてくる。

推薦図書
- 柳原望（2009-2015）『高杉さん家のおべんとう1〜10』KADOKAWA
  従妹とその同居を引き受けることになった地理学教室助教の成長物語の漫画。毎回のテーマとなるおべんとうに地理学の話題や研究の日常がフィーチャーされる。著者自身の緻密なフィールドワークに基づいた内容で，岐阜県串原の「へぼまつり」，イナゴ捕り，ラオスの村でのコオロギ捕りなど昆虫食ネタも登場。
- 野中健一（2007）『虫食む人々の暮らし』NHKブックス
  昆虫食研究に取り組んできた著者が，どのようにして日本各地，世界各地へ出て行くようになり，人々の暮らしの中に入り込み，住み込んで，どのように調査を進めていったか，交流したか，感動したか，暮らしの中から新たにわかった昆虫食を活写。
- 野中健一編（2008）『ヴィエンチャン平野の暮らし──天水田村の多様な環境利用』めこん
  村に家を建てそこに住み込み，多分野にわたる研究者，大学院生らと長期間にわたる共同調査を実施し，土地，農業，食生活など村人の暮らしを子細に調査した結果をまとめた。生物多様性を生かし，多様な生業活動を成り立たせてきた仕組みと都市化が進み変化していく様子を解明。

第3章

アフリカ熱帯雨林の農と食

小松かおり

専門分野は，生態人類学と地域研究。農学や農業経済学，生物学，歴史学，地理学，食文化研究などさまざまな分野の知識や方法を借りている。

研究テーマのひとつは，アフリカ中部の熱帯雨林で，焼畑と混作を基本とした農と，それを基盤とした食生活についての研究。2つ目は，そこから派生して，バナナの品種と栽培法，利用法に関する研究で，特に，料理バナナを主食とする地域（アフリカ・アジア・オセアニアなど）に注目している。3つ目は，那覇市第一牧志公設市場の変化から沖縄の戦後史を考える研究である。

アフリカの焼畑と混作との出会い

最初にアフリカに行ったのは，25才の時だった。所属していた京都大学大学院理学研究科の生態人類学講座はアフリカ地域研究センターの中にあった。どこか全く知らない世界を見てみたいと考えていただけでアフリカに対するイメージが希薄だったわたしは，研究協力者としてザイール（現・コンゴ民主共和国）に連れて行ってくださるという先生の誘いに乗って，コンゴ盆地の熱帯雨林で焼畑を営むレガという人たちの調査に行くことになった。女性を中心とした社会関係を調査しようと考えていて，しかし，生態人類学講座の学生としてはやはり基本は生業だろうということで，レガの民族誌に加えて，アフリカの農業と親族関係に関する基本文献を読み，スワヒリ語（ザイールは多言語国家で，公用語が5つあり，その中のひとつがスワヒリ語）を勉強した。中部アフリカに関する研究はまだ少なくて，何について調べても研究になりそうだった。

その頃，ザイールは，数十年君臨してきたモブツ大統領の政権末期で，足を踏み入れてからまもなく，首都キンシャサで暴動が起きて全国に拡がり，日本人は退避勧告される事態となった。1年間の予定でアフリカに渡航していたの

で，呆然としていたとき，西隣のコンゴ人民共和国（翌年，コンゴ共和国になった）北部で調査していた別の先生が声をかけてくれ，そこで調査を始めた。

　コンゴ北部ではスワヒリ語ではなくリンガラ語が共通語で，公用語はフランス語，さらに数村だけで通じる村のことばがある。どれも全くわからない。それなら，持ち込んでいたポケットフランス語辞書や首都で買えたフランス語–リンガラ語辞書を使うなどしてなんとか勉強すればよいのだが，数ヵ月かかってリンガラ語でコミュニケーションができるようになっただけで，最後まで村のことばが覚えられなかった。その上，村の婚姻関係が非常に流動的で，勉強してきた理念的な体系では彼らの「婚姻」や「家族」について理解することもおぼつかなかった。

　他にやることもないので，いろいろな人の台所に入り浸って，食事作りを眺めた。主食は料理バナナを茹でて叩いたダンゴで，副食の材料は，周囲の川から獲る魚や森で狩猟する野生動物，ヤシから絞ったヤシ油と塩とトウガラシで味をつける。理解できない世界の中でそれらだけは実際に見ることができた。

写真3-1　コンゴの焼畑・混作畑

（出所）著者撮影

　村に着いて2週間後，はじめて，歩いて1時間かかる森の中の畑に連れて行ってもらった。最初に畑を見たときの衝撃は忘れられない。森を抜けて「ここが畑だ」と言われた場所は，どう見ても藪にしか見えなかった（写真3-1）。畑の中には，多種の作物と雑草，野生の樹木が渾然一体となっていて，作物と雑

草を見分けることもできなかった。この混沌をどう表現すればよいのか見当も
つかない。その後，このとき見た畑は，焼畑（焼畑移動耕作），混作（混合型間
作），株分けで育つ作物（根栽作物）という 3 つの特徴から成り立っていると理
解できた。アシスタントに，村の人たちの食事と仕事，交換のノートを取って
もらったり，実験用に小さな畑を開いてもらったりしたが，結局，この時には，
社会についても生業についてもどう扱ってよいかわからないまま帰国した。

　翌年，再渡航しようとしたところ，今度は，コンゴ共和国で政変が起こり，
さらに西にあるカメルーンに調査地を変更することになった。元の調査地に地
理的に近いコンゴ盆地の熱帯雨林の中を調査地に選び，今度は農と食をセット
で捉えようと考えた。滞在した村は移住村で多言語社会だった。そこではリン
ガラ語が通じず，フランス語が共通語だった。またもやことばが一からの出発
だったので，まずは見えるところから，と考えて，畑の地図をつくり，食事の
材料を観察して，村の人に自分たちの食事と仕事，交換のノートを取ってもらっ
たが，そのデータをどのように生かしたらよいか相変わらずよくわからない。

　アフリカでは，1960 年代から京都大学の多くの人類学者や霊長類学者が研究
していたので，広く浅く学んでいるつもりだった。アフリカ農業についても，
アフリカの焼畑を整理したシュリッペの "Shifting cultivation in Africa" やコ
ンゴ盆地の農を網羅したミラクルの "Agriculture in the Congo Basin" など
で概説的な予習はしていたはずだったが，自分の見ているものと全く結びつか
ない。今になれば，「ものの見方」がわからなかったのだ，とわかる。先行研
究を情報としてだけ見ていて，「ものの見方」を学んでいなかった。実は，1950
年代以降，コンクリンやギアーツなど，農を技術だけでなく文化として捉える
研究が積み重ねられており，そのような研究から学べばよかったのだが，視野
の狭いわたしは，そもそも農についての知識が皆無だったこともあり，「アフ
リカの農」を勉強すればよいと思ってしまったのだ。先行研究の「アフリカの
農」はどれも，整然としたやり方を持っているように見えた。しかし，自分が
見ている畑は，料理バナナが好きならたくさん植えればよいし，そうでないな
ら植えない，除草はした方がよいがほとんどしない，と非常に自由度が高かっ
た。

　自由度が高かった理由のひとつは，移住村だったということだ。サバンナと森林の境界にある母村から数十年前に移住してきた村で，周囲の村の人たちと言語も作物も食物も異なっていた。母村はキャッサバが主作物であり主食だったが，周囲の村のそれは料理バナナだった。わたしが通い始めたころは第2世代が結婚していて，近隣の村から嫁いできた妻たちと母村近くから嫁いできた妻たちが混ざり，女性によって作物のバランスが異なっていた。人類学とは「ある地域の典型な姿を描写することだ」と思い込んでいたわたしは，周囲から浮いているこの村をどのように位置づければよいかわからなかった。

　「食文化」の扱い方もわからなかった。今も思うことだが，食文化の研究は，入口は広く，出口はさらに広すぎる。五感を使って体験できる食は，どんなものでも面白い。しかし，体験したことを何らかの論文にまとめることは，言い換えれば，単なる報告にとどまらず他の人と共有できるストーリーにするためには，それなりの技術が必要だ。

　アフリカに行き始めた1990年前半には，石毛直道さんが，それまでさまざまな学問分野によって周辺的に扱われてきた食文化に「食事文化」という名前を与え，ひとつの学問分野として研究をはじめてから20年近くが経っていたが，まだ，食文化に関する参考文献は少なく，特に，アフリカの熱帯雨林の自給を基本とした比較的シンプルな食文化について考えるときに参考になるものは見当たらなかった。わたしはヒントを探して先行文献を探しつつ，目の前に見えていることをどのように表現するか試行錯誤した。

見えたことの意味を考える

　ある日，焼畑・混作畑の作物の配置を調査するためにでかけた。紐で地面を正方形に区切って，グラフ用紙に作物の位置を書き写していく調査だ。同行してくれた人に「ここにある植物をすべて教えて」と頼むと，あっという間に数十の名称が出てきた。途中で，いくら混作とはいえこれは多すぎるだろうと気づき，「これは植えたの？」と訊くと，「勝手に生えてきた」と言う。雑草である。脱力した。しかし，途中まで書いてしまったのでもったいないと思い，予定通りの区画まで教えてもらった。あとから，「植えた植物」と「植えてない

植物」を分けて聞き，ふと，「植えていない植物」は何かに使えるか，と訊いてみた。「これは葉を煎じると子どもの腹痛に効く」「この葉はざらざらしているのでナベを洗うのによい」「これは数年するとよい建材になる」など，さまざまな用途があった。100種類以上聞き取った植物の8割近くになんらかの用途があったのである。おまけに，「植えていない植物」には，パパイヤやアブラヤシが含まれた。畑でパパイヤを食べて種を落としたり，アブラヤシを収穫して実が落ちたりするとそこから勝手に生えてくる。作物だが，自生する。焼畑では，畑は毎年新しく開くのだが，その際に，太すぎる樹木は伐採が大変なので放置されることが多い。そうすると，畑の中には，放置された樹木，植えた作物，植えなかった作物，野生植物などが混じることになる。

　この現象をどう考えようかと帰国してから勉強すると，ジャック・ハーランという農学者が書いた“Crops and Man”という本に出会った。ハーランは，作物と雑草はそもそも連続的なものだと言う。人為的な環境に適応した植物の中で，人間が好めば作物とみなされるし，嫌われれば雑草とみなされる，もっと好みの作物が手に入ればそれまで作物だった植物も雑草に格下げになるし，天候不良で作物がだめになれば雑草だった植物が作物になる。ハーランは，人間が植えるわけではないが除去もしない畑地の植物を人間が「許容」すると表現していて，これだと思った。わたしがカメルーンやコンゴで見たのは，人間が，さまざまな関係性の植物の存在を「許容」し，必要に応じて利用している畑なのだ。そもそも，焼畑では，畑地を焼いたとたん，作物と競合して野生植物が繁茂し，2，3年後には，野生植物が競争に勝って畑を放棄する。数十年野生植物と微生物で畑を肥やしたあと，もう一度焼いて畑にする。焼畑とは，野生植物を含む「混作」なのだ。畑は空間的にも時間的にも（植物だけでなく，土壌菌や動物も含めて）非常に生物多様性が高い。それは，人間がきっちり管理した結果ではなく，適当に手を抜いた結果としての生物多様性である。わたしは，畑とは人間が望む形に近づけるために管理する空間だと思っていたし，どれだけ管理を徹底するかが技術の高さだと思っていたが，手抜きという技法があるということに気がついた。

　食についても，小さな発見があった。カメルーンの移住村の主食は，母村の

主食であるキャッサバの粉を練ったダンゴと茹でた料理バナナだったが，副食
の調味料の中に，なぜか，バナナのときは使わないものがあった。アフリカで
は，キャッサバは，森林からサバンナまで広く栽培されているが，料理バナナ
はある程度の降水量がある森林で栽培される。村の女性たちは，キャッサバの
ダンゴを主食にするときにはわりとどんな調味料でも使う。油やナッツも使う
し，ねっとりとした食感を与えるための植物も多用するし，ハーブも使う。し
かし，茹でた料理バナナを主食にするときには，ねっとりした食感を与える植
物や，ハーブ類は使わない（オクラはたまに使う）。理由を訊ねても，単に「合
わない」と考えているようなのだ。わたしから見ると，別にどの組みあわせで
も美味しいのではないかと思えるのだが，彼らの感覚の中には，料理バナナを
中心とした「森林味覚セット」とキャッサバを中心とした「サバンナ味覚セッ
ト」があり，それぞれが独立したものと捉えられているようだった。

　そういえば，村に行く途中に泊まる町にセネガル出身の女性が朝食を出して
くれる店があり，そこのメニューにミルク粥があった。コメを牛乳と砂糖でと
ろとろになるまで煮込んだものだ。最初，わたしは躊躇した。炊いたコメと牛
乳のそれぞれの匂いを一緒に嗅ぐのが気持ち悪い，と思ったのだ。しかし，食
べてみるととてもおいしい。わたしが小さなころから馴染んできた食文化では
「コメ」と「牛乳」は他のセットに属する，と感じていたのだと気がついた。
同じように，村の人たちは，料理バナナは森の味覚に属し，ねっとりとした食
感やハーブの香りはサバンナの味覚に属する，と感じているのだろう。その後，
この「森林味覚セット」と「サバンナ味覚セット」は，中部アフリカだけでな
く，西アフリカのガーナにもあることがわかった。ガーナでは，国の南半分が
森林地帯，北半分がサバンナ地帯で，首都アクラではさまざまな食材の料理が
食べられる。わたしはバナナやヤムイモ，キャッサバなどを蒸して日本の餅と
同じように搗き上げたフフという食べ物がとても好きなのだが，どのレストラ
ンでも，フフとねっとりしたソースの組み合わせは選べなかった。フフは，油
の効いたスープと食べるものと思われているのだ。

　わたしは，食卓でみられるこのようなセットが，実は，農の文化や畑を含む
景観とも関係しているのではないかと考えるようになった。アフリカの熱帯林

の農と食の歴史と，サバンナのそれは，あらゆる食材が国内を流通するようになった今も，交わりつつ，それぞれ基本形を保っているのではないか。

　もうひとつおもしろかったのは，ある地域における食事の多様性だった。カメルーンの村では，主食材料も副食材料も調味料も豊富で，毎日さまざまなものが食卓に上がった。一方，コンゴの村は，一年の食卓の8割以上が，料理バナナと魚とヤシ油，塩，唐辛子の組み合わせだった。しかし，村の人は，わたしが単調に感じる食事について，「バナナはダンゴにしたり軽く叩いたりして食感を変えているし，生魚と燻製は全く風味が違うし，ヤシ油も抽出法を変えている。自分たちはいろいろなものを食べている」と主張する。食事の多様性は，いろんなものを外から加えることによっても達成できるし，手持ちのものの扱い方を変えることでも達成できる。そして，その社会なりのやり方で，食事に多様性をもたらそうとする。あらゆる食文化は食事の多様性を求めるのだろうか。しかし，牧畜民の「ミルク」のように，「自分たちの食べ物」にこだわり，それを毎食食べることにこだわる地域もある。人間にとって食事の多様性とはどのような価値なのか。これは，今も考え続けていることである。

主作物・主食・食料主権

　アフリカの熱帯雨林の農と食の現場から，「見えるもの」を手がかりに農と食について考えてきたが，ここであえて，わたしが見てきた小さなことからどのような「大きなこと」が考えられるか試してみたい。

　ひとつは，食料を自給する社会において，主作物かつ主食が変わることの意味についてである。わたしが見てきた社会は，主作物が食卓上でも「主」であることが多かった。その意味では，アフリカの食と日本の食は似ている。

　サハラ以南のアフリカでは，主作物・主食が変化した地域が多い。現在，アフリカの主食作物の生産量で最大なのはキャッサバとトウモロコシである。このふたつはどちらも中南米が原産地で，アフリカに渡ったのは大航海時代以降である。つまり，ここ500年ほどのあいだにアフリカ中で最も重要な作物になった。中部アフリカの熱帯雨林の場合，もともと主作物として作られていたのは西アフリカ原産のヤムイモだったところに，紀元前後に東南アジアから料理バ

ナナがもたらされて普及し，16世紀以降にキャッサバが拡がった。

　主食作物が変わるのは，短期的には，病虫害や天災，戦争や政治体制の変化，異なる環境への移住など，自然・社会的に大きな変動に伴うことが多い。そうでない場合は，もっと緩やかに変化する。新しい作物がもたらされ，元々の作物を栽培しながらその作物を試してみる。育てやすく（自然環境との適応性），たくさん収穫でき（生産性），主食としても好みに合えば，徐々に新しい作物の比重が増える。加工や調理にどれだけ手間がかかるか，使っている調味料と相性がいいかなど，食事との相性も重要だ。周囲の人たちに対して自分たちの独自性を主張したいときにはあえて違う作物を選ぶこともある。

　そして，主食作物が変わると，それを中心にさまざまな修正がおこなわれる。バナナは土地が肥沃でないとよく育たないので，焼畑を開くときに，伐採に手間がかかる大きな木のある古い森が選ばれる。伐採には男性が1ヵ月近く木を切り倒す必要がある。一方，キャッサバは，土壌が痩せていてもそれなりに育つので，最近畑を開いたことがある新しい森が開かれる。このような森は女性の手でも伐採することができるので，男手がなくても女性が畑を開くことが可能だ。育ったバナナは，収穫してくればあとは茹でれば食べることができる。そのあと叩いたり搗いたりして好みの食感にするのはお好みだ。一方，中部アフリカで育てられているキャッサバは有毒な品種が多いので（東アフリカや西アフリカには無毒の品種が多い），食べるには，2日水に漬けて毒抜きをし，日に干して，食べるときには臼と杵で細かく搗いて粉にして食べる。つまり，バナナは畑作りに男手がかかるが食材としての加工は不要で，キャッサバは，栽培は簡単だが加工と調理に手がかかるのである。その結果，キャッサバでは，バナナと比べて男性の仕事は減り，女性の仕事が増えていた。また，大きく育てたバナナは女性の誇りで，村の中で親しい人に贈与することは人づきあい上大切な行為なのだが，比較的いくらでも収穫できるキャッサバの場合は，そのような意味はあまり込められない。バナナからキャッサバに主作物・主食が変わることは，住んだり畑にする土地の選び方，男女それぞれの労働の配分，他の食べ物の選択，人づきあいの方法などが組み替えられることを意味している。

　アフリカにはこれまで，特に1980年代に世界銀行が主導した「構造調整」と

呼ばれる経済改革が行われたあたりから，欧米や日本からたくさんの農業開発の指導や援助があった。シコクビエやモロコシといったアフリカ原産の穀物からトウモロコシへ，陸稲の畑作から水田稲作へ。畑の規模を大きくして機械化し，化学肥料を使った農業へ。しかし，これらが大成功した例はほとんどない。

　主食作物を変えれば，先ほど述べたようにさまざまな修正が必要になる。農民が自分で主食作物を変えることを選んだときには，元々の作物が捨てられるわけではなく，比重は減っても細々と作り続けられ，儀礼に使われたり，食卓に変化を与えたり，天候不順や病虫害で新しい作物が十分に収穫できないときに役に立ったりする。可逆的な修正だ。しかし，農業の援助の多くは，土地の利用，労働の配分などをシステムごと入れ替えてしまうような技術が多く，修正し直すことが難しい。生産性を重視するが，その地域でどのような味の作物が好まれるかにはあまり頓着しない。食料を増産するという国の目的にはかなっているが，自分が食べるものは自分で生産したいし地域の住民が好む作物を作りたい農民にとっては援助が終われば魅力が少ない。

　中部アフリカの熱帯林の作物の多くは，バナナやキャッサバなどのイモ類である。どの地域でも現在，余剰の作物は販売されていて，自分たちが食べるためだけでなく，市場で好まれる作物が作られている。しかし，穀物と異なり保存や輸送が難しかったため，20世紀のアフリカでは，カカオやコーヒーなどの輸出作物とは異なり，政治的に管理されることが少なく，生産も流通も放任されてきた。結果的にそれは，農民が，自分たちと地域の住民のために，どの主食作物をどのくらい栽培するか，ということを決める権利を与えた。

　現在，世界の農業政策のなかで「食料主権」ということばが注目を集めている。「食料主権」とは，「すべての人が安全で栄養豊かな食料を得る権利であり，こういう食料を小農・家族経営農民，漁民が持続可能なやり方で生産する権利」である[1]。これまで国単位で考えられてきた農と食を農民や地域を単位に考えていこうという趣旨である。中部アフリカの農民は，カカオなどの輸出作物も作

---

[1]　真嶋良孝（2011）「食料危機・食料主権と『ビア・カンペシーナ』」村田武編『食料主権のグランドデザイン——自由貿易に抗する日本と世界の新たな潮流』農文協，125-160頁。

りつつ，主食作物を手放さない。市場の動向もにらみつつ自分たちの農を自分たちの責任で選び取り，組み替え，地域の食と農を支えている。それは，「食料主権」のひとつのかたちを表しているのではないだろうか。

おわりに

コンゴとカメルーンで研究したあと，数人の研究仲間とバナナの研究をはじめた。コンゴで毎日食べていた料理バナナが，同じアフリカの東部では全く違った育て方と食べられ方をしていて，品種も全く違うということを知り，そもそもバナナの原産地である東南アジアではどのように育て，どのように食べているのか？バナナはアフリカまでどのように移動して人とのつきあい方を変えてきたのか？と興味をもったのだ。一方，アフリカの焼畑と混作をどのように表現すればよいのか，ということには今も取り組んでいる。

ひとつの場所にこだわって，生態，地理，歴史，政治，経済，そして文化からひとつのこと（たとえば農と食）を考えることは，ものごとを総合的に見る視点を養ってくれる。一方，何かを軸として地域をまたいで研究することには別の面白みがある。自分がひとつの地域で「見つけた」と思うことが他の地域で通用することもあるし，あっさりとその考えを覆されることもあり，常に研究上の自分の「常識」を揺さぶってくれる。どちらも捨てがたい魅力がある。

推薦図書

・高野秀行（2020）『幻のアフリカ納豆を追え！──そして現れた〈サピエンス納豆〉』新潮社

　『謎のアジア納豆──そして帰ってきた〈日本納豆〉』とあわせて，実は世界中に存在する「納豆」を追い，その意味を考えた本。ともかくすべて自分の目で確かめるという姿勢がすばらしい。

・石川博樹・小松かおり・藤本武編著（2016）『食と農のアフリカ史──現代の基層に迫る』昭和堂

　さまざまな切り口でアフリカの食と農の歴史を語った入門書。

・小松かおり（2022）『バナナの足，世界を駆ける──農と食の人類学』京都大学学術出版会

　アフリカ研究から派生したバナナの研究をまとめたマニアック本。

第**4**章

「インドの食文化」を語るとは
食とカテゴリーをめぐる悩み

井坂理穂

　私自身の専門はインド近代史で，イギリス植民地時代のインドの社会・思想史を扱っている。「食」が自身の研究テーマに入り込んできたのは，実はこの15年ほどで，食や食文化そのものの研究というよりは，食の選択や慣習に関する人々の語りや模索を分析しながら，そこに現れる社会集団の形態や帰属意識のあり方などを追っている。言い換えれば，何をどのように食べるのか，どのように料理するのか，誰と食べるのか，といった問いをめぐる議論が，国家，地域，宗教，カースト，階層，ジェンダー観念と連関するありさまや，そこに現れる人々の自己・他者認識を検討している。[1]

インド留学時の経験

　研究の具体的な内容については後述するとして，まずはインド留学時代の思い出話から始めたい。というのも，当時，日常生活の中で気になっていたことのあれこれが，回りまわって現在の研究につながっているからである。

　私がインドに最初に長期で滞在したのは，デリー大学の修士課程に留学した1990年代初めのことである。住んでいたのはキャンパスのすぐ近くにある女子院生のための寮であった。寮の朝食にはトースト，バター，ミルクが出され，それに加えて卵か果物（たいていはバナナ）のどちらかを選択できた。当時，私はインド北部のビハール州出身の女性と部屋をシェアしており，一緒に食事をすることが多かった。彼女は卵も口にしない厳格なヴェジタリアンであったから，朝食時にはいつも彼女は果物を，私は卵を選んでいた。

---

(1)　詳細については，井坂理穂・山根聡編（2019）『食から描くインド——近現代の社会変容とアイデンティティ』春風社の序章を参照されたい。

　昼食と夕食は，ダール（豆のスープ），スパイスで炒め煮した野菜料理（たいていはじゃがいもと何かの野菜の組み合わせ），チャパーティー（薄焼きパン），米飯の4品が定番メニューであった。それらが大きな容器に入れられてカウンターやテーブルの上にどんと置いてあり，各自がそこから好きなだけよそう形式だった。ときどき他の料理や，ヨーグルト，カスタード・クリームなどの「おまけ」がついてくることもあったが，寮食における優先事項は，300人ともいわれていた寮生たちに安価で十分な量の食べ物を提供することであり，味や種類の豊富さを求めることは難しかった。

　しかし週に1度だっただろうか，夕食にノン・ヴェジタリアン料理のオプションが用意されていることがあった。マトンのかけらがわずかに入った茶色の液体が，カトーリーと呼ばれる小さな器に入れられ，それらがカウンターに並べられていた。希望者はそこからひとつをとることができたのだが（ただし数に限りがあるため，早い者勝ち），器の中味を見比べながら，不満そうな表情を浮かべる寮生たちの姿が脳裏に蘇る。記憶を確認しようと，先日，当時同じ寮に住んでいたノン・ヴェジの友人に尋ねてみたところ，確かに週1回はノン・ヴェジ料理が出た，でも入っているのは骨だけで，とても食べられたものではなかった，との返事がかえってきた。

　日常生活の中で食は大きな関心事であったから，当時，私が日記代わりにつけていたノートには，食についての記載が数多く見られる。私がとりわけ興味深く感じていたのは，友人たちが，自身が何を食べて何を食べないのかについて，あるいは他の人の食習慣について，その背景とともに語る様子であった。たとえばヴェジタリアンの友人の中には，自分は上位カーストの家の出身で，家族そろって厳格なヴェジタリアンなのだと語る者もいた。その一方で，自分はバラモン出身で両親はヴェジタリアンだが，自身はノン・ヴェジで，たとえ牛肉が出てきたとしても（そのような機会は滅多にないのだが）気にせず食べる，と語る友人もいた。後者の口調には，自分は宗教や慣習に縛られるつもりはないのだ，といった自己主張のようなものも感じられた。別の友人は，自分はヴェジタリアンだが，それは宗教的な理由からではなく，肉を実際に食べてみたときにおいしいと思えなかったからだ，と繰り返し説明していた。あたかも，自

身がヴェジタリアンであるのは出自によるものではなく，味を理由とした主体的選択であると強調したいかのようであった。あるいは，実家ではヴェジタリアンだが，外ではノン・ヴェジも食べる，という友人もいた。

　寮では電気コンロを使って簡単な料理をつくることも可能であったから，廊下に出ると，たまにどこかから料理のにおいが漂ってくることがあった。北東インドのナガランド州出身のキリスト教徒の友人は，寮食にかなり不満で，同郷の友人たちと時々部屋で肉料理をつくっていた。ただし，ヴェジタリアンである別の友人（北インド出身のヒンドゥー）は，こうした彼らの様子を批判めいた口調で語っていた。その中には，こちらがぎょっとするような，ナガランド出身者に対する差別的な発言が入り混じっていることもあった。

　ナガランド出身者の多くは，インドで「指定トライブ」と呼ばれる法制度上の範疇に属している。この範疇に含まれるのは，ヒンドゥーとは異なる歴史的・文化的背景をもち，社会・経済面において長く後進状態におかれてきたとみなされている「トライブ（部族）」の人々であり，彼らは議会，公的雇用，高等教育機関において人口比に応じた留保枠を与えられている。この寮にいたナガランド出身の学生たちも，留保枠で入学していた。留保制度に対しては，上位カースト・ヒンドゥーの中から，逆差別であるとの批判の声もあがっている。また，インド人口の8割近くがヒンドゥー教徒であるのに対し，北東部に住む「トライブ」の間ではキリスト教徒が多く，ナガランド州の人口の9割近くはキリスト教徒である。ナガランド出身の寮生の肉食料理について話す友人の批判めいた口調には，こうした社会的状況を背景としながら，「自分たち」と「彼ら」とを区別する様子が見え隠れしているようにも感じられた。

「言語・文学・歴史」から「食」へ

　インドにおいて，食の選択・慣習は，自分は誰なのか，どの社会集団に属しているのか，その集団へ帰属していることを自身の生活や生き方の中でどのように位置づけるのか，といった問いと絡み合っている。デリー留学時代にそのような印象を漠然と抱き，興味を抱いたものの，当時はその印象を自身の研究と結びつけて考えることはなかった。

　それから数年後，今度はイギリスの大学の博士課程で学ぶことになったのだが，そのときに私が研究対象としていたのは，植民地期インドで在地出身のエリートたちが展開していた「言語」「文学」「歴史」をめぐる議論であった。イギリス植民地支配体制が確立する19世紀半ば以降，インドのエリート層の中からは，英語による高等教育を受け，西洋近代の思想・概念を取り込みながら，宗教・社会改革運動，教育活動，文芸・出版活動などを積極的に推進する人々——19世紀後半においては男性エリートが中心だが，徐々に女性も含まれるようになる——が現れる。彼らはこれらの活動を通じて，新たな「自分たち」のあり方を模索していくのだが，この「自分たち」が指す集団は，カーストや宗教コミュニティであるときもあれば，地域社会，さらにはインドという国家であるときもあった。彼らはそうした「自分たち」の慣習や伝統について議論し，「自分たち」の集団に属する女性がいかにあるべきかを論じ，「自分たち」の集団の歴史がどのようなものであったのかを著した。これらの動きはエリート層のみならず，社会的・経済的下層の人々の間にも広がっていった。私が関心を抱いていたのは，これらの人々が，「自分たち」の言語や文学，歴史をどのように語っていたのか，そこに彼らの多様な帰属意識や社会集団間の関係がいかに現れているのかであった。博士論文ではインド西部のグジャラート地方（グジャラーティー語圏）に対象を絞り，同地のエリートたちに焦点を当てた。

　ところがこの研究を続ける中で，彼らが食の選択や慣習をめぐって議論し，模索する様子にも時折目が向くようになった。食をめぐる議論は，言語・文学・歴史をめぐる議論と同様に，カーストや宗教コミュニティなどの社会集団のあり方や，彼らの帰属意識に迫るための手がかりとなるように思われた。さらに私の関心を食に大きく向けることになったのが，2000年代に海外の研究者によって発表された，植民地期の食をテーマとした一連の研究であった。たとえば，植民地期におけるインド東部，ベンガル地方の知識人たちの食をめぐる議論を，同時代に出されたベンガル語の料理書などをもとに分析したジャヤンタ・セングプタの研究（2010年）[2]。あるいは，末尾の推薦図書リストにも挙げたリジー・コリンガムの著書『カレー——ある伝記』（2005年，邦訳は『インドカレー伝』）。私が食に関する研究を始めたのちにも，植民地期インドの食に関して，

重要な研究が海外で次々と発表されていった。詳細については，末尾の図書リストに挙げた『食から描くインド』の序章・第 2 章の参考文献を参照されたい。

　こうした中で，私自身が2010年ごろから行ってきた植民地期インドの食に関する研究は，以下のようなものである。まず，支配者であるイギリス人たちが，インドにおいて「自分たち」の食のあり方をどのように模索したのかを，帝国支配についての彼らの考え方やインド観，現地での生活経験（彼らが現地で雇用した料理人たちとの関係も含め）と連関させながら分析した。そこではイギリス人たち（女性たちを含む）の記した料理書や家事指南書，回顧録や日記などが重要な手がかりとなった。続いて，今度はこうした植民地支配者たちの食のあり方が，インド人エリートたちにいかなる影響を与えたのか，彼らの間で「自分たち」の食の選択や慣習をめぐってどのような議論や模索がなされたのかを分析した。ここでもグジャラート地方に焦点を当て，19世紀後半から20世紀前半にかけて出版されたグジャラーティー語の料理書や，エリートたちの残したグジャラーティー語，英語の自伝や回顧録，あるいは当時の新聞・雑誌記事の中から，食に関する議論を集めた。しかし，イギリス人の残した料理書や回顧録，日記などは，ブリティッシュ・ライブラリーで次々に閲覧できるのに対して，グジャラート側の史料収集は時間もかかり，どこで何が見つかるかについては，ある程度運に頼らざるを得ないところもあった。史料が集まった部分から徐々に論稿としてまとめてはいるのだが，こちらは長期戦になるものと考えている。

　ここまでの記述からも明らかであるように，私の現在の研究では，インド支配に携わったイギリス人，及びインド人エリートの食をめぐる議論・模索が主な分析対象となっている。一方，エリート以外の社会層については，未だに正面から取り上げることができずにいる。これには史料的制約が大きく関係している。植民地期インドの識字率は，1931年センサス（国勢調査）によれば男性16％，女性 3 ％にとどまっている。「サバルタン」（従属状態にある人々）の視点からの歴史をいかに書くことができるかをめぐっては，インド近代史の分野で

---

(2)　Jayanta Sengupta, 'Nation on a Platter: the Culture and Politics of Food and Cuisine in Colonial Bengal', *Modern Asian Studies*, 44 (1), 2010.

さまざまに論じられてきたところだが，食をめぐる歴史研究でもこの問題はつきまとう。エリートの記述の中に描かれた「サバルタン」の姿をもとに，それがあくまでエリートの視点を介したものであることに十分留意しながら，断片をつなぎあわせ，想像をめぐらせるような作業がそこでは必要となる。

食とカテゴリー

　前述のように，私にとって食に関する研究は，植民地期インドにおける社会集団のあり方や，人々の自己・他者認識の構築過程を探るための切り口のひとつ，という位置づけにある。したがって，私自身はインドの食の専門家とは到底言いがたいのだが，それにもかかわらず，時折，インドの食や食文化について概説的な説明をせざるを得ない状況に陥ることがある。また，食というテーマは，大学の授業でインド近現代史を語る際に，その導入として極めて有効であることから，授業の中でインドの食，食文化に触れることも多い。

　ところがインドの食について概説的に語ることは，私にとってなかなか難しい。その理由のひとつは，既に述べたように，私自身の研究上の問いが，インドにおいて国家，地域，宗教，カースト，階層，ジェンダーなどに基づく社会集団・帰属意識がいかに構築され，変容してきたのかを扱うものである点に関連している。すなわち，これらの社会集団・帰属意識を自明のものとみなす考え方自体を問い直そうとする側としては，「インドの食文化は」「ヒンドゥーの食文化は」などとカテゴリーに沿ってきれいに説明することには，かなり「引っかかり」を感じる。

　そもそも，食や料理を「インド」という地理的領域で区分して語るということは何を意味するのだろうか。食材にしても料理にしても，食にまつわる慣習にしても，ある地理的領域や集団の中にとどまり，その内部でのみ流通・共有されるというものではない。食のあり方が，地理的境界の内と外とできれいに分かれているわけでもなければ，その領域内で一律に同じような食文化が見られるわけでもない。「インドの食文化」という区切り自体が，この「インド」が国民国家インドを指すにせよ，現在のインドとその周縁地域をあわせて指すようなより広い地理的概念を意味するにせよ，人為的な区切りであるといえる。

　しかし現代において，国家を単位とした世界認識が人々の間に広く共有されている以上，国家の名称の後ろに「料理」をつけて語るというのは，語り方としては「自然」であるのかもしれない。その一方で，国家単位で食文化や料理を語ることが，奇妙な状況を生むこともある。たとえば，インドの隣国であるバングラデシュは，1947年以前はイギリス支配下のインド帝国の一部であったが，1947年にインド・パキスタンが分離して独立するとパキスタンの一部となる。しかし1971年には，この地域はバングラデシュとしてパキスタンから独立する。そうなるとこの地域の料理は，国を単位とした料理名においては，「インド料理」（の一部）から「パキスタン料理」（の一部）へ，さらに「バングラデシュ料理」へと変化することになる。

　このバングラデシュと，これに隣接するインドの西ベンガル州とは，ともにベンガル語圏であり，歴史的・文化的な共通性が強く見られることで知られる。インドとバングラデシュの国境をまたぐかたちで，これらの地域の料理を「ベンガル料理」として語ることもある。そうなると，「バングラデシュ料理」という区分を，「インド料理」と分けて語ることに意味があるのか，との意見も出てくるだろう。しかしその一方で，インドとの間に国境が引かれ，国家の領域やアイデンティティと重ね合わせられながら「バングラデシュ料理」というカテゴリーが成立し，そのカテゴリーが語り続けられることを通じて，「バングラデシュ料理」像が次第により具体的なかたちをとるようになり，それがこの地域に住む人々の食をめぐる認識に影響を与えている可能性もある。

　さて，ここでもう一度振り出しに戻り，今度は「インド」の国境内に視線を向けながら，その食文化をいかに語るべきかを考えてみよう。ここで登場するのが，多くの人々によって用いられ，私自身も用いてきた「多様性」というキーワードである。これは便利な言葉で，ついこれで説明ができた気持ちになってしまうのだが，よく考えるとこの言葉の裏にも厄介な問題が潜んでいる。

　インドの食の多様性を語る際に，まず言及されるのが「地域」ごとの違いである。ここでいう「地域」とは，自然条件に基づく地域差に，歴史的な背景が組み合わさって形成されたもので，現在のインドにおいては行政区分である「州」と重ねられることも多い。料理書やテレビの料理番組，インターネット

写真 4 - 1 インドの料理書

インドで売られている料理書のなかには，インド各地の料理を網羅的に集めたものもあれば，特定の地域やコミュニティの料理に焦点を当てたものもある。

上の料理サイトでも，こうした地域名の後ろに「料理」の言葉をつけて，「グジャラート料理」「ケーララ料理」「パンジャーブ料理」などのかたちで紹介されることが多い。これらの「地域」ごとの料理は，ときにはステレオタイプと呼び得るような語りと結びつけられることもある。たとえば，「グジャラート料理は何もかも甘い」「パンジャーブの料理は油っぽい」などの語りを，インドを旅していて耳にすることもあるだろう。

　広大なインドを「地域」単位で捉え，「地域」ごとの料理の総体として「インド料理」を語るというのは，一見すると妥当な説明のしかたであるように思われる。アルジュン・アパドゥライによれば，インドの「国民料理」はポスト植民地期に形成されたが，そこでは「国民料理」は多様な「地域（地方）料理」や「エスニック料理」から構成されたものとして表された[3]。今日のインド料理の概説で，地域的多様性が語られるのも，まさにアパドゥライが示した独立後の「インド料理」概念の構築過程を反映している。しかしここでもいくつか留意したい点がある。まず，これらの「地域」概念もまた，必ずしも自明のもの

---

(3) Arjun Appadurai, 'How to Make a National Cuisine: Cookbooks in Contemporary India', *Comparative Studies in Society and History*, 30-1, 1988.

ではない，ということである。「国」と同様に「地域」も歴史的に構築され，変化してきたものであり，また状況によってもどのような「地域」の単位が用いられるのかが変わってくる。たとえば外食産業や料理書の中では，「南インド料理」のように地理的により大きな範囲を含む「地域」名が用いられているときもあれば，「チェッティナードゥ料理」のように，州の中のある一地方が登場するときもある。

　さらに，地域名をつけて「グジャラート料理」「グジャラートの食文化」などのかたちで語られてきたものは，実際にはグジャラートにおける誰の料理なのか，という問いを立てることもできる。グジャラート内のどの地方の料理が「グジャラート料理」像の中心となっているのか，宗教的マイノリティとされる人々の料理はどの程度含まれているのか，下位カーストに属する人々の料理は組み込まれているのか，などを考えながら，さまざまな人々やメディアの提示する「グジャラート料理」の内容を改めて検討してみることもできるだろう。

　これに関連して，ダリト（「抑圧された人々」の意で，かつて「不可触民」と呼ばれた人々を指す）のつくる料理は，インド料理や地域料理として紹介されることがなかった，との指摘が，近年，一部の知識人から示されている。そこではダリトに属する人々が，経済的な制約の中で，また，料理に労力や時間をかけることの難しい労働環境の中で，それらに対応しながら作り出してきた独自の料理の数々を挙げながら，それらがこれまで，いかなる料理書の中でも語られることがなかったことが指摘されている。こうした観点は，「インド料理」や「地域料理」としてこれまで料理書やメディアで語られてきたものは，いったい誰の料理であるのか，という問いを考えていく際の手がかりともなるだろう。

　そのうえで，ここではさらに，「ダリトの食文化」「ダリト料理」というカテゴリー自体をめぐる問題にも触れておきたい。まず，ダリト内部にもさらに多数のカースト集団が存在し，そのどれに属するのか，また，どの地域のどの経済的階層に属するのかによって，食文化のありかたも多様であることを思いおこす必要がある。さらに，「ダリトの食文化」というカテゴリーがもつ歴史的背景や社会的意味合いをどのように考えるか，という問題がある。ダリトの料理が，彼らの貧しさや抑圧された状況を反映したかたちで発達した経緯を考え

たとき，その料理をダリト自身が「自分たち」の食文化として保持し，語ることを選ぶのか，それとも経済的・社会的地位が上昇すれば，過去のものとして自らの食生活から排除していくのかについては，彼らの間でもさまざまな対応がある。この問題の複雑さは牛肉食の慣習をめぐってとりわけ顕著に見られるのだが，これについては後述する。

　ここで再び，「インドの食文化」を概説的に説明するにはどのようにすればよいのか，という冒頭の問いに戻ろう。概説書の中でよく見られるのは，地域的多様性を紹介したのちに，宗教に基づく多様性を論じるという流れである。そこでは，宗教ごとの食の禁忌，宗教儀礼の際の食にまつわる慣習や料理の話などが綴られている。宗教と食というテーマは重要であり，インドの食文化を語る上で欠かすことはできない。しかしそれと同時に，ここでもカテゴリーを用いる際の留意点に触れる必要がある。

　ここで例として，「ヒンドゥーは牛肉を食べない」という，しばしば耳にする言説について掘り下げて考えてみよう。まず，歴史学の分野からの反論として，古代においては，牛も含めた動物の肉がバラモンも含む広範な階層で食されていたことを指摘する者もいる。⁽⁴⁾紀元前後に記された『マヌ法典』をみても，供犠の動物の肉を食べることはバラモンにおいても認められている。ただしその一方で，『マヌ法典』には，バラモンに対して肉食を避けることを強く促す箇所もある。肉食の忌避は，バラモンの間では時代を追って優勢になっていったと考えられる（ただしそこには地域差も見られる）。とりわけ牛については，農業・牧畜にとっての重要性から，その屠畜を咎める考えが広まっていったともいわれている。

　しかしながら，ここで再び強調したいのは，時代を下っても下位カーストの人々の多くは肉食を行っていた点である。このようなカーストによる差異は，現在のインドにおいても見いだすことができる。2001年にとられたある統計によれば，バラモンの66％がヴェジタリアンであるのに対して，「その他後進諸

---

(4) たとえば，D. N. Jha, *The Myth of the Holy Cow*, London, New York: Verso, 2002 を参照。

階級」と呼ばれる下位カーストの人々の間ではその割合は31％となっている。それよりさらに下位に位置づけられる「指定カースト」（かつて「不可触民」と呼ばれた人々）の場合には，ヴェジタリアンの割合は13％にとどまる[5]。

　また，この「指定カースト」——以下では前述の「ダリト」という言葉を用いる——の中には，牛肉食の慣習をもつ人々もいる。ダリト出身のある研究者は，村の中で他のダリトたちとともに暮らしていた子ども時代を振り返り，牛が死んだときには上位カーストが彼らに死体の処理を求めてきたこと，ダリトたちがその牛の肉を分け合い，調理して食べていたことを記している[6]。しかし，著者自身の家も含め，経済状況が向上し村を出たダリトの中には，それに伴い牛肉食をやめて他の肉を摂取するようになった人々もいた。

　この著者の語りにみられるように，ダリトが牛肉を手に入れたのは，動物の死体処理——それは在地社会において「穢れた」仕事とみなされていた——を強制されていたがゆえであったが，経済的に苦しい状態にあった彼らにとって，この肉は栄養源を補う重要な食料であった可能性が高い。そのような歴史的・社会的背景を考えたとき，「ヒンドゥーは牛肉を食べない」との説明のみを繰り返すことは，こうした人々の存在や，彼らをこの状況におき続けていた支配構造から目をそらすことにもなる。

　しかしそれでは，ダリトの間で行われてきた牛肉食や牛肉料理を，「ダリトの食文化」として，さらには「インドの食文化」の一部として語ることはできるだろうか。少なくとも，ヒンドゥー・ナショナリズムが大きな勢力を奮う現在のインドにおいては，そうした語りを正面から提示することは，かなり困難な状況となっている。また，上述のように経済的・社会的地位が向上するにつれて牛肉食を放棄したダリトたちも存在する。「ダリトの食文化」を語ることの難しさは，ここにもまた現れている。

(5)　Balmurli Natrajan and Suraj Jacob, '"Provincialising" Vegetarianism: Putting Indian Food Habits in Their Place', *Economic and Political Weekly*, 53 (9), 2018.

(6)　N. Sukumar, 'Why Beef Was Banished from My Kitchen', *Economic and Political Weekly*, 50 (17), 2015.

ヒンドゥー・ナショナリズムと食

　以上のように，宗教コミュニティごとに食を語る際にも留意すべき点は数多い。さらに現在のインド政治の文脈にあっては，宗教と食を結びつける語りは，いわゆるヒンドゥー・ナショナリズム勢力によって，ヒンドゥー以外の宗教コミュニティ，とりわけムスリムに対する抑圧的・差別的な動きにつなげられることもある。

　ヒンドゥーの文化，伝統，権利擁護を掲げるヒンドゥー・ナショナリズム（日本語ではヒンドゥー至上主義，ヒンドゥー原理主義などと訳されることもある）は，1980年代後半から台頭し，1990年代後半にはこの勢力を代表するインド人民党が連邦レベルで第一党となり，他党とともに連立政権を樹立した。その後，いったん政権を失うものの，2014年以降はモーディー首相のもとで人民党率いる連立政権が再び誕生し，インド政治において大きな権力を握るようになる。この状況下で，宗教的マイノリティ，とりわけムスリムへの排他的な動きが高まっており，それは食の領域にも及んでいる。ヒンドゥー・ナショナリズム勢力が牛の保護を強く主張する中で，牛肉食の疑いをかけられたムスリムがヒンドゥーによって攻撃される事件が相次いで起こっている。こうした牛肉食の疑いを引き金とした暴力は，ダリトに対して向けられることもある。

　このような牛をめぐる暴力事件が起きている傍らで，モーディー政権は，健康や環境に関するグローバルな議論の中に登場する概念や言葉を用いながら，インドのヴェジタリアン料理を積極的に称揚する動きを見せている。最近では，2023年9月にデリーで開催されたG20の晩餐会のメニューが，インド各地のヴェジタリアン料理から構成されていたことが話題を呼んだ。その中には雑穀を用いた料理もあったが，これはインド政府の働きかけのもとに，国連が2023年を「国際雑穀年」とする宣言を出したことや，これを受けてインド政府が雑穀の生産・販売・消費を促すキャンペーンを推し進めていることに関係している。こうした動きには，菜食主義やそれに基づく料理をインドという国家の誇るべき伝統として提示しようとする意図が見える。

　「インドの食文化」を語ることは難しい。しかしその難しさを意識することは，食を通じてインド社会やその変容を理解する上で，また，権力によって後

押しされた「インド料理」像がもつ政治的・社会的な意味合いを把握する上で，不可欠である。「インドの食文化」は多様であるとの説明に満足して，地域料理の名称を並べ，宗教ごとの慣習を列挙して終わるのではなく，「インド料理」「グジャラート料理」「ヒンドゥーの食文化」などのカテゴリーを介して説明することが何を意味するのか，こうしたカテゴリーを用いた語りの中で何が見えなくなる可能性があるのかを考える必要がある。実はそこにこそ，インド社会のありようをより一層踏み込んだかたちで考察するための重要な手がかりがひそんでいるのである。

　なお，カテゴリーを介した食の語りを再検討し，それらの語りの構築過程や，そこに政治・経済・社会的権力が絡み合うさまを考えることは，インド以外の国・地域についても行うことができる。ただしその絡み合いの様子がそれぞれの国・地域によって大きく異なることはいうまでもない。

　最後になるが，食を扱った研究には，実にさまざまなアプローチがあり，そのそれぞれが最終的に何を目的としているのかも多種多様である。食を通じて見えてくることは膨大であり，分け入っても分け入っても終わりがない草薮の中にいるような気分にもなるときもあるのだが，それがまた食をめぐる研究の魅力でもあるのだろう。

推薦図書

・リジー・コリンガム　東郷えりか訳（2006）『インドカレー伝』河出書房新社
　ムガル期から現代までのインド亜大陸の食の歴史について，インド内外の食文化が接触し，融合するありさまを描く。紙面の関係から紹介できないのだが，コリンガムの他の著作もあわせて読まれることをお勧めしたい。
・井坂理穂・山根聡編（2019）『食から描くインド──近現代の社会変容とアイデンティティ』春風社
　近現代インドにおけるさまざまな個人・集団による食の選択や慣習をめぐる議論，模索，対立の事例を，それらの背景にある社会変容とあわせて考察した論文集。
・ジェフリー・M・ピルチャー　伊藤茂訳（2011）『食の500年史』NTT出版
　食の世界史の教科書ともいえる1冊。食物の伝播，農業と牧畜の緊張関係，階級間の格差，ジェンダー，国家が食糧生産・配分に果たした役割という5つのテーマが扱われている。

第**5**章

地域に菓子の歴史をたずねる

橋爪伸子

専門は日本の食文化史で，地域の食文化や菓子の歴史を研究している。本稿でとりあげる菓子については，これまで近世以前に成立した菓子の社会文化的な側面を含めた実態と近代以降の変遷を検証し，背景を考察する研究を進めてきた。近年は，菓子ならではの多様な機能についても考えている。主な研究方法は，近世から近代の文書や絵図などの史料調査を中心に，各地の老舗菓子屋に対する聴き取り調査である。

関連する主な研究成果は次のとおりである。『地域名菓の誕生』思文閣出版，2017年（①），「近代京都における乳食文化の受容と菓子——南蛮菓子と西洋菓子」『会誌食文化研究』13，2017年，1〜12頁（②），「近代における岡山名菓の成立と継承——柚餅子，調布，瓊乃柚を中心に」岡山民俗学会編刊『岡山民俗』239，2018年，1〜23頁，「近世京都における禁裏御所の玄猪餅にみる菓子の機能——霊力が宿る媒体」『会誌食文化研究』12，2016年，31〜43頁。

研究の動機，調査研究の進め方

日本の菓子の歴史は，近世京都で成立した上菓子（白砂糖を主材料とする上等な菓子，文学的な菓銘と意匠を特徴とする）を中心に論じられることが多く，先行研究も蓄積されている。その中で，たとえば通史としては，古来の餅・団子類，果物類を原形とし，時々の新しい外来の食文化を取りこみながら，17世紀後期に京都で上菓子として大成する，それが江戸や諸国城下町へと伝播し，18世紀後期に大衆的な雑菓子も現れ，日本固有の菓子文化（以下，和菓子）が成立するという概要がよく知られている。

一方諸地域の菓子に目を向けると，上菓子の範疇にとどまらず，より多彩であるが，それらも和菓子として扱われ，地域性が多様であることは和菓子の主

要な特徴のひとつとされている。しかし個々の菓子の歴史については，由来や由緒として地域にちなむ歴史上の人物との関係を表す説話が示されるとともに，起源の古さが強調され，その菓子自体は当時のまま変わることなく現在まで伝わっていると説明されるものが多い。地域の菓子のこうした「歴史」の扱い，和菓子の歴史とのズレに疑問を感じたことが，本研究の動機である。

　続いて調査の流れと主な方法を述べる。順序はさまざまで，研究対象の菓子を最初に決める場合もあれば，調査の主体となる史料との出会いがきっかけになる場合もある。対象とする菓子については，地域の名菓や特徴的な菓子の中から，近世以前の記録があり，現代まで存続する菓子屋またはその継承者に聴き取り調査ができるものを選ぶことが多いが，現存しない菓子の場合もある。

　調査については，近世以前は辞書，事典，地誌，名物記録，菓子の製法や絵図の記録，日記，随筆などの類，近代以降はそれらに加えて新聞雑誌およびその広告，写真なども含む諸史料から，研究対象に関連する事例を収集する。関連史料の引用がある先行研究や関連文献なども参考にするが，必ず原典（活字史料を含む）を確認する。特に初見史料については，慎重に検討する。

　ついで現地を訪ね，製造者（主に菓子屋）への聴き取りや，関連する場所の巡見，文書館，資料館，図書館，歴史博物館などに所蔵される史料の調査を行う。聴き取りでは工房や製造現場の見学，ご所蔵史料の閲覧・調査をさせていただけることもある。

　なお，菓子を対象とする歴史研究の留意点は，実態がつかみにくいことにあると思う。菓子とは，そのように認識される特定の食べものの総称であり，認識の対象や個々の実態は，時代や地域，さらには製造者によっても異なる場合がある。たとえば同じ名称でも異なる食べものであったり，同じ菓子に異なる複数の名称がある事例も多く，ひとつの菓子名がひとつの定まった食べものをさすとは限らない。また，ある菓子が当時の人びとにとってどのような食べものであったかという位置づけの問題も，食の社会文化的な価値や機能に関わり重要である。したがって実態については，材料や製法，形状など食べもの自体に関することだけでなく，位置づけにも留意して注意深く検証し，菓子を取りまく場面をできるだけ立体的に描くことを目標としている。

　そのためには，前記した主な方法以外に，たとえば老舗で代々継承されてきた菓子の実物を見る，食べるなどの調査も欠かせない。菓子はほかの食べものと同じく後世には残らないが，同じ家で相伝されるものも多く，現状や実物を通して得られる情報がある。ご家族のお話から過去の実態やその後の変遷などがわかることもある。また，ご当主との何げない会話の中で製造者ならではの視点に触れ，新たな気づきにつながる場合もある。菓子が存続していない場合には，製法記録や絵図記録などの史料に基づく再現実験をとおして推察を試みる方法も有効である。その際にも，当時の位置づけや価値についての検証結果は重要となる。こうしたさまざまな調査の断片的な結果をつなぎあわせることで，当時の菓子のすがたや需要者の意識などがおぼろげながらみえてくる。

　以下，これまでの経験から，聴き取り調査，史料調査，再現実験の具体例と，それを通して得られた主な成果や気づきを紹介してみたい。参考として，各調査結果に基づく拙稿については，「京都の元上菓子屋の近代における菓子作りを探る」（54頁）は上記②，それ以外は①である。

飴の世界を訪ねる

　菓子の研究を始めて数年経った頃，「飴」と呼ばれる食べものには，材料も製法も全く異なる２つの種類があることに気づいた。ひとつは米などのでんぷん質を糖化させたもの，もうひとつは砂糖を煮詰め固形化した砂糖菓子である。国語辞典では前者が本義で，史料上では古代から見られる。対する後者は，16世紀に伝わった南蛮菓子の有平糖や，近代以降の西洋菓子キャンディなどであり，食文化史ではより後出であるが，現在は通常こちらをさす場合が多い。両者には甘みを呈すること以外に共通点はないが，いつ，どのようなきっかけや背景があって同じ語で呼ばれるようになったのだろうか……単純な疑問に思われたが，先行研究や関係者への問い合わせからは，答えを見いだせなかった。そこで手探りで調べ始めた。

　まずは本来の飴そのものを正確に理解したいと考え，製飴工程の見学と聴き取り調査にご協力いただける調査先を探した。最初に当時の在住地福岡市で「手作り」の老舗として知られた飴屋に問い合わせると，「原料屋から仕入れた水

飴を煮つめるだけ（なので見どころはない）ですよ」という思いがけない返答であった。後にわかったことであるが，米を原材料とする製飴の全工程を一貫して自店で行う専業の飴屋は，全国的にもすでに減少の一途をたどっていた。

　そうした数少ない飴屋を求め，調査をさせていただいたのは，福岡県南部に位置する柳川市で，「あめがた」と呼ばれる方形の引飴を製造販売する家族経営の専業者である。材料には，隣接する佐賀県産の糯米ヒヨクモチと大麦麦芽を用い，最初から仕上げまで手作業で 1 日半かけて200本前後のあめがたを作る，全工程を見せていただいた。そのおおまかな流れとしては，糯米を約 8 時間水に浸けた後蒸し，麦芽と適温の湯を加えて保温しながら約12時間かけて糖化させる。火入して液汁をしぼりとり，かき混ぜながら 3 〜 4 時間煮つめると水飴ができる。これを引いて空気を入れた後，均一な棒状にのばして切り，あめがたの形に仕上げ箱詰する，という概要である。その間，加熱工程の燃料には薪を使い，品質を左右する糖化の温度や終点，煮つめて水飴にしていく加熱の微妙な火加減の調節など，重要な工程の要所は勘で押さえられており，一部始終は事前に史料で調べていた古代以来の飴作りとほぼ同じであった。また，作業の合間には，同店の沿革，飴の製造販売や用途の変遷，周辺の同業者の変遷などについてご教示をいただいた。

　この調査では，当初の目的に加え，古代以来の飴作りと飴をめぐる生活文化の一端をも理解することになった。それは，近隣の産物で作った飴を，調味料や楽しみの甘味，妊産婦や病弱者の滋養食，喉の薬など多様な目的で利用し，飴をしぼったあとに残る滓（飴滓）でさえも家畜の餌として活用する，地域内で循環する飴の世界である。そして，同じく甘味を呈する異国由来の砂糖や砂糖菓子とは，製造技術や道具，位置づけも含めてまったく異なる食べものであり，決して両者をひとくくりにすることはできないという重要な問題をあらためて自覚するきっかけとなった。

津山名菓「初雪」の歴史的個性を調べる

　岡山名菓といえば，JR 岡山駅のみやげ屋で広い販売面積を占める吉備団子を思い浮かべるかもしれない。しかし調べてみると，それはごく一部で，実際

は備前，備中，美作の旧国ごとに近世以来の名産や産物に由来する菓子が継承され，多彩であることに気づいた。

　なかでも美作津山の初雪は，製造者は現在は唯一であるが，明治末期には市内に約30軒あり，名菓として知られていた。聴き取りによれば，材料は糯米と砂糖でシンプルであるが，特殊な製造工程による薄い繭のような形と，焼いて食べるという特徴をもつ米菓である。由緒については諸説あるが，よく見られるのは，1332（元弘2）年に後醍醐天皇が隠岐へ配流途上，美作院庄（現・津山）に滞在したという『太平記』の説話「備後三郎高徳事」にちなみ，その折院庄の老人が後醍醐天皇に初雪を献上したという説である。しかし『太平記』にそうした記述はなく，さらに近世以前の史料には当該菓子名としての初雪も確認できなかった。

　それでは初雪は，いつどのような経緯で津山で作られるようになったのだろうか。調査を進めていくと，疑問を解明する史料は津山郷土博物館にあった。

　津山藩は，1603（慶長8）年から森家，1697（元禄10）年から家門の松平家（結城）が治めた。1817（文化14）年，7代藩主松平斉孝が養子に迎えた11代将軍徳川家斉の子（14男）銀之助（松平斉民）が，1831（天保2）年に家督を継ぎ8代藩主となる。津山郷土博物館における最初の調査では，7,151点におよぶ津山藩松平家文書（津山郷土博物館所蔵）の中から，『愛山文庫目録　津山松平藩文書の部』（津山郷土博物館紀要3，1991年）の解説を参考に，津山藩主家の吉凶仏事・音信贈答の記録とされる「御日記（御右筆日記）」のうち斉民付女中によって記された奥向日記を中心に閲覧してみた。当時はすでに，京都で成立した上菓子が諸国へ伝わっていたことから，将軍家と親族関係にある藩主をめぐる贈答記録には，何らかの菓子が見られるのではないかと考えたためである。そこには，山海の国元産物に混じって多様な菓子の記録があったが，中でも特に目を引いたのは「御国の軽焼」であった。

　実は軽焼を初雪の別称とする事例を，明治初期の史料で複数確認していた。たとえば明治10年の第1回内国勧業博覧会の出品目録には，岡山県庁の出品物として，美作国西北条郡（津山）堺町八木熊助製造の「軽焼餅」とあり，その出品解説書には，前出の聴き取りで教えていただいたとおりの材料や製造工程

が記されていた。なお，出品者の八木は，後に同館における史料調査によって近世以来の御用商と推察され，初雪の現状は，おおむね近世の状態が継承されたものであると考えることができる。

　そこで，津山名菓の初雪の前身または起源は津山藩松平家の「御国の軽焼」であるという仮説をたて，前記の右筆日記を中心に関連する諸史料ともあわせて，さらに調査を進めた。まず軽焼の初見を確認したうえで，それ以降の全事例から，年月日，贈り先，目的，用途，量，値段，容器などの記載事項を分析し，その他の菓子との比較も加えて，どのような状態の食べものであったかということや位置づけなどの実態を検証した。一方で，近世には庶民的な菓子のひとつであった一般的な軽焼についても，諸史料から事例を集めて相違点を分析し，津山藩の軽焼の固有性を明らかにした。

　津山の初雪の起源は，同藩主松平斉民が元服から隠居に至るまでの長い間，親族である将軍家との贈答で国元の菓子として重視され，内献上や御機嫌伺いなど公私にわたり多様な用途で頻繁に用いられた「御国の軽焼」であった。

　地域名菓は，地域の歴史・地理・文化などにちなむ個性（歴史的地理的個性）に価値の重心があることから，地域の歴史との関わりが特に重視される。なかでも近世以前の人物と菓子との関係を示す由緒は，歴史の深い地域性を表すことにつながり，また消費者にとっても地域名菓を味わう要素のひとつとなり得る。しかし，研究上の扱いとしては，歴史的事実か否かの区別，史料による事実関係の確認が求められ，調査の結果御用商などの史料で裏づけられる事例もあるが，どちらかというと歴史的事実よりも伝説的な物語が多い。初雪については，後醍醐天皇の説話は物語といえるが，本調査によって，津山の歴史においては後醍醐天皇以上に中心的な存在であった津山藩主との具体的な事実関係が判明し，津山の近世以前の歴史的個性が明らかとなった。

　一方，物語の場合も軽視できない。菓子に付される由緒や由来は，菓子名や意匠と同様，菓子屋による地域性の表現で，工夫の一環という可能性もある。その際，採用される物語には時代の歴史観や社会通念が反映される事例が多く，そうした由緒が成立した時期や経緯を検証することで，当時の菓子をとりまく社会の様相がみえてくる。

　なお，現時点では歴史的な裏付けが確認できず，物語と思われる由緒であっても，それを店の「歴史」として代々大切に伝えている菓子屋もあるので，配慮が必要である。実は研究を始めて間もない頃，聴き取り調査にご協力をいただいたある老舗菓子屋での苦い経験がある。同店でご教示いただいた近世以前の由緒を，史料に基づく調査研究で判明した歴史的事実とは区別して論考をまとめたところ，店の歴史が正しく書かれていないと指摘を受けた。ことばを尽くして説明したがついにご理解いただけないまま，感謝を十分に伝えることもできず，不本意な結果となってしまったことが今も心残りである。

京都の元上菓子屋の近代における菓子作りを探る

　近世以前に創業した菓子屋は各地にあるが，京都には特に多く，上菓子屋の流れをくむ老舗も散見される。そうした店ではとりわけ伝統が重視され，創業以来の菓子作りが史料とともに時代を越えて継承されていると想像していた。

　京都への移転をきっかけに，京都の菓子に触れる機会が多くなり，研究対象としても身近になった。そんな中，1800年代初頭に京都市中で開業して上菓子屋仲間に属し，近代を経て現存する二店の菓子屋において，所蔵資料群の調査をさせていただく貴重な機会に恵まれた。実は京都でも他地域と同様，たとえ老舗であっても史料を所蔵している店は少なく，また所蔵していても閲覧や調査の実現はなかなか難しい。ご当主のご好意に感謝するばかりである。

　両店の文書史料には，いくつかの共通点があった。ひとつは成立時期である。当代から3〜4代前の明治大正期の当主の代に成立し，近世は少なく近代以降から戦前期を中心としていることである。もうひとつは，史料から読みとれる当時の作り手の意識である。製法や絵図の記録には，近世以来の菓子を中心としながらも，明治以降に伝わった西洋の菓子や，新しい材料および意匠などを部分的に取りこんだ創作菓子の菓子名や図案，材料配合や製法などが散見された。そこには，両当主の西洋由来の新しい菓子に対する強い探究心と，それを積極的に取り入れようとする姿勢がうかがわれる。同時期，同じ地域の史料で共通していることから，おおむね当時の京都の元上菓子屋に共通する意識と考えることができる。

両店では現在も近世の上菓子を継承する商品を中心としており，近代の史料に見られた創作菓子自体は商品としては現存せず主要な菓子とはいえない。しかし本調査では，長い歴史をもつ菓子屋が，社会の転換期において人びとが菓子に求める新しい価値を模索した試行錯誤の軌跡を確認することができた。さらに当代から，新しいことを絶えず求め取り入れようとするのは，現代の菓子作りにおいても同じという話を聴き，今につながる普遍的な意識と感じた。

対馬の「くわすり」を日朝外交の歴史のなかで描く

くわすりとは朝鮮王朝で重視された「薬果」を起源とし，16世紀以前に対馬経由で伝わった外来菓子である。しかし日本には現存せず，また唐菓子や南蛮菓子のように日本の菓子の歴史に影響を与えた外来菓子としてとりあげられることもなかった。

この語を最初に目にしたのは，福岡藩が島原の乱に出陣した際の藩主黒田忠之の本陣御賄方の記録「嶋原一揆起候節御出陣中御台所日記」（馬奈木家所蔵）である。2000年頃に参加した福岡の地域史講座でテキストとされた史料で，「くわすり」という名の菓子が曲物や箱入りで家臣から進上された記録や，本陣賄方で製造された記載があった。さっそく近世以前の関連史料や文献をあたり，また先達の研究者にも照会したが，何の手がかりも得られなかった。その後も細々と史料で事例を集める作業を続けたが成果は乏しく，断片的な事例から，16〜17世紀初頭には為政者の茶会や御成などの饗応に散見されるも，その後は朝鮮通信使関連の一部の記録に確認できるのみとなり，近代以降には見られなくなるという，おおよその流れがつかめただけであった。

調査が急展開したのは2003年，日朝関係史の田代和生氏の著書『倭館』（中央公論社，2002年）で，くわすりの語源が朝鮮語の「蜜果」であると知ってからである。韓国の食文化に関する文献で朝鮮菓子を調べ，蜜果は油蜜果（油と蜂蜜を使う朝鮮の伝統的な宮中菓子の総称）ともいい，多様な種類があることがわかった。さらに，長崎県対馬歴史研究センター，九州国立博物館，国立国会図書館，韓国国史編纂委員会などに所蔵される対馬宗家文書をあたり，朝鮮語表記を含むより多くの事例を確認した。その結果，くわすりの起源を蜜果の一種である

薬果と特定し，日本における朝鮮由来の菓子文化の一端を明らかにすることができた。

　調査研究の成果を2006年に論文発表した数年後，くわすりを対馬の名菓として歴史的に再現する企画の監修依頼を受けた。くわすりが，中世後期から近世にかけて対馬を通した日朝の外交儀礼で重視され，対馬固有の歴史にちなむ菓子であることに加え，近世以来の対馬名産である蜂蜜を主要な材料とすることから，地域資源の活用事業として注目されたのである。

　再現に際し，典拠とする史料としては，対馬と福岡で近世の製法記録を確認していたが，現存しない異国由来の食べものを商品化するための情報源としては不十分であった。当時のくわすりに近い実物菓子の検討と体験的な確認，それを確実に作るための具体的な製造技術の会得など，いくつかのプロセスが必要であった。

　まず，再現のモデルとする実物については，くわすりが朝鮮菓子と判明して以降，韓国に現存する薬果を調べていた。実は韓国では，薬果を始めとする伝統的な菓子は「韓菓」と総称され，行事や儀礼で用いられるほか，百貨店や免税店，日本の輸入食品店やスーパーでも販売されている。しかし流通菓子の安価な薬果は，外観や味からも宮中菓子という品格は感じられなかった。2006年に韓国の食文化史研究者尹瑞石氏へ，薬果の歴史や現状について質問する機会に恵まれ，現在の薬果の多くは伝統的な手法で作られておらず固有の特徴がないため，薬果とは見なし難いとのご教示を得た。

　そこであらためて，固有の特徴を持つ「宮中菓子の薬果」を，再現するくわすりのモデルと設定した。それを実現するための伝統的な手法にも留意して製造者を探したところ，宮中飲食研究院の付設機関である宮中餅菓研究院（韓国，ソウル特別市鍾路区嘉会洞）で継承されていることがわかった。さらに，同院長で重要無形文化財「朝鮮王朝宮中飲食」技能保持者の鄭吉子氏から，朝鮮王朝時代の薬果について講義および実技の研修を受ける機会に恵まれた。

　研修を通して確認した宮中菓子の薬果は，小麦粉，胡麻油，蜂蜜，砂糖を材料として作られた多層をなす生地に油と蜜がしみこんだ，日本には類例のない菓子で，また韓国の一般的な薬果とも同名とは思えない食べものだった。固有

の特徴とは多層をなす生地で，近世の製法記録のみでは再現できない複雑な手法と微妙なコツが必要であった。この菓子が，16世紀後期京都における織田信長の茶会で，本膳料理に続き，金の濃絵の縁高で供された場面を思い浮かべた。菓子は九種盛で，くわすり以外は七種が柿，栗，昆布などの木菓子（木の実や草の実の類）である（「天王寺屋会記」）。砂糖を使う造り菓子自体も珍しかった当時，外観も風味も独特な朝鮮菓子に参会者はさぞや驚いたことだろう。

　以上が，くわすりの再現に向けての主な調査である。日本では消失し製造者も継承されていなかったことから，再現の実物モデルを韓国の薬果に求めたが，現地の菓子も時代の移り変わりの中で変容しており，同名でも実態が異なるという問題に直面することとなった。そこで決め手となったのは，16～19世紀に日本と朝鮮で価値が共有されていたくわすりの，日朝外交儀礼で必須の菓子という歴史文化的な位置づけであった。

熊本藩の時献上「かせいた」を再現する

　かせいたとは，1634（寛永11）年にポルトガルから長崎に伝わった果実のマルメロと砂糖を主材料とする南蛮菓子で，起源はポルトガルのマルメラーダである。ジャムまたはゼリー状の食品で，ポルトガルやスペインでは現在も一般的であるが，日本では異種の果実であるカリンのゼリーを薄種で挟んだ「加勢以多」が熊本名菓として知られ，利休七哲といわれる茶人の細川三斎（肥後細川家初代・忠興）好みの茶菓子であったという説が由緒とされている。ところがこの説は典拠となる史料が確認できない。熊本のかせいたの起源や細川家との関係に興味を持ち，史料調査を始めた。

　調査の結果，かせいたは細川家関係の史料では忠興から二代後の藩主光尚（熊本藩主2代）の1646～1649（正保3～慶安2）年頃から見られ，大名の名鑑「大名武鑑」で，6月の時献上（各地の諸大名家から将軍家に対する毎年決まった季節の領内産物の献上）として幕末まで確認される。熊本藩ではこの献上用かせいたの材料として国産のマルメロを必要としたことから，領内の飽田郡銭塘手永走潟村（現・宇土市走潟町）を中心に栽培を行っていた。しかし実は日本ではマルメロの栽培適地が少なく，同村も決して適していなかったことから，献上用に

必要な産量の確保に苦心していた。一方，江戸や京都の菓子屋では，マルメロの代わりにカリンを材料とするかせいたが製造販売されていた。

　つまり，近世かせいたは，武鑑の時献上を通して熊本藩細川家の国元産物ということが広く知られていた。またその価値は，輸入品の高級な白砂糖と，献上用に栽培された異国由来の果実マルメロを主材料とする南蛮菓子で，大名家の稀少な領内産物という位置づけにあった。これが熊本名菓としてのかせいたの起源であるといえる。

　近代以降，熊本のかせいたは，近世以来の御用菓子屋などで継承されることもなくいったん消失するが，戦後になって市内の菓子屋が工夫を加えた前出の商品が販売され，製造者の交代を経て現在にいたる。走潟のマルメロはしばらく栽培が続けられていたが，戦後伐採されたという（宇土市史編纂委員会編『宇土の今昔百ものがたり』宇土市，2009年）。

　現在，その走潟で，史実に基づきマルメロの苗木を復活させる植樹活動と，それを用いて時献上のかせいたを再現する取り組みが進んでいる。筆者は直接的な参画者ではないが，本研究成果の一部が地域で活用された事例として紹介したい。

　走潟マルメロ会の木下洋介氏によれば，同会の活動は，2013年に走潟公民館の敷地に苗木3本を植樹したことに始まる。2014年に会員21名で発足し，県外から苗木80本を取寄せ，走潟公民館や走潟小学校，会員の自宅などで栽培を始めた。その後も植樹は進み，2017年には約130本となり，同年秋に収穫した実を材料に，2018年に市内の農水産物加工企業との連携によりジャムを製造し「走潟マルメラーダ」として商品化した。また，熊本藩士による製法記録「雑花錦語集」（熊本県立図書館所蔵）に基づき，時献上を模した曲物入のかせいたを試作した（写真5-1）。その際曲物も，永青文庫に現存する明治17年製の実物の容器を参考に，熊本県内の曲物工房で製造したという。その披露を兼ねた講演会に筆者も講師として招かれ，走潟小学校や走潟公民館で，小学生や同会員を始めとする地域のみなさんと，再現かせいたの試食会に参加した。

　2020年には，前年に収穫したマルメロで作ったかせいたを「時献上」の品名で商品化し，2021年以降曲物入の「時献上」を，その他のマルメロ製品ととも

写真5-1　現代の「かせいた」試作

（出所）走潟マルメロ会提供

に製造販売している。また「時献上」は2022年，「走潟マルメラーダ」は2019年から，宇土市のふるさと納税返礼品として出品されている。このように研究が地元で活用されることは稀であるが，この上ない喜びであり，励みとなる。

推薦図書
・安室知（2021）『餅と日本人──「餅正月」と「餅なし正月」の民俗文化論』吉川弘文館
　　モチ文化の本質を鏡餅，雑煮，赤飯，モノツクリにまつわる風習から探り，餅なし正月の機能を解明する民俗文化論。フィールドワークによる民俗資料を中心に史料も駆使した調査方法や多角的な分析視点など，学ぶことが多い。
・塚本学（2021）『生き物と食べ物の歴史』高志書院
　　日本近世史を専門とする歴史学者が，日本列島住民と身近な動植物との関わりに注目した論考集。小さな歴史と大きな歴史，都市と地方，民衆と権力など多角的な視点から，さまざまな事例を示し根拠を博捜していく作業が示される。食と農の歴史研究に多くの示唆を与えてくれる。
・橋爪伸子（2017）『地域名菓の誕生』思文閣出版
　　近世に完成した日本固有の菓子が近代以降に新たな展開を迎え，地域の個性が表現された「地域名菓」が成立したことを，近世からの連続性に注目しつつ実証している。諸地域の近世～近代の史料や聴き取り調査の具体的な事例が含まれている。

第Ⅱ部

食と農の歴史をひもとく

第6章

フランス・アルプ山岳地の牧野と製酪
制度と競争

伊丹一浩

　大学院修士課程以来，19世紀を中心にフランス農業史研究に取り組んできた。この20年ほどは，南東部に位置するオート＝ザルプ県を対象に山岳地の植林事業や，ヒツジの飼育から製酪組合（チーズの製造や販売をする組合）への転換の動きを分析した。こうした動きは，地域環境の保全や災害対策と地域経済の成り立ちを再考する上で格好の素材であり，近代的法制度の中央集権的整備や地域の農民による対応ならびに市場における競争との関係の解明に繋がった。

　研究では，主にオート＝ザルプ県文書館やフランス国立文書館に所蔵される手稿史料を利用し，あわせて議会議事録や関連法の制定に関する史料，県会の議事録や報告書，行政による事業報告書，同時代人による専門書など印刷史料も利用した。

　関連する研究成果として2020年に『山岳地の植林と牧野の具体性剥奪』，2022年に『製酪組合と市場競争への誘引』（いずれも御茶の水書房）と題する書物を刊行した。

植林事業の分析から製酪組合の分析へ

　オート＝ザルプ県は山岳地に位置する県であるが，地中海性気候の影響を受け，乾燥が卓越している。よって，その地の植生は旺盛ではなく（写真6-1），人口増加や都市部での需要増加が見られた19世紀前半において，気候風土に合うとされるヒツジの飼育が過剰傾向を見せ，森林伐採と並んで，それが山岳地の牧野の荒廃を招き，渓流や急流河川の氾濫を引き起こしたとして指弾されていた。環境との調和や資源の持続的利用をめぐる問題が，当時，すでに発生していたわけである。職場の異動により地域環境科学科という学科に所属したこともあり，それに即応した研究をしようと考え，当県の荒廃山岳地の問題とそ

写真6-1　アンブラン付近の荒廃山岳地
（フランス・オート＝ザルプ県）

（出所）筆者撮影。2017年8月21日

れへの対応として打ち出された植林事業に関する研究に取り組むことにした。

　オート＝ザルプ県は首都パリから直線距離にして550kmほどにあり，乗り継ぎ時間にもよるが新幹線と在来線で6時間以上かかることもある。フランスの中でもあまり知られてはおらず，山岳地荒廃と植林事業の揺籃の地とも言い得るところであるが，大学が所在するグルノーブルやエクス＝アン＝プロヴァンスあるいはマルセイユからの交通があまり便利ではないためか，当県を対象とした研究は，もちろん皆無ではなかったが，フランスでもあまりされてはいなかった。

　オート＝ザルプ県文書館（写真6-2）に赴いてみたところ植林事業関係の史料は多く所蔵されていた。しかし，その整理は行き届いてはいなかった。そこで，まず，当地の堤防と灌漑に関わる土地改良組合を分析し，次に，山岳地の植林事業について分析を進めた。

　分析に当たっては，同時代の著作物や県会議事録を利用して山岳地の植林事業に関する情報を収集した。議会議事録等により中央における関連法制度の制定や改正に関わる史料も渉猟した。このようにして得た情報を手掛かりに県文書館所蔵の関係史料の中から取り上げるにふさわしい事例を探索した。

　荒廃山岳地の植林に関わる最初の法として，1860年に山岳地の植林に関する

写真 6-2　オート＝ザルプ県文書館

（出所）筆者撮影。2017年8月17日

法が制定されるが，その法の問題点を抉り出すことのできる事例は県文書館に
てふさわしいものを見つけることができた。本法により荒廃山岳地問題の根本
的解決として植林事業が実施されることになったが，それまでに地域の農民が
ヒツジの放牧のために利用していた牧野が植林事業対象として認定された場合，
その利用ができなくなる。そのため，自らの生活の成り立ちを確保するべく事
業に対する農民の反発が生じたが，ここで見つけ出した事例では，さらに踏み
込んで1860年法の制度的問題までもが剔抉されていた。自らの生活手段を制約
しようとする法制度への農民による批判と，県会や議会で議論されていくこと
になる法改正に向けた端緒的動きと言い得るものであった。オート＝ザルプ県
という周縁部の一農村地域から中央に向けたベクトルの発出を，ここに検出す
ることができたのである。

　しかし，この法改正の動きは，中央における森林行政や議会の議論の中で，
やがて公用収用制度導入の方向を取り，1882年に制定された山岳地の復元・保
全に関する法で実現するが，この制度がまた当県にて問題を惹起した。ただし，
この1882年法に基づく植林事業の史料は，県文書館に所蔵されてはいるものの
保存状態はあまり良好ではなかった。そこで，植林事業に関わる行政手続きの
ため，すでに中央の森林行政当局に送付されてしまった関係文書が存在すると
考えて，パリ近郊ピエールフィット＝シュール＝セーヌに所在する国立文書館

で史料の収集と分析を進めることにした（史料の一
例は写真6-3）。そして，実際に，1882年法の本質
に迫り得る事例を発見し，公用収用制度が孕み持つ
問題に対する農民の反発を検出することができたの
である。

　公用収用制度は，いわば植林対象地となる牧野を
収用補償金という貨幣でもって取り換える制度であ
るが，それは，すなわち，自然のサイクルの中で牧
草が具体的に再生産し生育する場であり，それを
もってヒツジなどの家畜もまた再生産や生育が可能
となる場である牧野を，それ自体では実際には再生
産することも生育することもない貨幣にとって代え
ようとするものである。とりわけオート＝ザルプ県
では貨幣の投入機会が豊富とは言えなかったことも

写真6-3　ドゥラック＝スー
　　　　　ロワーズ事業区域
　　　　　（フランス・オー
　　　　　ト＝ザルプ県）の
　　　　　関係史料

（出所）筆者撮影。フランス国
　　　　立文書館所蔵，整理番
　　　　号19771172/26。2019
　　　　年3月6日

あり，収用補償金を費消してしまうと，それ自体が実際に再生産するわけでは
ないために，結局のところ霧散してしまいかねず，ゆえに，その後の住民生活
が立ち行かなくなる懸念が公用収用制度には孕まれていた。そして国立文書館
で発見した事例では，まさに，この点に関する反発が，自らの生活を守るべく
農民の間から生じていたのである。こうした理路を剔出することで2020年に拙
著を刊行することができたのである。

　とはいえ，実は，そこには取り組むべき課題がまだ残されていた。山岳地の
植林事業に関わる研究の比較的早い段階で，この事業に関連する形で製酪組合
の普及政策が打ち出されていたことに気づいており，しかも，それが県会議事
録で多く取り上げられて議論されていたり，県文書館に関連史料が所蔵されて
おり，その中のいくつかの分析にも取り組んでいた。その内容も2020年の書物
に盛り込もうとしたが，叙述の中に上手く入れ込むことができなかった。その
時にはあまり自覚できていなかったが，後に振り返ってみるにやはり分析に手
薄なところがあり，山岳地の植林事業の本質を十分に捉えきれていなかったの
である。そこで，次に，この製酪組合に関する分析をさらに進めることにした。

　山岳地の植林事業により住民の生活の成り立ちに支障が出かねない懸念に対し，ヒツジの放牧による利用は無理としても，それよりも影響が少ないとされたウシの放牧許可を拡大するよう行政に要請が出されていた。それに対して，森林行政は，そうした方向で動きつつ，あわせて放牧許可を拡大したウシにより生産される牛乳を原料に，チーズを製造し販売するための製酪組合結成を支援することにした。それによる付加価値実現を通じて地域住民の生活を向上させようと企図し，実際に補助金交付などの普及政策を実施したのである。

　ただし，製酪組合は先進地であるスイスやジュラ地方などですでに多くが存在しており，オート＝ザルプ県の製酪組合は，これら先進地の組合との市場競争を余儀なくされた。しかも，参入当初からすでに製酪技術や経営規模の面で先進地との間には埋めがたい形での競争力の差が存在していた。よって，行政による補助金が交付されるうちであればまだしも，それが途切れてしまうと早かれ遅かれ運営が立ち行かなくなるケースが生じた。オート＝ザルプ県の製酪組合は，いわばフィックスト・ゲームのごとき競争の中に投げ込まれたのである。ここに，この製酪組合普及政策の意味を検出することができ，ひいては，そのような政策をもたらした山岳地の植林事業の本質的性格をつかみ出すことができたのである。こうしてようやく2022年にもう１冊の拙著刊行に至ったのである。

史料調査の実情

　以上の研究ではオート＝ザルプ県文書館やフランス国立文書館を利用してきたわけであるが，これらは，パスポート等の身分証明書を提示し必要事項を用紙に記入するなどの手続きを経れば利用可能である。所蔵史料は整理番号によって分類されている。各種目録があり，以前は，それを手掛かりにして，必要な史料の整理番号を探し出したが，現在ではシステムによる検索も可能である。基本的には閉架式であるために，その整理番号をもって史料閲覧を請求する。手書きの申請書が利用されていたが，これも現在ではシステムを利用する。よって，今は，史料の検索や閲覧の予約は日本に居ながらにして可能である。史料は１日の閲覧可能数が制限されていたり，同時に複数のものを閲覧するこ

とができなかったりする。開架の図書や雑誌類もあり，郷土史関係の出版物，家系図作成の成果，地元の歴史関係誌のバックナンバー，その他，関連文献など非常に参考になる。また，オート＝ザルプ県文書館には史料のデジタル化サービスがあり，非常に有用である。フランス国立図書館のデジタルコンテンツサービス Gallica も非常に有用である。

　文書館で史料調査をしていると，いろいろと予期せぬ出来事が起こる。たとえば，念には念を入れ，現地に滞在する予定の期間には文書館が開館する等の確認を日本出発前にしていたにもかかわらず，自宅からドア・ツー・ドアで丸2日以上かけて到着してみると，インターネットの工事と称して，その期間，閉館する旨を知らされたりする。

　とはいえ，逆に，ヨーロッパ文化遺産の日（les journées européennes du patrimoine）に，ちょうど当たったがゆえに，文書館のバックヤードの見学に参加する幸運を得たこともある。別の機会にも，宇都宮の文書館の訪問経験を持つ職員の方が偶然いた文書館では，そこの史料庫を見せてくれ，日仏の史料保存や文書館システムの相違や共通点について意見交換をしたこともある。

　手稿史料の解読では難儀する事態が出来することがある。いよいよわからない時，デジタルカメラを利用する以前には，その文字の形態を模写して，後ほど，根を詰めて考えたものである。固有名詞などは家系図作成に取り組む郷土史家の方々に聞くと迅速に的確に読み方を知ることができる。ほぼほぼ地名とわかりながらも，皆目見当のつかないものがあり，何とはなしに悔しいので，オート＝ザルプ県の地図を見ながら探しながら，おおよそ20分ぐらいであろうか呻吟するも，どうしてもわからず，近くの席の知らない方に問うてみるに，間を置くことなく即座に「サン＝シャフレ（Saint-Chaffray）」と回答を得ることができたりする。

　現地での滞在期間が限られてしまうがゆえに文書館での閲覧期間を十分に取ることができない場合もある。その場合，必要な史料を効率的に閲覧したいと考えるものであるが，しかし，検索システムにて史料を検索しても，通常，その概要的情報を示すのみで網羅的な情報が示されるわけではない。したがって，検索結果からはどの整理番号に目当ての史料があるのかは，完全に正確にはわ

からない。いくつかの候補に絞ることができても，そこからひとつに限定することはできないのである。史料請求にはいわば当てずっぽうの要素が含まれるわけであるが，ある時，それでも，念のため，職員の方に問い合わせてみると，「開けてみないとわからない」とのことで，「それはまあそうだなあ」と思いつつ，いくつかを請求してみるに，肝心なものを見つけることができず，時間切れで帰国を余儀なくされたこともある。

　その時には，半年以上を閲した後，文書館に再訪することができ，他の候補として目星をつけていた整理番号の史料を請求，閲覧したところ，ドンピシャで，ようやくやれやれと相成った次第である。今，振り返るに，やがて，コロナ禍によりフランスに赴くこと自体が非常に困難になったため，実は，ぎりぎりに近いタイミングで幸運にも史料に出会うことができていたのである。

　文書館での史料収集では，長く探し求めながらも見つからなかった史料がある時なぜかひょっこり見つかったり，そうした作業を続けるに，やがてはゾーンに入ったかのように必要な史料が連鎖的に次々に見つかるなど，感覚的には出すプレーコールすべてが当たっていくかのように心躍る出来事が生じたりもする。しかし，基本的には，史料の収集は淡々とした地味な作業の積み重ねである。デジタルカメラを利用するようになってからは，滞在期間中，文書館の開館時間から閉館時間まで，昼休みを除いて，ひたすら史料を撮影する時間に充てることが多い。単調にして地味な作業が続く。

　帰国後，撮影史料の画像データを基にひたすらそれを解読し分析する。研究対象の構造や変化のプロセスを，それを包摂する法制度や経済が持つ構造や変化のプロセスと関連づけながら把握し，根拠をもって史料からその特徴や意味を剔出していく。ここでも平板で地味な作業が続くことになる。

牧野の具体性の意味と製酪組合をめぐる競争の本質

　こうした史料の閲読と分析に基づく研究を重ねる中で，ヒツジの放牧の場である牧野の意味や製酪の行き着く先であるチーズの販売の意味が次第に浮かび上がってきた。

　牧野は自然のサイクルの中で牧草が芽生え育つ場である。確かに，19世紀前

66

半には，人口増加や都市ならびに市場の拡大に影響を受けた過剰放牧の傾向がオート＝ザルプ県でも現れ，自然のサイクルが攪乱され，荒廃が進行したと考えられているが，しかし，基本的には，ヒツジがそれを食んでも，バランスを取ることができてさえいれば，牧草そのものの生命現象により文字通り，それは再生する。そして，ヒツジもまた，それを食みながら，自らの生命現象により自然のサイクルの中で生長し，繁殖し，子ヒツジが再生していく。

　そもそも，ヒツジの飼育も含めて畜産や農業は，地球上の物質循環とエネルギーフローの中で人間にとって根源的な食を生産する営みであるとともに，野生の植物や動物に人為による改変を加えながらも，自然や季節のサイクルの中で実際に成長し繁殖し再生する生命の営みを利用する経済活動である。しかし，それに対して，経済活動の仲立ちをする貨幣は，それ自体は現実のものとして物理的に生長したり，再生したりするわけではない。この点，具体的に現実に再生する牧野とは全く区別されてしかるべきものである。

　そして，こうした認識は，オート＝ザルプ県の植林事業に関わる研究を続ける中で浮かび上がってきたものではあるが，しかしながら今振り返ってみるに，実際のところ，それだけではなく，農学部に所属する筆者が農業と経済との関係を授業で講じたり，栽培学，畜産学，農業工学，環境科学，有機農業などを専門とする教員，大学院生，学生とディスカッションをする中で形成されてきたものでもある。自らの研究と自然科学を含めた他分野の関係者との交流が半ば無意識のうちに相乗することで牧野と貨幣の決定的懸隔が浮かび上がってきたのである。

　製酪の成果物であるチーズは，自給用に生産される分もあるが，それを除いた部分は市場における競争に晒されながらの販売に向けられる。競争に勝てば販売につながり，付加価値を実現しつつ利益を獲得できるが，負ければできない。そして，重要なことに，こうした競争は諸主体が同一の条件下に置かれるようなフラットな形で展開するわけではない。我々は先入観を持ってしまうがゆえに，市場の競争，あるいは競争一般を，つい公平で公正であり，実力と努力の勝負と思い込んでしまうが，しかし，実際には，そのようではない。とりわけ急峻な地形を持つ山岳地に位置するオート＝ザルプ県は，人々の実力と努

力では覆し得ない自然的不利性を抱えており，先進地や条件有利地との競争は，そうした不利性を抱えながらの競争とならざるをえず，ゆえに，それはフィックスト・ゲームのごとく展開することになる。

　そもそも，現実の中にある競争の当事者は具体的属性を背負い持つ存在であり，それを制約する周囲の環境も抽象的に存在するのではなく，具体的な属性をもって存在する。そして，このような属性には競争当事者間で平滑にすることが人為によっては不可能なものや，可能であったとしても経済的なコストがかかるものがある。それは市場や資本主義経済における競争にも当てはまる。あたかも競争を同質的な主体によりフラットな条件下でなされるものであり，また，公平，公正なものであるととらえるのは，その実態を単純化し，図式化し，抽象化してとらえているのに過ぎない。

　そして，こうした認識は，オート＝ザルプ県の製酪組合の研究を続ける中で浮かび上がってきたのではあるが，実際には，ここでもそれだけではなく，たとえば，条件不利地域の農業ならびに生活に関わる状況やグローバル化が進む中での農業の位置づけをめぐって，現状分析の研究者との間でなされた議論や，博士論文，修士論文，卒業論文さらには関連授業において，この様な問題に取り組み学習する大学院生や学生との間でなされた議論が，自分でもあまり気づかないうちに触媒のような作用を及ぼすことで浮かび上がってきたのである。

情況からの触発

　加えて，さらに言えば，これまでの研究では，学的な営みだけではなく，それを取り巻く情況からも触発を受けてきた。たとえば，大学は，とりわけ今世紀に入ってから法人化の動きなどにより競争原理に巻き込まれつつある。それでもビジネス界ほどではないかもしれないが，大学をめぐる競争──しかもそれは，人為的な努力をもってしては変え難いような条件や構造に規定されつつ展開する競争──のあおりを受けて，大学教員になる前には，ちょっと思いもしなかったような事象に出くわしたことは2度や3度のことではない。オート＝ザルプ県の製酪組合を対象とした研究を進めていくうちに浮かび上がってきた競争のフィックスト・ゲーム性に，あたかもオーバーラップするかように業

務の中で図らずも出くわすことになったのである。

　そして，学術研究や自らの狭い体験だけではなく，より広くアンテナを張ってみれば，より厳しく競争に追い立てられる情況が社会に多く生じていることに気が付く。たとえば，金融，中小企業，町工場などを題材に臨場感を持って現場の様子を伝えつつ資本主義経済のリアルを炙（あぶ）り出すような作品に触れることで，そうした情況が生じていることを知ることができるし，あるいは，本格的な現地調査ではなくとも，たまたま会話を交わした農家の方とのその会話の中で，自然条件やコスト面での不利を抱えながら資本主義経済の中で経営を続けなければならない情況に気づかされることもある。さらに翻って見れば，ここで扱った内容を大学2年生向けの授業で話したり，その導入的な内容を大学1年生向けの授業で話したりすることがあるが，その際，やはり受験勉強を終えてからまだ間もないこともあり，言葉少ないとはいえ，そこでの競争を思い浮かべながらのことであろう吐露であるとか，あえて言葉にはしないとはいえ，確かに思い当たる節があるのであろう，おそらくは，そうした心当たりを根拠にした多くの頷きをもらっている。濃淡を帯びながらのことかもしれないが，しかし，このように多くの人々が否応なく競争に駆動され巻き込まれている，そうした情況に気づかない訳にはいかないのである。

　こうした情況からの触発と歴史研究による認識は，それらが相乗的に重なり合いながら，さらに進んで，我々がその中に暮らす社会や経済における競争そのものについて，抽象的にして図式的にではなく具体的な相に照らした上で本質を明らかにする，そのことの必要性を認識させることになる。それはまた，そうした競争から降りることもできない社会のあり方そのものを相対化し，変えていく必要の認識にもつながることになる。

　史料の分析に基づく歴史研究は，基本的に地味な作業の積み重ねである。しかも，筆者の研究はテーマもよく知られているわけではなく，注目度が高いわけでもない。多く人々の関心を引く面白さに富むわけでもなく，出来事のドラマティック性もない。オート＝ザルプ県というあまり知られていない地域の，しかも100年以上も前の時期を対象とした地味な研究である。しかし，それは，我々が余儀なくされている情況とのつながりを欠くものではなく，むしろ，そ

れと密接に関連しているものである。我々を掣肘{せいちゅう}してやまない競争を相対化
しつつ，次の社会のあり方を選択し，能動的に働きかけ，それを作り上げてい
く作業につながるものなのである。

推薦図書

・伊丹一浩（2022）『製酪組合と市場競争（フィックスト・ゲーム）への誘引』御茶の
水書房
　　オート＝ザルプ県を対象にした研究書。同県を扱う『堤防・灌漑組合と参加の強制』
　　『山岳地の植林と牧野の具体性剥奪』（いずれも御茶の水書房）もあわせて読むと理解
　　が深まる。

・平賀緑（2021）『食べものから学ぶ世界史』岩波ジュニア新書
　　食や農をめぐる問題を経済の歴史，資本主義の歴史と関連づけながら明快に解説。そ
　　のメカニズムを政治経済学的に抉り出す。

・宮崎学（1998）『突破者』南風社
　　同著者の『突破者それから』（徳間書店）とともに資本主義のリアルを活写。学術書
　　ではないが，だからこそ非常に参考になる。青木雄二『ナニワ金融道』全19巻（講談
　　社）と双璧。

第7章

乳搾りジョヴァンニと妻エルミーニア

山手昌樹

　専門はイタリア近現代史。これまでにイタリア・ファシズムの社会政策や移民政策，内地植民事業，政治犯流刑をジェンダーの観点から研究してきたほか，博士論文「近代イタリアの社会調査に関する歴史学的研究」（2018年）では，19世紀後半から20世紀前半までの農業調査の史的展開を調査者の社会活動に着目して分析した。ファシズム研究に付随するかたちで，農民史，食の歴史，鉄道史にも関心を持っている。

イタリア農民との出会い

　1920〜30年代のヨーロッパは，数多くの独裁国家を生み出した。ではなぜ，自由と平等を志向してきた地に，民主主義を真っ向から否定する政治勢力が台頭したのか。当時，ヨーロッパ諸国の支配者層は，ロシア革命が自国に波及することを警戒し，労働運動の拡大を防ごうとしていた。こうした中，イタリアで資本家から援助を受けて急成長したのがファシズムだったのである。

　だが，これだけでは，ファシズムが政権を獲得し，20年にわたる支配を続けた説明にはならない。そこで手がかりになるのが，ファシズムをめぐる合意論争である。これは1974年にローマ大学教授レンツォ・デ・フェリーチェが著した『ムッソリーニ伝』をきっかけに巻き起こったもので，彼によればファシズム体制は自由の抑圧や暴力による支配だけでなく，国民からの広範な支持に基づく政治運営をおこなっていた。

　戦後イタリアはファシズムに対する「レジスタンスから生まれた共和国」という国民の共通理解があっただけに，ファシズムが国民から支持されていたという主張は学界を超えて波紋を広げた上，根拠として彼が提示したのは反体制運動や労働運動の停滞という，いわば消極的支持であったため，学術的にもそ

の妥当性が問われたが，怪我の功名，ファシズムに対する国民の態度が実証的に研究される契機にもなった。歴史学全般の社会史に対する関心の高まりや聞き取り調査の積極的活用も追い風になった。

　とはいえ，学部3年秋にドイツ史からイタリア史へ「転向」（研究テーマをナチズムからファシズムへ変更しただけで，必要となる言語や留学先，その他諸々が変わり，今のところ人生最大の分岐点）した私にとって，分厚いうえに冗長なイタリア語の学術書を読みこなすことは無理な相談であった。英語文献から情報を入手するのが関の山で，歴史学研究の根幹ともいえる一次史料の分析は，先行研究や英訳史料集に頼らざるをえなかった。結局，卒論では，先行研究を寄木細工のように用いて，国民ファシスト党の機能の変容を検討したに過ぎず，この段階において私の研究は食と農にはまったく無縁であった。

　転機が訪れたのは修士1年のときである。ムッソリーニが社会をファシスト化するにあたり，ファシスト党をうまく活用していた点を卒論で指摘した私は，修論ではその活動内容を具体的に再構築するため，ファシスト党女性部の機関誌を分析することにした。同組織は，こんにちで言うところの国の社会福祉事業を担っており，国民と不断に接するファシズムの顔として国民のファシズムに対する態度に直接関係してくると考えたからである。機関誌には，イタリア全土で女性ファシストたちが母子や貧困家庭を支援する様子が写真つきで詳しく報じられていた。そのような活動の中で「モンディーネ」と呼ばれる集団がたびたび登場した。これが，私とイタリア農民との出会いの瞬間であった。

モンディーネ

　女性ファシストの支援対象が，母親や乳幼児，貧困家庭という，いわば全国津々浦々に遍在する民衆である中，モンディーネだけは特定の職種で記載され，ひときわ異彩を放っていた。私は直感的にこの集団について調べる必要があると考えたのである。

　モンディーネとは，北イタリアのポー川中流域で毎年5月下旬から40日間，水田の除草作業に従事した季節労働者である。従事者の8割が女性，3割が出稼ぎ，20代や未成年者が多くいたことを特徴とした。19世紀後半の灌漑設備の

発達で水田が急増すると，とりわけ除草と収穫に大量の労働力が必要となり，除草剤の普及や機械化がすすむ1960年代まで，多い年で18万人が雇用された。女性ファシストがとくに支援したのは，毎年5万人に及んだ出稼ぎの女性労働者たちであった。ファシズム体制は，故郷を離れて水田まで出稼ぎに来る彼女たちのために専用列車を走らせ，乗継駅に簡易食堂を，水田地帯に託児所を設け，女性ファシストにその運営を委ねたのである。

　ではなぜ，ことさらモンディーネだけが支援されたのだろうか。たとえば，未婚女性は安価な労働力として繊維産業を支えていたが，彼女たちに対する支援が大々的に行われることはなかった。そのうえ，ファシズム・イデオロギーが，女性に良妻賢母を求め，家庭外の労働を好ましからざるものと規定していたことを考えても，女性労働者を大々的に支援し報じることには矛盾がある。モンディーネに対するファシズム体制の熱の入れようは，他の職種に対するのに比べて群を抜いていたのである。

　その謎を解く鍵は，モンディーネの闘争性にあった。彼女たちは1927年と31年に大規模なストライキを起こし，当局が反体制運動に発展することを憂慮していたのだ。ファシズム体制下ではストが非合法化され，単なる賃上げ要求であっても逮捕・処罰される可能性があったが，それでも1927年から32年にかけては全国各地で労働者のストが頻発した。こうした中，モンディーネのストは複数の水田で同時多発的に起こり，しかも地下活動中の共産主義者がビラを配って扇動したため，組織的闘争が疑われたのである。

　私は修論において，ファシスト党女性部の機関誌とイタリア共産党がパリで発行した機関誌を用いて以上の点を明らかにし，ファシズム体制がモンディーネを大々的に支援し報じた背景には，彼女たちのストが関係していたと結論づけた。両機関誌ともプロパガンダ色が濃く，記事を鵜呑みにはできないが，支援の本格化が1929年であったり，大々的な報道が32年であったりした点に因果関係を認めたのである。また，体制が世界恐慌期に社会政策に乗り出し，国民の不満解消に努めたという全体的趨勢に矛盾しないことも根拠になった。

　しかし私は，修論を叙述する中で，女性ファシストないしはモンディーネ1人ひとりの顔が見えてこないことに物足りなさを感じずにはいられなかった。

良妻賢母を求められた女性たちがなぜ家庭外で精力的に活動しているのか。あるいはモンディーネは扇動されてストを起こしただけであったのか。彼女たちが政治なり経済なりの大きな流れに翻弄されるだけの，なす術のない民であるとはとうてい思えなかったのである。

　私がこうした思いに至ったのには，ファシズムをめぐる合意論争がきっかけとなり進展した実証研究の成果があった。たとえば，1970年代後半に行われた聞き取り調査の結果によれば，トリノ市の労働者層は，体制の人口増加政策に対し，禁止された避妊など消極的に抵抗した。また，社会史研究の中には，個々人の主体的な行動や戦略に焦点を当て，限られた選択肢の中で最大限に自己の利益を追求する民衆の姿を明らかにするものもあった。

　この点でモンディーネ研究は恵まれていた。戦後，民俗学的観点から彼女たちに対する聞き取りが断続的に行われてきたからである。その関心の大半は労作歌の記録にあったため，私の疑問を都合よく解決してくれる証言は容易には見出せなかった。しかし，調査結果という間接的かつ文字化された媒体を通じてではあったけれど，当事者の声に触れ，充実感を得ていったことを15年以上経った今でもはっきりと覚えている。かくして私は，モンディーネに焦点を当てながらイタリア近現代史を物語る可能性を追求するようになったのである。

史料にあたる

　モンディーネの証言を読みすすめるうちに痛感したのは，労働環境を知る必要性であった。それはすなわち，ストに打って出ざるをえなかった動機の解明にもつながることであった。そこでまず1880年前後に国会が主宰した全国農業調査と1903年に人道主義団体が実施した稲作労働者調査を利用することにした。これら調査の報告書は，ともに日本国内の図書館に所蔵され，とくに前者はイタリア農業史の先行研究で基本史料として用いられてきたからである。ストが起こったファシズム時代や証言者の大半が作業に従事した1950年代からはかなり時期がかけ離れているという問題点はあったが，これらの調査報告書を併せ読むことで農業構造や労働環境を詳しく知ることができた。

　その成果が最初の査読論文[1]であり，稲作経営の史的展開からモンディーネ徴

募人による中間搾取の実態を明らかにした上で，19世紀末以降ストが常態化，1906年に農業部門でいち早く8時間労働を獲得し，翌年のモンディーネ保護法制定に至る過程を示した。読者諸兄は，私の研究がもはやファシズムとは全く無関係なものになっていることにお気づきだろう。

　私は博士後期課程2年の10月から1年間トリノへ留学した。私の専攻する歴史学は文字史料の分析が中心になるため，滞在地としてはファシズム時代の行政文書が集まるローマが史料収集の点で最適であったが，稲作地帯に近い都市を選択した。イタリアは今でもヨーロッパ有数の米の生産国であり，ミラノとトリノを結ぶ鉄道からは広大な水田地帯を眺めることができる。

　アルプス山脈に臨む工業都市トリノは冬に底冷えし，それ以外の季節も曇天が多く，太陽が燦々と照りつける「陽気なイタリア」イメージからかけ離れていた。年間を通じた滞在でこうした点を身に刻めるわけだが，なかでも印象に残っているのが6月の蒸し暑さである。無論，全国平均で言えば，地中海気候の知識どおり，日本に比べて湿度はかなり低く，真夏でも日陰や屋内はひんやりとして心地いいが，それですべてが説明できるわけではない。先述の調査報告書からモンディーネが気温30度を超える中，膝まで水に浸かり腰をかがめた状態で作業を強いられる過酷な労働条件下にあったことは把握していたが，さらにこの湿度が彼女たちの身体を蝕んだであろうことが想像できた。この経験を踏まえれば，研究対象がたとえ現在は失われた歴史的事象や景観であったとしても，現場を訪ねることの重要性はいくら強調してもしきれない。

　フィールドワークという点では人脈が重要である。トリノ大学で知り合った学生にモンディーネについて調べていると自己紹介すれば，決まって驚かれたが，市郊外の農村に暮らす学生から農事博物館や郷土史に詳しい好事家を紹介してもらったこともある。そして，今にして思えば，留学最大の成果が元モンディーネとの出会いである。2007～08年の留学時でも1930年代のモンディーネ経験者を探し出すのはすでに難しいと思われたが，友人を介して90歳前後の2

---

(1)　山手昌樹（2008）「近代イタリアにおける女性農業労働者の生活世界」『日伊文化研究』46，76–90頁。

人の女性を見つけ，ひとりには私が作成した質問紙を用いて孫に聞き取ってもらい，もうひとりには面接調査を行うことができたのだ。

　ところが，当時の私は，もっぱら文字史料に頼る研究方法を採っており，聞き取り調査に補助的役割しか与えていなかったし，そもそもこの方法を全く学んだ経験がなかった。その上，ストの状況について聴取することを最大の目標にした点も問題であった。2人ともストの経験や見聞がなく，途端に私の調査は頓挫することになったからである。もちろん，労働環境についても話してもらったが，事前に文字史料で得ていた情報の域を超えるものではなく，結局2人に対する質問結果を研究に活用することはなかった。

　この経験を振り返るとき，もっとも問題であると考えられる点は，被調査者自体に私の関心が向いていなかったことである。あらかじめ自分で設定した問いを解決しようとするあまり，視野狭窄に陥り，貴重な証言を聞く好機を自ら逃してしまったのである。とくに面接調査が可能であった女性のもとには足繁くとはいかなくとも複数回通い，さまざまな観点から自由に語ってもらうことで浮かび上がるファシズム理解もあったかもしれない。後の祭りである。

　一方，文献史料については，修論で用いた1880年代の全国農業調査は，州単位で総括して記述されるため，個々の農民の姿は見えてこないし，1903年の稲作労働者調査は，除草の40日しか扱っていないため，それ以外の時期を彼女たちがどのように過ごしていたのか知ることができない。また，私がもっとも関心のあるファシズム時代からかけ離れている点も大いに問題であった。

　これらの問題を一挙に解決してくれたのが，留学中に図書館で閲覧することができた1930年代公刊の農村家族調査報告書である。国立農業経済研究所（INEA）が実施したこの調査は，フランスの社会学者フレデリック・ル・プレが19世紀半ばに考案した「家族モノグラフ法」と呼ばれる調査手法を採用し，農家112世帯の詳細な家計表を作成，小農創出に資する農家経営の実態把握を目的とした。特筆すべきは，家計表の分析を容易にする記述の存在である。家計表には数字の根拠を示す注釈が付されているが，それとは別に家族関係や信仰，政治的態度，健康状態，衣食住，余暇，教育といった日常生活に関する情報が，ときには当人らの発言を引用するかたちで記載されているのだ。

　調査目的の性質上，対象世帯は中部イタリアの小農や小作農が中心となるな
ど，史料的制約も大きいが，幸いにも全17巻ある報告書のひとつにポー川中流
域の農業労働者12世帯が含まれ，そのほとんどで女性がモンディーネとして雇
用されていることが明らかにされていた。この報告書に出会った悦びたるや，
のちに私はこの家族調査自体を博論の主題にしてしまうのであった。以下，報
告書の記述や家計表からどのようなことが読み取れるのか，乳搾りジョヴァン
ニの一家を詳しく取り上げながら示したい。

食から農民の心性に迫る

　時は1933年，乳搾りジョヴァンニ31歳は，妻エルミーニア27歳と2歳の女児，
生後2ヵ月の男の子とともに，ミラノの南西45km に位置する面積10km²足ら
ずの小村に暮らしている（写真7-1）。人口1,600あまりのほとんどは，わずか
な土地しか持たない農業従事者とその家族で，資本主義的経営を行う8つの農
場に計163人の農業労働者が雇用されている。このうち1年契約の常雇50人は
労働報酬を現金と現物で，残りの臨時雇は現金で受け取る。常雇契約では農場
の一画にある住居の貸与も一般的だが，ジョヴァンニの場合は農場から700m
離れた借家に暮らしている。彼の両親も同じ村に住んでいたが，かつて父親は
近隣の村々を転々とする農業労働者で，ジョヴァンニも結婚するまでは兵役期
間を除き帯同，11歳で働き始め，次第に家畜の世話に習熟していった。

　乳搾りの仕事は朝が早い。3時に起床して12頭の牛が待つ厩舎へ行き，餌を
準備し，乳を搾り，集めた牛乳を6km 離れた酪農工場へ運び，戻り次第，水
を汲んで牛に与える。これら一連の仕事が一段落すると，いったん帰宅し，6
時に朝食をとったあと1時間少々ゆっくりできるが，8時にふたたび農場へ
行ってからは11時まで牧草の刈入れと運搬作業に従事する。自宅で昼食をとり，
午後も引き続き厩舎の清掃や牛の世話，牧草の刈入れを担い，ようやく帰宅す
る頃には19時を回っている。彼は，このほかにも，時間があるときには，自宅
で薪割りや井戸の水汲み，幼子2人の面倒をみた。

　妻エルミーニアも家事と育児に忙殺される日々を送ったうえ，5～6月には
35日間，水田の除草作業に従事した。家計収支を示した図表7-1からは，彼

写真7-1　ジョヴァンニ一家

（出所）INEA（1937），*Monografie di famiglie agricole*, vol. XIII, Roma,
　　　　p. 178

女の収入が現金収入全体の12%を占め，それがなければ支出超過になっていた
ことがわかる。その点で報告書の記述は示唆に富む。すなわち，彼女は内心さ
らに子供を欲しているが，生後間もない赤ん坊の世話で疲れ果て，子供のこと
は語りたくもない。誰も面倒をみてくれなければ，来季の除草に参加できない
だろうと心情を吐露する描写が掲載されているのである[(2)]。

　ファシズム体制のモンディーネ支援は，泊まり込みで出稼ぎに来る女性たち
を対象にした，鉄道駅での食事の提供と託児所の運営が中心であった。プロパ
ガンダ誌でその成果が強調されるのは当然だが，公文書館所蔵の行政文書でも
支援実績が羅列されるだけで，問題点の指摘は見当たらなかった。だが，エル
ミーニアの事例からは，稲作地帯に暮らした通いのモンディーネに支援が行き
届いていない実態がみえてくるのである。

　最後に，一家の食事の様子から彼らの心性に迫ってみたい。一般的に農民の
食事の回数は，夏と冬で異なった。ジョヴァンニの家では，冬の朝食は8時半
にたいていポレンタにタラのフライとタマネギを添えて食べた。ポレンタは，

---

(2)　INEA（Istituto Nazionale di Economia Agraria）（1937），*Monografie di famiglie agricole*, vol. XIII, Roma, p. 182.

図表7-1　ジョヴァンニの家計収支（1932年11月～33年10月）

単位：リラ

収　入			支　出	
ジョヴァンニ	基本給	1,440.00	食費	1,629.30
	役職手当	115.20	住居	762.50
	休日手当	187.20	衣類	180.00
	住居手当	225.00	税・社会保障	131.70
エルミーニア	除草	336.00	その他	66.20
現物報酬売却	小麦	252.00		
	トウモロコシ	122.50		
	米	27.00		
	インゲン豆	25.00		
生産物売却	卵	80.00		
合　計		2,809.90		2,769.70

（出所）*Ibid.*, pp. 184-185 より筆者作成

北イタリア農民のあいだで普及していたトウモロコシ粉の粥料理で，19世紀後半にその過剰摂取を原因とする皮膚病の蔓延が社会問題化したこともあった。朝食にはポレンタの代わりにパンとチーズを食べることもあったが，いずれにせよ冬は昼食抜きで，ようやく16時に，ラードとサラミで味付けされた，米とインゲン豆入りミネストラを食べることができた。一方，夏の農繁期は，6時の朝食にポレンタが出ることは稀で，小麦パンと牛乳が定番であった。11時の昼食の主菜が米とインゲン豆とチコリ入りミネストラであったのに対し，19時の夕食はトマト，ピーマン，チコリのサラダとフライドポテトまたはタラとタマネギといった具合に軽めであった。

　ジョヴァンニの1日の食事量は，年平均でトウモロコシ350g，小麦パン400g，米150g，インゲン豆30g，ラード15g，タラ55gであった。日曜のリゾットはいくぶん変化を感じさせたが，それでも炭水化物偏重の食事であった。唯一の例外は，復活祭やクリスマスにふるまわれた鶏肉である。この鶏に関しては，「賢明なエルミーニアは卵の売却を選んだが，それでも夏には卵のおかげで日々の食事が改善した」[3] という記述が興味深い。一家は鶏11羽から得た年間800個

---

[3]　*Ibid.*, p. 181.

の卵のうち320個を売り80リラを手にしているが，わずかな菜園と鶏舎しか持たない彼らは，図表7-2が示すように，ほとんどの食品を購入せねばならず，現物報酬と自家生産物を換金する必要があったのだ。

図表7-2　ジョヴァンニの世帯年間食料消費量と購入金額

単位：リラ

品　目	消費量	購入金額	品　目	消費量	購入金額
米	153kg	現物報酬	コーヒー	3kg	69.00
トウモロコシ	550kg	現物報酬	牛乳	365ℓ	現物報酬
小麦パン	365kg	474.50	ワイン	123ℓ	184.00
パスタ	3kg	8.40	チーズ	5kg	30.00
じゃがいも	60kg	自家生産	オリーヴ油	25kg	125.00
インゲン豆	65kg	15.50	塩	25kg	37.50
タラ	100kg	250.00	砂糖	4kg	26.40
牛肉	7kg	55.00	バター	2kg	18.00
サラミ	19kg	130.00	香辛料	—	5.00
ラード	30kg	180.00	ソース	3kg	9.00
鶏	10羽	自家生産	酢	4ℓ	4.00
卵	480個	自家生産	青果	—	8.00
			購入金額合計		1,629.30

（出所）*Ibid.*, pp. 184-186 より筆者作成

　私の研究は，ファシズムの社会政策から出発し，モンディーネのストにたどりついた。実はこのストについては，公文書館所蔵の行政文書に詳細な報告を見つけ，ストで拘束されたモンディーネはみな無罪となったばかりか，経営者に賃上げを求める労働裁判所の裁定にストが大いに影響していたことも確認できていた。[4]したがって，ストが支援拡充を導いたという修論の結論は，妥当性の高いものであった。しかし，当局の対応だけからこうした結論を導き出すことは，やはり安易と言わざるをえない。そこからはストを決行したモンディーネの主体性や生存戦略がみえてこないからである。

　エルミーニアが1931年のストに参加したか否かはわからない。ただ，少なくともスト参加者の多くが彼女とほとんど変わらぬ生活を送り，同じ悩みや問題を抱えていたことはたしかである。この地の農民は，世界恐慌期に収入が減少

---

(4)　山手昌樹（2010）「ファシスト組合の稲作労働者ストライキ」『上智史学』55，77-99頁。

した時，パンを小麦粉からトウモロコシ粉に代えて生き抜いた。調査者が「賢明な」と描写したように，報告書からは家計を何とかやりくりする女性の姿が浮かび上がってくる。そうした描写から自らほとんど記録を残さない人びとの心性に迫り，彼らの生活感からファシズムを捉え直す時，合意と強制の絶妙なバランスの上に成り立つ独裁政治の狡猾さがみえてくるのである。

推薦図書

・谷泰（1996）『牧夫フランチェスコの一日』平凡社

　初版1976年。産業構造の転換と過疎化が進む中部イタリアの山間部。そこでなお移牧を続ける者たちの内面に迫る文化人類研究。小説風の叙述が魅力的。

・北村暁夫（2005）『ナポリのマラドーナ』山川出版社

　統一イタリアに生じた南北格差をさまざまな点から分析。南部住民の移民実践を，農繁期のずれを利用した南イタリア農業の合理性の延長線上に捉える点が白眉。

・キャロル・ヘルストスキー　小田原琳・秦泉寺友紀・山手昌樹訳（2022）『イタリア料理の誕生』人文書院

　19～20世紀イタリア史を食糧政策の観点から捉え直した実証研究。ファシズム時代の質素倹約要請が戦後のイタリア料理ブームの淵源として指摘される。

第8章

食の文化交流史から考える中国と日本

岩間一弘

　食の文化交流史をテーマにしてからは，20世紀の上海における美食街（グルメ・ストリート）の形成，上海や満洲への食旅（フードツーリズム），日本人ツーリストの中国趣味（シノワズリ），上海の日本食文化やクリスマス消費などを研究してきた。近年では，韓国，東南アジア，米欧の各都市を訪れながら，20世紀のナショナリズムが，世界各国でどのように国民食を生み出し，中国と中国系の料理をどう変えたのかを考えた。

　目下は，日本の中国料理をテーマにしており，とくに20世紀の帝国日本の対外拡張が，日本式の定番中華料理を形成させた過程を明らかにしようとしている。同時に，21世紀の中国・日本・韓国の人びとが，料理や飲食物にどのような思いをこめて海外に広め伝えているのか，現地の人びとはそれらをどのように自分たちのものとして受け入れているのかについても調査している。

料理の歴史を調べてみよう

　料理をテーマに歴史研究を行おうとすれば，料理の形成・変容・普及・伝播のプロセスを明らかにして，さらにその社会的な背景や影響も考察したい。もし，料理そのものに注視して，雑学や豆知識の域を超えようとするならば，調理学や食品学の方向にも研究を深めていけるだろう。他方で，歴史学やそれに関わる地域研究において，料理は特殊テーマである。たとえ料理を扱うにしても，社会・経済・政治との何らかの関わりの分析が必要であり，そこが評価されるポイントになると思う。

　さまざまな文化のジャンルの中で，食文化のひとつの特徴は，俗説が俗説として創作され，宣伝され，楽しまれながら，面白く進化していくことである。料理にまつわるストーリーやエピソードは，料理の商品価値を高める。そのた

めか，テレビのバラエティー番組などでは，「諸説あります」という注意書き
をつけて，多くの解釈や推測が紹介されている。しかし，もし歴史研究をする
ならば，マスコミの「諸説」はもちろん，古い文献や，権威ある専門家の言っ
ていることでさえ，いちいち疑ってかかる必要がある。実際に忍耐強く研究し
ていけば，思いがけない事実が明らかになることがある。

　そして料理には，たとえば，ある国・地方・民族・家庭の料理，肉・野菜・
穀物の料理など，さまざまなジャンルがあるし，現代の私たちは膨大な数の料
理の情報を容易に入手できるようになっている。とはいえ，たとえ経済史の分
野で生産や流通について明らかにされている飲食物でも，消費に関する文化史
的な研究はまだこれからということが少なくない。飲食物の社会的な背景や影
響にしても，たとえば，産業，企業，貿易，マーケティング，ジェンダー，階
層，移民，宗教，教育，観光，食料安保，環境，衛生，健康，科学技術，地域
振興，国際交流などといった多様なテーマと関わる。これらをいくつか組み合
わせて考えられる地域研究の課題は，バリエーションが豊富である。未開拓で
ありながら，社会的な意義の高いテーマを見つけ出すことも，さほど難しくな
いのではないか。

　しかしそれにも関わらず，私は大学（文学部東洋史学専攻）の卒業論文のテー
マに，料理を選ぶことをあまり勧められていない。それは，取っつきやすいが，
行き詰まりやすいテーマだからである。実際のところ，卒論のテーマが決まら
ずに悩む学生には，政治家や文化人などの人物史を勧めている。歴史上ある程
度著名な人物は，多くの言論を残していることが多く，同時代の史料（歴史資
料）に事欠かないからである。それに比べて，たいていの料理関係者は多くの
文章を残さないし，たとえ文章を残していたとしても，それを人文学的な研究
の対象にできるとは限らない。

　言うまでもなく，料理の基本的な史料は，料理書である。たとえば，ある料
理が頻繁に登場して，作り方が簡素化されていれば，家庭で普及してきている
と考えられるだろう。また，料理書の序言やあとがきなどから作者の考え方を
読み取ることもできる。日本では，おもに調理学の観点から，料理書の詳細な
歴史研究が蓄積されたが，中国で刊行された料理書の本格的な研究はまだこれ

からである。

　とはいえ，料理から社会へと研究の視野を広げていくならば，調理の専門家が書く料理書を読みこむだけでは限界がある。料理に込められたさまざまな人々の思いや心情を探るには，関係者の回顧録や伝記はもとより，社史や行政文書，新聞・雑誌・インターネット，随筆や小説にいたるまで，あらゆる文献に目を通し，必要に応じてインタビューを行う必要があるだろう。さらに重要なことに，料理だけでなく，それに関わる地域や時代に関する学術的な知識がないと，料理の文化的，社会的な意味を深く考察することは難しい。

身近なものから考えよう

　ひとえに食の歴史研究といっても，多種多様な切り口がある。そこでまずは自分と何か縁のあるところから着手することを勧めたい。私の場合は，語学留学から始まって，上海に通算4年くらいは住んで，都市史を研究していた。だから，2010年の留学をきっかけに，食文化史を研究しようと決めた時も，まずは上海史の延長上でテーマを探した。

　上海市の中心部で民国期の露店街から改革・開放期の「美食街」（レストラン街）へと発展した「雲南南路」の形成を跡づけたのが，最初の研究になった。ちょうど，上海の主要新聞のデータベースを使えるようになっていたことがありがたかった。ただし，現地のレストラン関係者へのアプローチはうまくいかず，外国人という立場でのインタビュー調査の難しさに直面した。

　そこで私は，ひとまず自分に近い視点から中国の食文化を研究したいと考えて，20世紀を通して日本人が楽しんできた中国への「食旅」（フードツーリズム）に注目した。するとまずは，谷崎潤一郎・芥川龍之介・後藤朝太郎らの文化人に始まって，中国料理・中国服・麻雀などの大衆的なブームへとつながっていく両大戦間期の「支那趣味」（シノワズリ）が浮上してきて，さらにそれが20世紀後半にどのように再現されたのかを考えた。

　続いて私は，民国期の上海で刊行された中国語の観光案内やグルメガイドを収集して，日本人が著した上海の旅行記や美食体験記と読み比べてみた。それでわかったのは，当時の上海における料理の流行変化に社会情勢がある程度影

響していたこと，当時の日本人ツーリストが料理に関して地元上海の人々と異なる嗜好や認識を持っていたことなどである。確認しておきたいが，異文化交流を考えるには，できるだけ2つ以上の異なる言語の資料を照合して，それらの見解の相違を把握する作業が有効になる。

　さらに，私の食旅への興味は，1934年からジャパン・ツーリスト・ビューロー大連支部が発行した『旅行満洲』（『観光東亜』『旅行雑誌』）の研究へとつながった。「満洲料理」「満食」と呼ばれたものが，日本によって樹立された「満州国」の都市や鉄道で創り出されて宣伝されていたことがわかった。餃子やジンギスカン料理が，満州国の興亡と深い関わりがあることも確認できた。

　ほかにも，私は近代中国の代表的な商業紙『申報』のデータベースなどを使って，中国全土に先駆けて上海では1920年代から都市中間層にクリスマス消費が普及していたことや，ディズニーキャラクターやデパートが，子供たちへのクリスマスプレゼントの普及に大きな役割を果たしたことを明らかにした。それをきっかけに，中国と西洋の食文化交流史に関心をもって，ハルビン・天津・青島・香港など，かつて欧米列強の支配を受けた各都市を訪れて，現地の洋食・洋菓子を食べながら，関連する文献資料を集めて回った。その時には，とくにロシア料理の伝播が，東アジアの文化交流史の有望なテーマになると思った。

　なお，多くの断片的な史料を寄せ集めて考証を重ねることが多い食文化史研究は，近年の各種データベースの普及に大きな恩恵を受ける。『申報』（1872～1945年）のデータベースは，日本では東京・駒込の東洋文庫などで誰でも利用でき，近代中国社会に関する重要な基本史料のひとつである。中国関連のデータベースの利用法について，まずは『デジタル時代の中国学リファレンスマニュアル』（漢字文献情報処理研究会編，好文出版，2021年）を参照されたい。また，日本語の文献資料については，図書の目次や雑誌の各記事まで検索できる「国立国会図書館オンライン」からアクセスしてみるのがよいだろう。

　都市から料理へと研究対象を移すなかでも，少なくとも結果として，私が一貫してこだわったのは，日々接している身近なものから歴史（世の中の移り変わり）を考えることである。歴史学や地域研究においては，マクロの歴史とミクロの歴史，大きな物語と小さな物語の両方に関心を向けて，バランスをとるこ

とが望ましい。料理に注目すれば，日常生活からかけ離れた抽象的な机上の空論にはなりにくいことが，大きな利点といえる。しかし逆に，視野が生活世界に限られてしまって，歴史の本筋ともいえるより大きな社会・経済・政治の動きとの関わりを完全に見失ってしまわないように注意を払いたい。

フィールドワークを始めよう——上海の日本食文化

　フィールドワーク（現地調査）とは，広義には以上で述べたような文献調査も含まれるが，より狭義には現地に行って実情をよく観察し，関係者から話を聞いて，それを記録することを指す。そのためには周知の通り，「郷に入れば郷に従え」といった謙虚な姿勢や，「キーインフォーマント」（鍵となる情報提供者）を探し求めること，そして「ラポール」（信頼関係の構築）を目指すことが最重要になる。

　私は元来，文献史料を読んでいるほうが合っているのかもしれないが，料理をテーマとしてからは時々，図書館や文書館を飛び出して，中国や日本の外食・食品業界でインタビュー調査も試みている。そもそも，2010年の上海留学で，中国進出ブームのさなかに日系レストランをチェーン展開しようと悪戦苦闘していた同年輩の友人ができたことが，食文化交流の研究にのめり込むきっかけのひとつになった。

　上海では2013年に，友人の紹介に頼って，日系外食業者11社，食品業者3社にインタビュー調査をさせてもらった。アポイントメントをとったら，事前によく予習して質問事項を練った。インタビューは，私にとっては日中の食文化の相違に関する意外な発見の連続になった。その時に訊ねていたテーマは，おもに日本食の現地化（中国化）についてである。

　たとえば，上海で店舗数を増やしていた大手日系居酒屋チェーンでは，店内にK-POPが流されていて，日本料理と韓国料理が区別なくメニューに載っていた。その理由を現地の経営責任者にしつこく質問してしまったが，後で振り返れば，まさにそこは東アジアの食文化交流の最前線といえる場所であった。

　ほかにも印象に残っているのは，ブレンド調味料を製造・販売する日本食研の上海営業所でのインタビューである。日本の焼肉のタレが，現地の中国料理

に使われて消費者にあまり知られないうちに普及していた。調味料の歴史に関しては，日本や中国の醤油の製造・流通，世界的な普及・競合に関する研究が進んでいるが，研究対象を醤油以外にも広げられる可能性があると思った。

写真 8-1　台北の日本料理店「美観園」
（1946年創業）

（出所）筆者撮影。2014年

　くわえて中国では，すき焼きの卵や寿司のワサビが，日本とはちがった使われ方をしていることも，インタビューをして初めて気づいた。中国ですき焼きは，しばしばタレが多くて煮物のようになり，生卵も肉にからめて食べるのではなくて，具材といっしょに入れて煮てしまっていた。ちなみに，すき焼きは，日本の帝国主義的な拡張に伴って，20世紀初め頃から台湾や朝鮮半島の知識人に伝播したことが明らかにされている。すき焼きや和牛は，今後の世界史研究にとっても興味深い題材になるはずだ。

　また，中国でワサビは，醤油がペースト状になるまで大量に溶かされて，寿司はそのドロドロしたワサビ醤油に漬け込んで食べられることがある。チューブ入りの黄緑色の練りワサビが本物と認識されて，すりおろしの生ワサビは逆に偽物と疑われている。そして，日本で寿司を買うと付いてくる小袋のワサビや，世界の日本料理で使われているワサビは，日本産よりも中国産が多いとされる。ワサビの日本史研究には優れた成果があるが，その世界史研究への展開は今後の課題である。

　2010年代初頭の調査当時の中国は，接待全盛時代の終わり頃だったので，高級日本料理店は，「面子」を立てるための食事に利用されていた。そこでは，マグロの大トロ，和牛のサーロインステーキといった高額な食材ほど好まれる傾向があった。しかし，習近平政権下の腐敗撲滅や反浪費の政治運動，そして極端なコロナ対策，日本産食品の輸入規制強化などを経て，こうした社会状況

は大きく変わった。反日デモや反浪費運動といった中国の国内情勢が日本食文化の受容に及ぼした影響については，20世紀史をさかのぼって考察したい課題である。

　この上海留学時代の私は，日本人ビジネスマンたちから，「調査」していることを警戒されたり，よくある表面的な質問をして嫌われたりすることもあったが，知人・友人として普通に付き合おうと思っていた。フィールドワークの意義は，各人の研究関心によってちがってくるが，私にとっては，後から考えれば，歴史研究へのきっかけ作りという面が大きかった。実際に，上海の日本料理の歴史については，1880年代の「東洋茶館」（日本妓楼）から，2000年代の日系レストランチェーンの中国進出の本格化までの通史をたどった。このテーマは，まだ多くの切り口から研究を進められそうである。

　ただし，これは実のところ，中国人留学生などに人気のある研究テーマである。注意すべきことに，レストランに行って話を聞いたというだけでは，たいてい歴史学・地域研究の卒業論文・修士論文としては十分ではない。料理が生まれ，変わり，広がる社会的な背景や影響を考えながら，地域性や時代相を深堀りするのが，食文化史研究のひとつの方向性である。

フィールドワークを続けよう——京都の中国料理

　私の第2回目のフィールドワークは，2017〜19年，京都の中国料理の各店の訪問である。私はそれを，京都という和食文化の中心地でなぜ，どのような中国料理が発展しているのか，という素朴な疑問から始めた。しかし，調査の開始以前に，歴史を研究する，老舗を訪問する，といった基本方針を定めていたので，インタビューをより学術的なものにできたと思う。

　インタビューに応じていただけたレストラン経営者や料理人は，知人の紹介を受けたこともあれば，勇気を出して飛び込みで電話をかけたこともあった。アポイントメントをとり，綿密に予習してインタビューを行い，その帰り道に頭の中を整理しながら京都の町を歩いている最中に，歴史学者などにはなじみ深い「伝統の創造」というキーワードが浮かんだ。その後はこれを念頭において，インタビューの質問を考えたり，文献資料を集めたりして，京都の中国料

理におけるさまざまな「伝統の創造」のあり方を見つけ出そうとした。

写真 8-2　京都の中国料理店・東華菜館（1945年創業）

（出所）筆者撮影。2015年

　調査のプロセスでは，期待以上の出会いもあった。たとえば，東華菜館（写真 8-2）では，京都の人びとは外来の文化を受け入れるまでのハードルは高いが，ひとたび受け入れると自分のものとして守ってくれることなど，老舗中国料理店店主が経験した京都を教えていただいた。他方，日本料理に近い「中華料亭」とも称された「廣東料理　蕪庵」では，「和魂和才の中華」をご披露いただき，中国料理と日本料理の境界を見失う体験をさせていただいた。これらは，京都の食文化への理解を深められるものだと思う。

　上海や京都でインタビュー調査をさせていただいて，私がしばしば感じていたのは，相手が話したい内容と自分が聞きたい内容とは，しばしばすれ違うということであった。ちょうど一日中，新聞・雑誌のマイクロフィルムを閲覧しても，お目当ての記事が見つからないことがあるように，一日中歩き回って長時間にわたってお話しを聞かせていただいても，自分が書きたい内容にはつながらないことがある。また，幸いにも相手と親しくなって面白い裏話を聞かせていただいても，他の関係者との対立を孕むような内容であれば，公にできない。フィールドでは，調査者であることを忘れたほうがいい場面と，思い出さなければならない場面とが入り混じっているように思う。

中国料理の世界史に挑戦しよう

　2010年代後半には，日本の京都のほかにも，世界各国・各都市の中国料理を食べて，調べて，聞いて，考えて，ということを繰り返しながら，中国料理を通して世界史を論じることを目指すようになった。中国料理の伝播に関する先行研究を集めて読み進めていくと，ユニークな中国料理が発展しているのは，中国・台湾以外では，日本，韓国，東南アジア，インド，米欧などに限られることがわかってきた。これらの地域に照準を合わせて，ホストカントリーの食文化の一部になるまで現地化された中国系の料理を探す旅を始めた。

　私は，世界各都市に住む知人・友人は少なく，旅行社を通して現地ガイドの助けを借りることが多かった。外国で看板やポスターなどを読む時には，性能が向上している自動翻訳が役立った。現地の中国系料理を見る時，比較のための物差しとして念頭にあったのは，何度も通って深い話を聞かせていただいていた京都の中国料理であった。

　こうして，私の世界史研究は外国人ツーリストの視点に近づき，その議論も外食，観光，国民食形成，美食外交などが大半を占めた。だがそれだけでは，日本料理にたとえれば，寿司を見ても，肉じゃがは見ないことになりかねないだろう。これに対して，たとえば，岡根谷実里著『世界の食卓から社会が見える』（大和書房，2023年）のようなアプローチからは，下記拙著のような国民料理を中心にすえた世界史像を生き生きと相対化する道筋が開けるのかもしれない。

　ただし，これから卒業論文・修士論文を書こうという入門者に，比較史・世界史研究はあまりお勧めできない。これらは，複数地域の資料を集めて読みこんで深い理解に達するのに，多くの時間と労力を要する。その結果として，2年ほどの限られた時間では，それぞれの地域に根差した多様な人びとの複雑な生活感覚や社会意識を十分にくみ取れないことが多く，ともすれば表面的な議論に終始してしまうからである。

　2021年に公刊した『中国料理の世界史──美食のナショナリズムをこえて』（慶應義塾大学出版会）は，これまでの研究の集大成というよりも，これからの研究のスタートアップというべき性格の本になった。その執筆過程では，世界各地域の中国（系）料理の歴史研究に関する多くの課題にぶつかった。

　たとえば，中国大陸では，料理の宣伝や区分も省・市などの行政単位で行われることが多いので，各民族料理の形成・関係性についての議論を深化しづらいようである。料理の来歴についても，十分な検証を経ていない諸説が入り乱れていることが多い。東南アジア諸国については，料理に関する古い文献資料が乏しく，中国をルーツとしていそうな国民的料理でも，その来歴がはっきりしないことが多い。それとは対照的に，日本・韓国・台湾の中国料理は，ルーツがわかっていることが多いが，深堀りしていけばさらに新しい事実も浮上しそうである。

　アメリカやイギリスの中国料理はよく研究されているが，未活用・未公開の文書コレクションがある。インドの中国料理は，今後の有望な研究テーマのひとつである。中印関係は不安定で，インドの華人社会も衰退しているが，なぜか大都市を中心に独自の中国料理が発展して人気を博している。ほかにも，21世紀に中国の影響力が増している中央アジアやアフリカの中国料理は，これからどのように現地化していくのか目が離せない。

推薦図書
・バラク・クシュナー　幾島幸子訳（2018）『ラーメンの歴史学──ホットな国民食からクールな世界食へ』明石書店
　ラーメンから近現代日本の国際交流・外交，ナショナリズム，帝国主義，第二次世界大戦・戦後，大衆文化などを考察しており，歴史学・地域研究の分野で料理を論じる時の手本となる。ジョージ・ソルトの秀作とともに味読したい。
・岩間一弘編（2019）『中国料理と近現代日本──食と嗜好の文化交流史』慶應義塾大学出版会
　近現代日本の中国料理を研究する際の基本文献になると思う。その通史を概観した後，個別メニューの歴史，神戸・京都・熊本の中国料理などに関する論文を収録し，さらに日本語の中国料理関連文献目録を公開している。
・周永河　丁田隆訳（2021）『食卓の上の韓国史──おいしいメニューでたどる20世紀食文化史』慶應義塾大学出版会
　由緒あるとされる料理が実は近代以降に生まれたものであったり，韓国の伝統とされる料理が周辺国から入ってきたものであったりすることを明快に論じている。粉モノやチャプチェなど，中国系の料理も扱っている。

第9章

牛から考える日本近代の牛肉食

野間万里子

　「ご専門は」と問われると，「食・農経済学です，細かく言うと畜産史，食生活史をやっています」と答えることが多い。研究を始めてからかなり長いこと，自分がしていることが学問分野として何に振り分けられるのか分からず，ただ「牛をやっています」と答えていた。

　「牛肉が食べたい」「おいしい牛肉を食べたい」「もっと牛肉を食べたい」という人びとの食欲は牛の存在の仕方，牛と人の関係を変化させてきた。

　現代日本において牛といえばまず，ミルクやお肉といった食料を供給してくれる存在であり，一部畜産地帯を除けば日常的にその姿を目にする機会はなかなかないのではないだろうか。だが，1960年代まで日本の牛の多くは働く牛（役畜）として存在しており，そちこちで目にするものであった。その働きは，一部地域では「農宝」とまで呼ばれるほどであった。

　働く牛から食料としての牛へ，つまり役牛から役肉兼用牛という過程を経て肉牛あるいは乳牛へというこの移行は，明治の文明開化期以来100年ほどの時間をかけて徐々に進んだのである。

　筆者は近代日本における牛肉食の普及・拡大を支えた役牛から役肉兼用牛へという転換がどのように可能となったのかについて研究してきた。なぜ牛鍋が文明開化を象徴する食となりえたのか，独特の脂肪交雑を持つ「和牛」はどのように育てられたのか，牛肉食と帝国主義の関係は，など考える中で見えてきたのは，牛という生き物の生物学的特質に規定されながらも，人びとの食欲が牛のありようを変える様であった。

なぜ「牛」なのか

　近代日本の食を語るうえで，牛肉食の存在は外せない。

　しばしば「天武天皇以来1200年に亘る肉食禁止が，欧米文化の流入により打ち破られた」などといわれることがあるが，こうした認識が誤っており実際にはさまざまな形で肉食が行われ続けていたことは，すでに明らかになっている。とはいえ，明治以前においては狩猟獣肉がその中心であり，役畜である牛が食べられるようになったという点では，近世までの肉食と近代以降の肉食との間に大きな断絶がある。加えて，明治初期の人びとにとって牛肉を食べることが，欧米食文化の象徴として受け止められたことも事実であった。

　とはいえ，最初から食の中でも牛肉食にテーマを絞っていたわけではない。農業・農村史の研究室に所属し卒論を執筆する段になって「食」をテーマにしたいと考えた。食べることが好きな一方で，共食といっても私が食べるこの一口は厳密には私しか味わえないことのさみしさを感じていたためである。過去の人びとがどのように食の楽しさやさみしさと向き合い生きていたのか，いやそもそも生命をつなぐことに必死で食の楽しみやさみしさなど非常に現代的なものなのか，知ってみたいというごく単純な理由で過去の食をテーマに選んだのだ。

　現在では想像しがたいかもしれないが，私が卒論に取り組んだ2002年当時は，食の歴史が研究になるのか先行研究も少なく心もとなかった。幸い研究室の2年先輩が「お好み焼き」をテーマに卒論を書いていたので，「よし，私も食の歴史研究で行こう」と決めた。

　この時点では，肉あるいは牛をメインに据えることは全く考えていなかった。外国語は苦手だし，くずし字は読めないから日本語活字資料でできるものを，という怠け心からの消去法で日本における食の近代化をテーマに据えた。想定していた問いは，明治期に流入した欧米の食文化や新たな食材をいかに咀嚼し日本化し取り込んでいったのか，その過程で家政学や栄養学がどのような役割を果たしたのか，そして人びとの食生活はよくなったのかということであった。食生活がよくなるとはどう定義できるのか見当もつかないまま，また「近代化」を単純に進歩や前進であると考えてはいなかったもののその権力性には無自覚なまま始めた研究であった。栄養学や家政学が国民国家の成立期において強く必要とされるものであったこと，国家が国民の身体を絡めとる回路として食を

位置づけていたことを知るにつれ，食の歴史的研究の重要性に確信を持つようになった。

　一方で，食の歴史はそのような国家の意図が貫徹するものなのだろうかという疑問も感じた。先述したように，明治初期の人々にとって牛肉を食べることが，欧米食文化の象徴として受け止められた。なぜ牛肉だったのだろうか。

　先行研究としては被差別部落史と食文化史に少しばかりある状態であったが，それら先行研究では，明治新政府による肉食奨励策を重視していた。象徴的に取り上げられるのが，天皇による宮中での肉食が1872年1月に報じられたことである。この時中心となるのは牛肉や羊肉といった西洋料理に範をとったものであり，鹿肉や猪肉，兎肉といった狩猟獣肉は周辺へと追いやられた。「天皇が牛肉を食べた」，「欧米列強に伍するため牛肉を食べよう」と聞いて，それなら自分もこの牛肉という新しい食材を食べようとなるものだろうか，と疑問に感じた。

　食べるということは深く身体に根差した行為である。みなさんも苦手なものを口にした時，のどがギュッと絞まり，咀嚼はできても嚥下することができないあの感覚を経験したことがあるのではないだろうか。心では食べようとしても身体が拒絶するあの感覚である。牛肉という新しい食材，しかも少し前までは穢れと結びつき食べるモノではないとされていたもの，地域によっては農家にとって非常に重要な役割を果たし愛着を持って飼養されていた存在を，いくら外部から食べるよう誘導されたとて，あるいは自分自身で食べたほうが良いと頭で理解していたとて，進んで食べられる人ばかりではなかったのではないか。

　当時は自覚していなかったが，この疑問は私の個人的な経験とリンクしている。

　とても個人的なことだが，私の母はお肉を食べない。幼い頃見た，お肉屋さんに吊るされた肉の塊。生きていた頃の姿を容易に思い起こさせる肉の塊。母はそれを見てからお肉が食べられなくなったと聞いた。

　そんな自分ではお肉を食べない母であったが，私たち子どもにはお肉を食べさせたがった。「お肉食べんと大きくならんよ」と，自分は食べない餃子や豚

汁，ハンバーグなどを，味見もせずに作ってくれた。ホットプレート焼肉の時には，用意していた牛肉をどんどん焼き，牛肉がなくなると，「豚肉ならまだあるよ」と冷蔵庫から豚肉を出してくる。どうやら母にとって豚肉よりも牛肉が「いいお肉」のようだ。「いいお肉」とは価格のこともあるだろうが，それだけではない「何か特別な」ものが込められていることを，私は子どもながらに感じていた。子どもの頃は，「自分が嫌いなものを人に食べさせたがるって変なの」，「そんなにいいものなら自分も食べればいいのに」と不思議に思っていた。

　この子どもの頃のお肉にまつわる記憶と自分の研究が結びついたのは，明治初期の牛肉普及・拡大過程をテーマに修士論文を書いた後であった。

　博士課程進学後も牛肉を中心に研究を進めることにして，関連しそうな先行研究を読み漁っていた時出会ったのが，北澤一利「栄養ドリンクと日本人の心」（栗山茂久・北澤一利編著（2004）『近代日本の身体感覚』青弓社）である。この論文では栄養ドリンクの効果は科学的にはあいまいであるものの一種の「ファンタジー」をまとって重用されていることを，明治・大正期の栄養概念の成立過程から解きほぐすものである。この栄養ドリンクがまとう「ファンタジー」，論理的には飛躍しながらもなんらかの効果を感じさせる魔術的なものは，明治文明開化期に人びとが牛肉食に感じていたものであり，また母にとっての牛肉がまとっているものだと，突然個人的な思い出と研究がリンクしたのだ。明治時代の人びとが何を思い牛肉を食べたのか。それは決して新政府による奨励策という上からの働きかけだけによるものではなく，食べる人びとの主体的な受容があってこそのものだったのではないか，という直感が研究のとっかかりだった。この直感が私の経験から出てきたものだったからこそ，食の歴史に関する先行研究が少なく研究の進め方もわからないまま手探りながらも自分の研究を進める強い動機となっていたことをあらためて知った。

　他方で，牛肉を食べる人びとの心への関心よりも牛肉食の拡大・普及を支えた牛飼養のありようの変化への関心が強くなっていった。「牛肉をもっと食べたい」，「もっとおいしい牛肉を食べたい」という人びとの食欲だけでは，牛肉食の普及・拡大は実現しない。働く牛が役肉兼用牛という存在に変わることは，

農家にとってどのような意味を持ったのか，また肉用という新たな用途に対応してどのような工夫がなされたのかに興味を持ったのだ。

　この関心もまた私の個人的な体験と結びついている。大学3回生の夏休みに飛騨牛農家に1週間ほど泊まり込みに行った。農学部の学生に農村体験をさせようという趣旨で，参加希望者は花卉農家や野菜農家などから滞在先を選ぶことができた。私はいくつかの候補から何の気なしに肥育農家を選んだ。

　受け入れてくれた農家は，家のすぐ近くまで山が迫っている土地で夫婦2人，水田をしながら数頭の母牛を飼養，繁殖から育成・肥育までを行う一貫経営であった。日中の暑さでムワッと立ち上がる牛の体臭，敷き藁と排泄物の混ざった匂い。朝夕はひんやり，過ごしやすい。ここで私は，毎朝夕の給餌や厩舎・放飼場の掃除を手伝った他，種付けに立ち会うこともできた。毎日大量の糞尿を出すことに驚き，人工受精士が肩まである長いビニル手袋を付けて牛の肛門から直腸内に腕を入れ子宮や卵巣を触診する様子に驚いた。初めて見る私を警戒することなく近寄ってきて，紫色をしたザラザラの舌で舐めてくる牛は，とにかくかわいかった。動物は好きだと思っていたけれども実家で飼っていた柴犬くらいしか接した経験はなかった。「動物」や「牛」という概念ではなく，匂いと手触りと温度を持った実体としての牛と接した1週間は，貴重という言葉では言い尽くせない経験となった。

　当然のことながら牛には，約10ヵ月の妊娠期間で1頭出生，性成熟まで約2年，15年前後の寿命という生きものとしてのライフサイクルがある。役牛時代には，若いうちは土の軽い田畑を耕し，壮年期には重い土質あるいは傾斜地など力の要る場所で働き，老齢になってくるとまた負担の小さな場所で働く，といったように年齢に応じて移動しながら10年超の一生を過ごしていた。

　身近に多くの役牛が存在したからこそ，これに食肉資源としての役割を付加することで明治初期の牛肉食が可能になったわけだが，残念なことに日本の牛の繁殖能力はあまり高くなかった。となると，食べるために屠牛頭数が増えると農耕牛が足りなくなるのだ。明治初期に欧米に倣った牧場型畜産の導入が図られるが根付かず，1960年代まで耕種農業と結合した少頭飼養が続けられた結果，量を確保するために朝鮮牛の輸移入に依存するようになる。また朝鮮牛と

日本の在来牛では繁殖能力や脂肪交雑のしやすさが異なるなど，まさに生物としての実体を持った存在として理解する必要がある。牛肉消費に注目すると，欧米列強へのキャッチアップ，富国強兵の文脈で牛肉食が奨励されたという点にその帝国主義とのつながりが見られる。牛肉生産に注目すると，植民地朝鮮からの牛の輸移入というより直接的な帝国主義の現れを見ることができるのだ。

　明治初期の牛肉食は，西洋料理ではなく，牛鍋という形で広まった。牛鍋という加熱時間が短い調理法に適した脂肪交雑を持つ牛が黒毛和種として固定されたことは，日本の在来牛がたまたま牛鍋に適した脂肪交雑の入りやすい資質を持っていたことに依存している。人びとが脂肪質の牛肉を好み，もっとおいしい牛肉を食べたいと考え，品種改良に努力するだけでは，決して実現できない。牛は牛固有の特性を持っており，私たちの食欲に合わせてその質を変えるものではない。

　畜産史研究をする上で，飛騨の山村で牛と過ごした経験は重要なベースとなっている。「食」から牛や牛肉食にテーマを絞って研究を進めることは，私にとって面白いだけでなくしんどいことも多いが，個人的な経験が研究を進めるモチベーションを深いところで支えている。

畜産史研究の困難とおもしろさと

　「牛」で行こうと決めたはよいものの，先行研究は少なく，どのようにして研究テーマを設定すればよいのか，どのようにして資料を探せばよいのか，迷走が続いた。

　畜産史研究の難しさのひとつは史料の少なさだろう。正確に言うと，史料は多くあるのだが，いかんせん所蔵も内容も断片的なものばかりなのだ。

　これは牛の一生の複雑さに理由が求められよう（図表9−1）。

　一般に牛の繁殖・育成は山間地で行われる。主だった産牛地として知られる，中国山地や岩手県北上山地北部の他，熊本県阿蘇地方や長崎県の離島などはいずれも，傾斜や土質，水資源などの制約により耕種農業に適さない場所である。

　水田に適さない山間地で牛の繁殖・育成が行われ，家畜商の手を経て平場の水田地帯へと送られ使役される。鉄道ができる以前から広域にわたる移動が行

われており，たとえば中国山地から滋賀県まで徒歩で移動するのである。土地土地によって好まれる牛は異なる。一般的には牝のほうが穏やかで扱いやすいため好まれやすいが，土質が重い地域では牡が好まれた他，体型や毛色による好みにも地域性が見られた。また先述したように，使役期間内でも年齢に応じて牛は移動する。

　こうした牛の移動・売買は家畜商によって担われたが，零細な営業者が中継しながら移動することが多々あり，移動・売買の全体像をつかむことは難しい。家畜商を専業とするものもあれば，農家が兼業で営んでいるものもある。その規模，経営形態は多様であり個々の家畜商の活動実態をつかむことも困難である。近代以降家畜市場の整備が進むと牛の移動数量と経路についての統計的把握が可能になっていくが，一頭一頭の牛に即した実態把握も，牛の流通に携わる経済主体の実態把握も，極めて難しい状況は変わりがなかった。

図表9-1　牛の一生概略

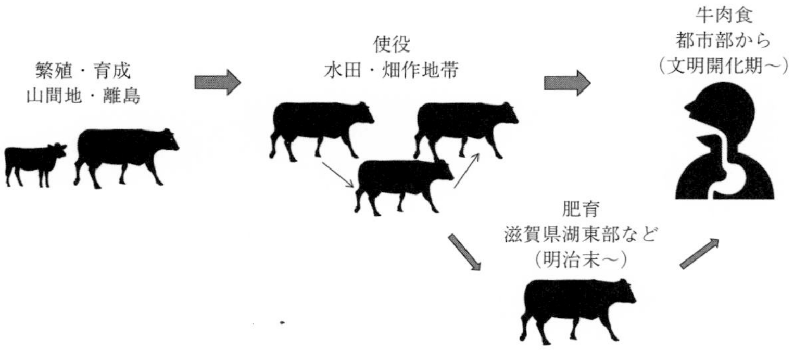

繁殖・育成
山間地・離島

使役
水田・畑作地帯

牛肉食
都市部から
（文明開化期～）

肥育
滋賀県湖東部など
（明治末～）

　私の場合はひとまず明治初期からいち早く「近江牛」として名を馳せた滋賀県における牛飼養のありようを知りたいと，『滋賀県農会報』をひたすら読んでいく，滋賀県の県民情報室に行き畜産に関する史料を複写依頼し読む，ということをした。

　『農会報』とは，農事改良・農村振興を目的に各道府県に設置された農会の機関誌である。各地の農会報は現在，農林水産研究所法総合センターが収集した農林水産試験研究に関する研究技術情報データベースである「AGROLib」で，まとまった形で利用できる。紙媒体は各地で分散的に所蔵されているため，

抜けはあるものの網羅的に閲覧できるようにした「AGROLib」は，近代日本の農業史研究を始めようとする学生が対象地域を選定したり概況をつかんだりするのにうってつけである。

「滋賀県農会報」は1900年4月からほぼ月刊ペースで発行されていた。共進会の成績や農会技術員による技術指導講演会記録，農事試験場の各種試験成績などが掲載されている。滋賀県でもやはり水田稲作が中心であったが，畜牛奨励のための講演会，共進会，肥育試験など畜産関連の取り組みが定期的に行われており，肥育の先進地としての自負を持ちながら諸施策を打っている様子がうかがえた。

また幸いなことに滋賀県では，県の機関が作成した公文書を県民情報室で収蔵している。滋

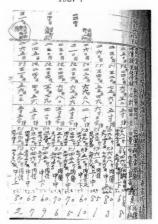

写真9-1　肥育指導牛成績一覧
　　　　　1927年

(出所)「多賀村字敏満寺団体肥育
　　　指導牛審査成績」滋賀県県
　　　民情報室分類番号『昭た487
　　　-27』

賀県では肥育指導牛に対し奨励金を補助していたため，県民情報室に郡農会や県農会の畜牛肥育試験結果などのデータが残されている。

しかしどこの村の誰が飼育している牛が体重何貫に仕上がりいくらで売れたか，というデータの羅列をどう読み解けばよいのか途方に暮れた。それでもひたすら読み進めていくと，1927年の肥育指導牛成績一覧の「疾病損耗」欄に「左右下肋部脂肪塊」が書き込まれているものを発見した（写真9-1）。

「脂肪塊」あるいは「脂肪瘤」という言葉は，滋賀県で肥育が奨励される過程で頻出する語である。1910年代には，「脂肪塊」ができるほど牛を太らせることが十分に肥育された指標とされていた。体表から見て分かるほどの皮下脂肪がついていると，筋肉内にも脂肪交雑が入っている，という目印になっていたのだ。

初めてこの書き込みを見たとき，脂肪塊が加点対象ではなく減点対象となっていることは間違いではないかと思ったのだが，改めて畜産技師講演などを読み返すと，脂肪塊を推奨する記述は1920年代後半には見られなくなっているこ

とに気づいた。およそ10年の間に，脂肪塊を体表に作らずに筋肉内に脂肪交雑をさせるだけの肥育技術が作られていたのだ，という発見だった。このように仮説も立てられないくらい訳もわからず資料を読んでいたのが，突然筋が通って見えるという経験はまれにしかないものの研究の醍醐味ともいえるのではないだろうか。畜産史に関しては先行研究が少なく，先行研究から問いを立てて自分の研究を始めるということがしにくいため，手探りで資料を読み始めることが多い。その分，暗中模索しながら資料を読み込む中で突然目の前が開ける快感も味わえるのかもしれない。

　資料の制約と関連して，牛研究仲間である板垣貴志さんの研究に言及しておきたい。板垣さん（島根大学）は，大学生時代に親戚の家の蔵から家畜商をしていた時期の大量の文書を発見し，地道に整理・分析し『牛と農村の近代史──家畜預託慣行の研究』（思文閣出版，2013年）をまとめた。人目に触れることを想定していない断片的かつ大量の経営帳簿類と向き合い，意味あるものとして編み上げる努力はひとかたならぬものだっただろう。

　それでも，畜産史研究をしたいと考えて彼のように貴重な個人所有史料を掘り当てること自体，そうそうあることではないだろう。板垣さんは資料の保存・整理に力を入れており，全国和牛登録協会と協力して役肉兼用時代の畜産に関する資料を整理し2023年5月に『全国和牛登録協会保管資料目録』としてまとめられた。畜産史，とくに牛に関心を持っている方にはこの目録がきっと役立つ。大学図書館などに所蔵されているので，どのような資料が残っているのか一度目を通していただきたい。和牛4品種の成立過程や，人工授精技術の導入期における改良の方向性など，この目録を眺めていると深掘りしたい研究テーマが多く浮かんでくる。

　牛の一生の複雑さは資料上の制約となるとともに，全体像を見渡すことを難しくする。自分の研究がごく一部しか扱えないことに不安になることもあったが，板垣さん他牛研究仲間との交流により多くの刺激を受けながら，ゆるやかにつながり畜産史を盛り上げていこうという雰囲気があることも，畜産史研究の魅力のひとつだと感じている。

牛と牛肉食から広がるテーマ

ここ数年，環境史として牛・牛肉食の歴史を見直したいと考えている。

ドイツの環境史家であるラートカウは知や技術の移転には環境リスクが伴うと指摘する。

戦前の滋賀県における牛肥育技術の展開をみていると，門外不出の技が農会による肥育試験などにより共有されていく様子が見て取れる。1910年頃には具体的な肥育技術については「あの肥育名人はもち米を飼料として与えているらしい」といった断片的なエピソードが出てくるくらいであったのが，徐々に肥育試験での給与飼料や増体量といった具体的なデータが見られるようになる。当然のことながら動物栄養学や動物生理学など理論は皆無であり，各肥育農家が経験的にこうすればよく肉が付くという方法を探っていたと考えられる。経験的に蓄積された手法が他の農家でも応用可能なのか試験され，普及していく。

戦後の大規模酪農経営の創出過程においても同様のことが起こっており，技術の平準化と生産性の向上が実現していく。戦後酪農経営においては経験知による技術の平準化だけでなく，飼料効率を可消化栄養量として数値化するような科学知による技術の平準化が見られるようになる。技術の移転が環境に合わせた適応を伴わなければ，環境リスクが増大する。冷涼なヨーロッパ酪農の技術を，北海道や山間地を中心とするとはいえ温暖湿潤な日本に導入する際にどのような問題や適応があったのだろうか。

また，1960年代以降専業的な大規模畜産経営が形成される中で，日本の畜産業は飼料基盤である土地と切り離され輸入濃厚飼料への依存を深めていった。

図表9-2　水田稲作と結合した牛飼養の物質循環

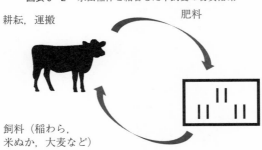

耕耘，運搬　　　　　　　　　　　　　肥料

飼料（稲わら，
米ぬか，大麦など）

　牛が役畜として存在していた1960年代ごろまでは，牛は水田の耕耘をするだけでなくその排泄物は厩肥として水田に還元され，水田からの生産物を餌とする物質循環が成り立っていた（図表9-2）。これは牛飼養が牧場型の多頭飼養ではなく耕種と結びついた少頭飼養だったからこそ可能であった。こうした少頭飼養は，植民地朝鮮からの牛移入に支えられていたこと，すでに1930年代には満州大豆粕が濃厚飼料として利用されていたこと，を考えると役肉兼用時代の物質循環を過大評価することはできないが，輸入飼料依存から地域内での物質循環への回帰を目指す動きが見られる現在，改めて役肉兼用時代の牛飼養技術を見直すことの意義は大きいだろう。

推薦図書

- 原田信男（1993）『歴史のなかの米と肉——食物と天皇・差別』平凡社

　米を中心とする日本社会の形成が，肉食の排除とそれに伴う差別とセットになって進行したことを明らかにする。日本史に食文化史を組み込んだ画期的作品。

- ヨアヒム・ラートカウ　海老根剛・森田直子訳（2012）『自然と権力——環境の世界史』みすず書房

　各地各時代における自然環境，技術，そして人びとの環境意識の総体の比較史。

- フェルナン・ブローデル　村上光彦訳（1979＝1985）『日常性の構造』みすず書房

　歴史化されにくかった食を含む日常生活の変化を，15-18世紀という長い時間軸で描きだす。食生活を，生を支える穀物と，肉など奢侈品という2つの視点から整理する。

第10章

食と農の根源「タネづくり」の過去と未来をつなぐ

阿部希望

　私は学生時代に農学部の農業史研究室に所属していた。理系分野が中心の農学領域の中でも，ひと際マニアックな文系分野であるが，足を踏み入れてみると，その面白さに引き込まれた。先人たちが書き記した古文書を使って，過去だけではなく，現在や未来の農業を考えることもできるのだと学んだためである。しかし，いわゆる理系的な意味での「農学」を入口とする人にとっては，社会問題の解決に直結するとイメージしやすい分野への関心が強く，過去の歴史が現在や未来を考えるための糸口になるとの認識は乏しいように感じる。農学部の中の歴史研究室に所属していた私にとって，それは「食や農の社会問題に，歴史研究は何の役に立つのか」という問いかけでもあった。本章で紹介する拙著『伝統野菜をつくった人々──種子屋の近代史』は，その問いかけに応答するための実践的試みの一例でもある。

研究テーマの設定──現代の問題関心から歴史を逆照射

　食と農の社会問題のひとつに「食料自給率の低下」があるが，食料の元となるタネの自給率についてまで注視している人は，どれほどいるだろうか。現在，日本国内で消費されている野菜のタネは，そのほとんどが種苗会社の管理の下，国外で採種され，国内での採種はわずか1割ほどとされる。この数値は，その低さが懸念されている食料自給率よりもずっと低い。たとえば，有事の際に国外からのタネ調達が不安定になった場合，現状では国内での自給は不可能であり，野菜をつくることが難しくなる。タネは食料生産の根源，ひいては命の根幹でありながら，誰が，どこで，どのようにつくられているのかについて，実のところ，ほとんど知られていない。

　これは研究史においても，同様の指摘が当てはまる。人口増加や都市の拡大

による大量消費社会の到来を背景として，近世，近代，現代の各時代では絶え
ず，食料供給構造に大きな転換が生じてきた。そうした背景には，優良なタネ
の安定供給が不可欠であったが，タネの生産・流通の実態は，これまでの歴史
研究では全く注目されてこなかった。つまり，日本のタネづくりは「見えない
歴史」だったのである。では一体，誰が，どのように，日本のタネづくりを支
えてきたのだろうか。

　この問いを出発点とし，私はその検証方法を探るべく，2007年の春に修士論
文のテーマを決めるための予備調査を始めた。その過程で出会ったのが，現在
の種苗会社の前身となる「種子屋」と呼ばれた人びとが書き記した古文書であっ
た。そこには，江戸時代以来，日本の野菜生産を「タネづくり」を通して支え
続けてきた彼らの奮闘の記録が，長く日の目を見ることもなく眠っていた。自
分の立てた問いの答えとなってくれる古文書の山を目にした瞬間の心躍るワク
ワク感は，今でも忘れられない。

　本章では，「種子屋の近代史」を明らかにする上で活用した古文書の調査手
順と分析する際のポイントを紹介する。それは，オーソドックスな歴史学の調
査分析モデルとは到底言えるものではないが，調査や分析の過程で初学者が遭
遇するであろう諸問題とその対処法を，私の試行錯誤の経験の中から見出して
もらえたら幸いである。

研究手法としての古文書調査の手順
■STEP 1：まずは既刊資料によるアプローチ

　当時の食や農の実態について知るには，そこに携わった当時の人びとが書き
記した記録，つまり「古文書」を活用する。古文書を活用するときは，最初か
ら現物の古文書へのアクセスを目指すのではなく，古文書のくずし字を翻刻し
て活字化された『史料集』や，地域の歴史について編纂した『自治体史（県史・
市町村史）』といった刊行本へアクセスするのが一般的とされる。さらに，その
研究対象が地域の重要な歴史文化資源である場合は，各自治体の郷土資料館等
において，それにまつわる特別展が開催され，その際に収集された古文書の『図
録集』が刊行されていることもあるので，併せてチェックされたい。

　自治体史の刊行や特別展の開催にあたって収集された古文書は，その後は自治体に寄贈されるか，所蔵者に返却されている。このうち，自治体に寄贈された古文書については，「○○家文書」という形で既に閲覧できる状態で保管されている場合が多いので，所蔵機関において利用手続きを踏むことで閲覧することができる。また，所蔵者に返却された古文書の閲覧を希望する際にも，まずは自治体史の編纂を担当した部署や，当該自治体の郷土資料館等の学芸員に相談すると，最適な古文書へのアクセス法を教示してくれるだろう。

　一方，研究対象が企業の場合，その企業が刊行する『社史』を取り寄せることをオススメしたい。社史とは，企業が自らの経営史をまとめた冊子であり，一般的に創業から節目の年を迎えた企業が『○○年史』や『○○年の歩み』等として刊行している。企業や業界の通史が簡潔にまとめられているとともに，企業活動に関する古い資料や統計資料等が掲載されていることもあり，企業や業界の概要をつかむ上で非常に重宝する。社史は非売品であることが多く，入手が難しいものもあるが，私の場合「日本の古本屋」（https://www.kosho.or.jp/）という古書店サイトを利用して入手している。

■STEP 2：現物の古文書にアクセスする

　私の研究対象である野菜のタネは，担い手の多くが民間の種苗会社であるため，これまでその経営に関する記録情報が，外部調査される機会が極めて少なかった。そのため，自治体への調査と並行して，独力で企業を直接訪問し，古文書の所在を確認する調査を続けてきた。企業や個人を訪問する際は，まずは既刊資料やネット情報を手がかりに，研究対象について熟知しているキーパーソンとなる人物に，手紙やメールで依頼状を送る。相手に調査目的や依頼内容を理解してもらうための工夫として，私はＡ４，１～２枚程度にまとめた研究計画書と，古文書調査の流れを図式化した資料を同封するようにしている（図表10-1）。研究調査への理解と同意を得られるような工夫をできる限りした上で，アポイントメントをとるときは，相手の都合に合わせて調査日程を調整することを心がけている。

　古文書調査を始めて間もない頃，訪問先で「古文書はありませんか？」と尋ねると，「うちには古文書なんてないよ」と返答されるだけであった。その理

由を詳しく聞いてみると，戦災や災害，店舗や家の改築，当主や社長の代替わりのタイミングで，不要物と一緒に古文書を処分してしまったというケースが非常に多かった。一方で，古文書は蔵や納屋等，普段人が立ち入らないような場所にしまい込まれてきたため，ホコリにまみれ，虫食いがあり，ネズミにかじられている等，とても貴重品には見えないため，所蔵者が「価値あるもの」として認識していないことも多い。たとえば，私が研究に活用した「榎本泰吉家文書」は，榎本家の蔵を取り壊すために，すでに解体業者によって大部分が運び出されていた古文書を，その連絡を受けた豊島区立郷土資料館の学芸員が急遽現地へ駆けつけたことで，処分を免れたというエピソードがある[1]。こうした所蔵者と研究者の古文書に対する認識のギャップを埋めるための手段として私が実践しているのが，古文書の「見本写真」を調査に持参することである。視覚情報を提示することにより，言葉だけでは伝えきれない情報を補うことができる。

　しかし，一度の調査で古文書を発見することは相当な幸運であり，古文書調査の今ひとつの目的は，古文書を所蔵している可能性のある企業や個人宅を紹介してもらうことにある。私が新潟で発見した「髙橋熙家文書」はその一例である。前述の榎本泰吉氏に，種子屋の古文書が見つからないことを相談したところ，「昔，うちの得意先の種子屋で，古い資料を見せてもらったことがある」という情報提供があり，榎本氏から髙橋氏をご紹介いただいた。髙橋氏からの事前情報では，「うちには古文書なんてないよ」という話であったが，直接訪問し，見本写真を見せながら「この写真のような史料はありませんか？」と質問したところ，店の奥から大きな段ボール箱に入った492点にも及ぶ古文書が発見された。

■STEP 3：発見した古文書を整理する

　古文書が発見されても，直ちに分析に取り組むことができるわけではない。古文書の閲覧は，その前段階として「史料整理」という作業を経て，はじめて

---

(1)　横山恵美（1997）「地域博物館における資料整理活動について——榎本泰吉家寄贈資料を例に」『豊島区立郷土資料館年報《付・研究紀要》』第11号，78-92頁

図表10-1　被調査者に史料整理の流れを説明する際に使用する資料の一例

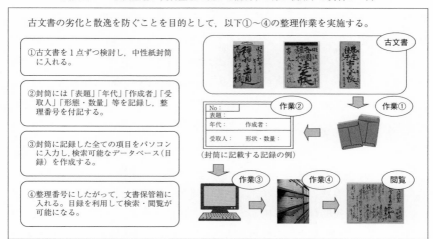

（出所）筆者作成。古文書の写真は新潟市北区郷土博物館所蔵「髙橋熙家文書」

可能となる。史料整理の方法は，整理を行う機関や個人によりさまざまであるが，ここでは，私が実際に整理をした「髙橋熙家文書」を例に，史料整理の基本的な手順を示しておきたい（図表10-1）。史料整理では，古文書を傷める要因となる光やチリ・ホコリ等から守るために，1点ずつ中性紙封筒に入れていく。そして，古文書の表紙に記載されている「表題」「作成された年代」「作成者」「受取人」等の情報と，古文書の「形態」と「数量」を封筒の表に記録し，それに整理番号を付記する。その後，整理番号順に，封筒に記録したすべての項目をパソコンに入力して「目録（古文書を検索するためのデータベース）」を作成し，文書保存箱に保管する。この一連の作業は，発見した古文書の量によっては数年から数十年の年月がかかることもあるが，どのような内容の古文書がどれくらいあるのかを把握するとともに，今後の古文書の劣化と散逸を防ぐために不可欠な作業なのである。

　また，古文書は本来，発見された場所で整理するのが望ましいが，整理を継続するための経費や作業スペースが確保できないために，整理しやすい場所に移動せざるを得ないケースもある。その際には，所蔵者の承諾を得た上で，古

文書を借用する方法をとる。種子屋とは別件の古文書調査を実施した際，所蔵者から「過去に研究者へ古文書を提供したが返却されなかったため，研究調査には二度と協力したくない」と言われたことがあった。その経験を踏まえ，私の場合，Ａ４用紙に古文書を調査研究のために借用し，責任をもって返却することを明記した上で，署名捺印と連絡先，借用する古文書の表題や点数を記した借用書を２通作成し，１通を所蔵者に渡すようにしている。それぞれが借用書を保管しておくことで，古文書の貸借で起こりうる上記のようなトラブルを回避することができる。

　整理した古文書の返却時には，古文書の保管場所を確保することも考えておきたい。現在まで残されてきた貴重な古文書を引き続き後世に伝えていくために，所蔵者が継続的な管理に困っている場合は，当該自治体の郷土資料館や博物館施設等への寄贈や寄託を勧めることもひとつの方策であろう。所蔵者の高橋氏から「今後，自宅で古文書を保管していくことが難しい」という相談を受けた私は，新潟市北区郷土博物館への古文書の一括寄贈の手続きを仲介した。発見した古文書の散逸や消滅を防止するためにも，史料整理と保管先の確保は併せて考えておくべき課題と言える。

歴史分析を進める際のポイント
■POINT１：古文書の特徴を把握し，分析対象の時代背景を考慮する

　史料整理が終わると，いよいよ古文書の閲覧が可能となる。分析に必要となる古文書については複写することになるが，古文書は史料保護の観点から，コピー機による複写は認められていない場合が多い。そのため，古文書を複写する際には，必ずデジタルカメラを持参する必要がある。目録の完成により，種子屋の古文書は，①タネ取引に関する通信はがき・書簡，②タネの取引量・料金に関する各種帳簿類，③タネのカタログ類，④種子屋の組合活動に関する業務・会計報告書類に大別されることが明らかとなった。膨大な古文書の中から，まずは種子屋経営の全体像をつかむために「各種帳簿類」を優先的に撮影し，その解読と分析を進めることにした。

　種子屋の帳簿は，タネの仕入れに関する帳簿と販売に関する帳簿に分けられ

ていたが，帳簿ごとに作成様式に違いがあり，年代別でまとめられた帳簿もあれば，取引先の種子屋別・府県別に1冊ずつ分けてまとめられている帳簿もあった。帳簿はその作成者が，商品の量や金額を把握しやすくするためにまとめられたものであるため，各経営体によって独自性を有する。したがって，まずは分析対象とする経営体の帳簿がどのように作成され，分類されているのかを把握することが重要となる。その上で，ある程度の仮説を設定し，意識的に分析に着手することがポイントである。私の場合，日本における野菜生産の第1次ピークを迎える大正中期を主軸に，江戸時代以来のタネ産地であった都市近郊農村の都市化が急速に進む大正後期に何らかの経営転換があったのではないかという仮説を立て，分析する年代を選定した。企業経営は，市場・政治・経済等の影響を受けることが予想されるため，自治体史や社史，先行研究等を参考に，分析対象とする時代の社会情勢を考慮すると，経営分析をする上での足がかりとなるだろう。

また，古文書の多くは，ミミズの這ったような「くずし字」で書かれた文字のため，解読が難しいイメージがあるかもしれない。私自身も今でも解読できない文字に悪戦苦闘することも多いが，くずし字を解読するための必携品のひとつに『くずし字用例辞典』がある。この辞典には，6,000字以上の文字のくずし方の過程が示されており，古文書の解読には欠かせない。基本的には，くずし字の文字を類推しながら辞典を引いて文字を照合していくが，近代の古文書には鉛筆やペン文字も多く，筆跡に個別の癖が出るため，解読が難航することもある。しかし，読み進めていく過程で作成者の筆跡癖をつかみ，頻出する文字も覚えるようになるため，わからない文字はとばしながら読み，一通り解読したら現代語訳にして，文章の意味が正しいか否かを確認しながら修正を加えていくとよい。なお，近年ではくずし字をAI-OCR技術によって解読するソフトウェアやスマホアプリ等も発表されている。今後は，こうした技術を併用することによって，難読ゆえに敬遠されがちであった古文書も活用しやすくなるかもしれない。

■POINT 2 ：農学の視点から古文書を読む

　古文書の解読と分析を通して，種子屋は複数の採種農家に対して，販売する

ためのタネづくりに必要な原種と栽培費用を提供して採種を委託し，タネの大量生産を実現するとともに，種子屋で結成された種子同業組合による組織的な品質管理システムが確立されていたことが明らかになった。これは，これまで経済史研究や経営史研究の分野で明らかにされてきた，在来織物業における問屋制家内工業を基盤とした生産管理体制との類似性を示唆するものであり，工業だけではなく農業においても，近代市場に対応した供給体制の新たな転換があったことを示す新史実の発見でもあった。

　しかし，農業は一定の原料と労働を投入すれば，同じ量や質の製品生産が期待できる工業とは異なる。加えて，農業は気象変動の影響を受けやすいといった特殊性もある。こうした観点からみると，委託採種の際に採種地域を分散させたり，毎年の作柄を調査した上でタネの価格を調整したり，野菜の収穫後にタネの代金を農家から回収するといった種子屋の経営実践は，タネの不作時への備えや収穫結果が悪かった場合に生じる取引先とのトラブル等のリスクを軽減するための対応と捉えることができる。また，タネ需要が急速に拡大する近代という時代の中で，タネの品質を守りつつ，大量生産を実現する方法として，原種生産と販売用種子生産という二段階体制が確立された点は注目される。この原種生産に用いられる「選抜育種」という技術が，現在の品種開発で用いられる「交雑育種（異なる2種類の親品種を掛け合わせる技術）」の親品種の育成に利用されていることを考慮すると，現代育種の基礎を築いた技術としての歴史的意義を見出すことができる（写真10-1）。

　こうした分析の視点は，もともと農学部に足場があるという強み，つまり，農業経済学や植物遺伝育種学の基礎を学んでいた影響が大きかったように思う。農業の特殊性や育種・採種技術の理解を深めることができなければ，種子屋の古文書が示す真意を読み取ることはできなかっただろう。歴史研究であっても，食や農を分析対象とする際には，社会科学と自然科学，両分野の知識が史料の解読や理解等に活かされるほか，得られる情報が広がることで，新たな考察の視点を与えてくれる。

■POINT 3：統計資料の制約を乗り越える工夫

　古文書の分析に加え，種子屋の市場に直結する野菜生産や種子需給の全国的

写真10-1　近代の種子屋によるダイコンの選抜育種の様子

品種特性を示す個体を選び出し，採種する。これを数世代
に渡って繰り返し，遺伝形質を固定していく。この固定さ
れた品種を「固定種」という。
（出所）練馬区立石神井公園ふるさと文化館所蔵

な動向を把握するため，統計数値による定量分析も試みた。本来ならば，明治
初期から昭和戦前期の数値を連続的に把握できることが望ましいが，当該時期
の食料需給関連の数量データは通時的に揃っていないことが多い。たとえば，
野菜生産に関する全国的なデータの中では，『明治七年府県物産表』が最も古
いが，その後，明治38年の『第二十次農商務統計表』まで，野菜生産の状況を
把握できるデータは存在しない。その後も，年や地域によって調査対象の野菜
の数が変動することも多く，数量データが統一されるのは昭和に入ってからで
あった。そのため，同一の統計資料だけでは捉えきれない動向は，当時の農林
省や商工省が独自に調査・編纂した『蔬菜及果樹之栽培状況』『商取引組織及
系統ニ関スル調査』『全國都市ニ於ケル主要農産物需給調査』等を用いた。

　タネについての数量データはさらに乏しかった。農林省が昭和4年と昭和15
年に調査・編纂した『蔬菜及果樹ノ種苗ニ関スル調査』が公表されているのみ
で，種苗業者の数量データについては統計資料を見つけることができなかった。
その代わりに，全国の種苗業者の氏名と所在地が記載された明治15年刊行の『各
地方老農家及び種苗戸名簿』と大正7年刊行の『全国種苗業者人名録』が残さ
れていたため，道府県別・郡市町村別に種苗業者の数を1軒1軒拾い上げ，自

図表10-2　『人名録』を活用した定量分析の一例

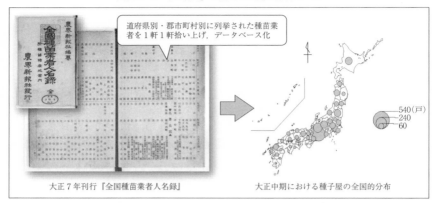

道府県別・郡市町村別に列挙された種苗業者を1軒1軒拾い上げ，データベース化

540（戸）
240
60

大正7年刊行『全国種苗業者人名録』　　　　大正中期における種子屋の全国的分布

（出所）筆者作成。農界新報社編（1918）『全国種苗業者人名録——附・種苗特産地案内』国立国会図書館デジタルコレクション https://dl.ndl.go.jp/pid/950515（2023年11月1日閲覧）

身で統計資料を作成するというアイディアを思いついた（図表10-2）。データベース化した種苗業者の数は合計4610軒にのぼる。『人名録』という特性ゆえに，掲載されていない種子屋があることも十分に予想され，厳密な数値とは言い難いが，当該時期の種子屋の推移や全国的な分布状況を復元するためには最善の策であった。

　歴史研究では古文書だけに限らず，数量データ入手の問題も常に付きまとう。しかし，近代という時代には，食料の体系的な生産と流通のしくみを整えていく過程で，行政による食料需給の実態把握を目的としたさまざまな調査が実施され，その調査書が取りまとめられている場合もある。近代の資料は，著作権保護期間も満了しているため，「国立国会図書館デジタルコレクション」（https://dl.ndl.go.jp/ja/）のサイトで検索をすると，おおむね無料で閲覧することができる。それぞれの統計資料の特性や信憑性を踏まえて，どのような分析ができるのか。資料の制約で行き詰まった時には，複数の資料を組み合わせたり，発想を変えて本来の資料の活用方法を変えてみるという柔軟さを持つことで，分析の可能性を広げられるかもしれない。

過去と未来をつなぐ歴史研究の可能性

　以上の調査・分析過程を経て，私は2012年に「近代における野菜種子屋の展開と役割」というタイトルで博士論文をまとめ，その後2015年に『伝統野菜をつくった人々——種子屋の近代史』を刊行した。博士論文を執筆するまでの5年間のうち，7割以上の年月は古文書の探索と整理の時間であったと言っても過言ではない。しかし，こうした労力を費やすのは，その中から歴史の通説に見直しを迫るような新しい発見に出会うかもしれないからである。種子屋の古文書はまさに，これまでの日本農業史像の見直しを迫る新たな発見であった。もし，あの時，榎本家や髙橋家の古文書が処分されていたら，日本のタネづくりの歴史は今も「見えない歴史」のままであったかもしれない。

　一方で，古文書調査を積み重ねる中で切実に思うことは，あと数年早く調査することができていたら残されていたかもしれない古文書，明らかにできたかもしれない歴史があるということへの心残りである。これはこれから古文書を活用した研究に取り組みたいと考える人の多くが直面する深刻な問題のひとつと言えるかもしれない。しかし，だからこそあきらめずに古文書を探し残していくことが，今後ますます重要になるのだと私は考えている。それは単に，過去を紐解く手段としての古文書の重要性だけを強調するものではなく，タネづくりの歴史研究を通して，過去と未来をつなぐ手段としての古文書の意義と可能性を実感したからにほかならない。

　近年，選抜育種により育成・維持されてきた固定種のタネでつくられる在来野菜が，地域農業や食文化の振興資源として再評価されている。しかし，タネを採る農家の高齢化等の理由から，多くの在来野菜が消滅しかねない危機に瀕している。また，開発途上国では，タネの供給体制の整備が不十分な場合が多く，タネの品質低下が農業生産上の深刻な問題となっている。こうしたタネをめぐる社会問題に対して，本研究はタネの自給率の向上対策に対する取り組みや，開発途上国へのタネの生産体制確立に向けた技術移転の方向性を議論する上で，日本のタネづくりの経験を参考先例として提示することができる。

　こうした観点からの食と農の歴史研究，すなわち，近代日本の食産業の発展過程を明らかにする研究は，持続的な食と農を支えてきた先人たちの知識や知

恵，技術や思想，制度や組織等の仕組みや理論を整理し，食と農の分野におけ
る日本の歴史的な経験を提示することに繋がる。持続可能な食と農の実現が目
指されている現代において，この事例の収集と解明は，単なる歴史研究に留ま
らず，社会問題の解決に貢献し得る歴史研究としても，今後の進展が期待され
る研究分野のひとつと言えるのではないだろうか。

推薦図書

・阿部希望（2015）『伝統野菜をつくった人々――種子屋の近代史』農山漁村文化協会
　本章で紹介した調査・分析過程によってまとめられた研究成果。本章での試行錯誤の
　経験がどのような成果に結実したか，合わせて読んでもらいたい。
・児玉幸多（1983）『古文書調査ハンドブック』吉川弘文館
　古文書の実地調査の方法，古文書の利用方法や取り扱う上でのマナーについて解説さ
　れている。
・湯澤規子（2018）『胃袋の近代――食と人びとの日常史』名古屋大学出版会
　近代日本の食と人びとの日常史を描いた1冊。筆者の著書と合わせて読むことで，同
　時代の食と農を構造的に理解することができる。

第Ⅲ部

食と農をめぐるローカルとグローバルを再考する

第**11**章

移民の食から社会を考える

安井大輔

　私は食を中心に，世界のさまざまな現象や問題を，社会学・人類学の観点と社会調査によって読み解く研究をしている。これまで，国境を越える移民の食を対象に，彼らの食に表れる文化と差異の問題を分析してきた。ここで言う食とは，食べ物・食べ方だけでなく，それを作り消費する人びとの行為，食べ方を規定する規範，生産・加工・流通・小売・消費・廃棄までのシステムを含むが，移民の食は，さらにその食の営まれる国・地域の歴史，異なる文化との相互作用，エスニシティ（民族）・ナショナリズムなど，社会のさまざまな要素が混交している。食から移民と社会の何をどのように明らかにできるのか，本章ではそのことを考えてみたい。

はじめに

　料理を作ることや食べることが好きで，食べ物の研究をしたいと思って，この本を手に取ってくれた人もいると思う。日本は世界各地の多様な食べ物が食べられる国だ。SNS やグルメ雑誌を開けば，海外の珍しい食材や調理法，食べ方についての情報があふれている。エスニックレストランでランチやディナーを楽しむことは生活の一部としてすっかり定着している。そんな中で，好きな食べ物や食にまつわる出来事を研究対象にしたいと思うのは自然なことかもしれない。しかし好きなものごとの研究は，簡単ではなく楽しいともかぎらない。興味を持つことはどんな研究でも必要だが，それはあくまではじめの一歩に過ぎず，面白いと思えることが何でも研究となるわけではない。研究を行うには，自身の関心・疑問を元に学問的な問いを立てて，その問いに沿った答えを導くことのできる，学術として適切な研究方法を採らなければならない。食と農は人文学の諸分野で研究されており多彩なテーマを含むので，関心ある

対象に対して，どの学問分野のいかなる方法で向かうのか考える必要がある。ここでは，私自身の経験を踏まえて，食を社会学的に研究することについて，社会学の観点や方法に触れつつ紹介する。

社会学とは

　まず社会学とはどのような学問なのか。みなさんは，中学・高校で教えられている地理・歴史（世界史・日本史）・公民（現代社会・倫理・政治・経済）といった社会科科目を想像するかもしれない。地理学・歴史学・倫理学・政治学・法学・経済学はこうした科目の延長としてイメージが浮かびやすい。では社会学はどうだろう。社会学は漠然としていて，何をどうすることかイメージしにくいかもしれない。だが社会学には独自の方法があり，日常におけるさまざまな対象を「社会学的」に見ることができる学問だ。社会学の対象は，友人，家族，学校，SNS，会社，地方自治体，国家，世界などミクロ・マクロな規模の集団であり，自己，理念，階層，コミュニケーション，態度，システムなど理論的・抽象的な概念……と人間と人間のあらゆる行為や関係（そして人間以外との関係）に及ぶ。つまり社会学は世の中のあらゆるものごと・できごとを対象とする。

　社会学にとって重要なのは，観点（ものの見方）である。社会学は何についても対象になるものの，社会学の観点を踏まえた上でないと，その対象を扱っても社会学にはならない。社会を「そのまま」理解することは不可能なため，複雑で錯綜した社会を取り出すため分析枠組みとして観点が必要となる。では，社会学の観点とはどのようなものなのか。これは社会学の「場面や状況，あるいは時代によって変化しうるものとして，ある人びとの適切な行為や集団としての規範を分析し，それらによって成立する秩序について記述すること」（『最強の社会調査入門』p. 213-219）という定義からみえてくる。さまざまな対象に対して，規範や秩序に注目する観点，つまり，その対象がどうなっているのか／なぜそのようになっているのかを明らかにすることができると社会学的研究になる。社会学の観点で大事なのは，規範も秩序も不変ではないという認識である。社会学はいま・ここの状態が，かつて・かなたでも同じとは限らないことに注意を払う。「対象」をみる自他の視点を変える（メタ視点を取る）ことが重

要で，常識的なものの見方から一度離れてみることが求められる。

社会学における食と農

　食に関する現象・行為を対象に，自分が明らかにしたい疑問を，社会学の観点・方法から追及すること，社会学がもつさまざまな分析枠組みから食と社会についての何らかの知見を導き出そうとすることが食の社会学的研究となる。社会学として研究するなら，その食べ物に詳しくなること自体は研究目的にはならず，その食べ物や食事を通して社会のある側面について理解することが研究目的となる。学問的な問題意識がないと，学術研究にならない可能性が高い。ただし研究がはじめから学問的である必要はない。たとえば，あなたが本格的なカレーが好きで，インドカレーの店を食べ歩くようになったとする。それだけではあくまでも個人の趣味だが，目的を「現代日本社会におけるインド料理店の経営者の出身国・地域と雇用者の労働環境を明らかにする」とすれば，研究になりうるだろう。2010年代後半から急増したインド料理店で働いているのはネパール国籍の人が多く，その背景には日本の出入国管理政策やネパール人移民の呼び寄せ戦略がある。このように，インド料理店から社会問題を考えることができる。または，ハーブやオーガニック野菜を育てることに興味を持ったとする。今ならDIYの店や100円ショップで買えるプランターを使って，室内・ベランダ栽培することも容易だ。これも趣味の一環ではあるが，ここから「家庭菜園や市民農園を拡大・推進するためにはどのような施策や支援が必要だろうか」と，視点を広げることも可能だ。実際，市民農園については，都市における生産活動や地域コミュニティの形成といった社会的役割が評価されるようになっており，その効果について学術的に検証されるようにもなっている。

　重要なのは，自身の疑問や関心を社会学的な用語や問題に置き換え，自分が取り組みたい対象を，社会問題（個人の行動だけでは解決の難しい問題）に結びつけることである。社会学的研究にふさわしい問いを設定して，食や農に関心のない人にも伝わるように自身の取り組みの重要性を伝えることができれば，研究として成り立つ可能性は高まる。研究は論文の形式を取ることが一般的なため，まずは自身の問題関心に沿った論文を探そう。選んだ論文が，対象のどこ

に注目し，どのような学術的な議論を行っているのかを押さえ，自身の取り組みたいテーマへのアレンジを考える。

　しかし思うように適当な論文が見つからないこともある。対象にもよるが，食に関しては，社会学以外の歴史学，民俗学，文化人類学，倫理学，心理学，経済学，科学技術論などの学問分野についても，調べることを薦めたい。というのも，食は社会学の研究対象とされてこなかった時代が長かったからだ。社会学史を紐解けば，食が扱われるようになったのは近年になってからと言える。社会学は，近代化のもとでいかに（抽象概念としての）秩序や規範が成り立つのかを実証的に明らかにする学問として始まった経緯から，ごく具体的で日常的な行為としての食は，本格的な研究対象とはされてこなかったのである。対照的に，農をめぐる問題については，古くから関心が高く，村落社会や農民生活を対象とする農村社会学やフードシステムのなかでの農業を分析する農業社会学として制度化されてきた歴史がある。農村・農業社会学の立場から食料に関わる問題を扱うようになり，現在は「農業・食料社会学」と呼ばれる研究分野が成立している。いっぽうで近年は必ずしも農を含むわけではない食のさまざまな側面を扱う研究も増えている。これは食をめぐる諸現象（食品，食事，料理，栄養，味覚など）に対して，社会学の分析視点（階級，ジェンダー，アイデンティティ，高齢化，身体性など）を組み合わせ，さまざまな知見を引き出していこうとするもので，文化人類学の成果を吸収して展開してきた経緯から「食の社会学／文化人類学」と総称される（『食と農の社会学』1-17頁）。

　このように食を扱う社会学的研究はいくつかの系譜に分散して展開されているため，自身の問題関心にぴったり合った論文や文献に出会うのは容易ではない。OPACの簡易検索で「食　社会学　○○（自身の関心を示す語句）」と入力するだけでは，適当な文献に出会えない可能性がある。しかし隣接分野の研究を含めれば，食も農も社会学的研究は蓄積されているので，ぜひ積極的に探してみてほしい。[1]食を「栄養」，「健康」，「環境」など異なる用語に置き換えて探す，隣接分野の学術誌を読む，よい論文に出会えたときはその論文の参考文献リストの文献についてもあたってみるなど，工夫を重ねることで，文献を探す力，さらには読む力も身についていく。

社会調査とは

社会学は視点転換が重要な学問だが，そのための方法として，対象から離れて距離を取る，より近づいて中に入る，自分たちと異なる社会と比較する，長期的な時間の流れに置いてみる，といった手法が用意されている。これらの方法を通して，個人の認識ではとらえられなかった「社会」をつかもうとするところに，社会学の基本スタンスがある。

研究としての問いに答えるには，根拠となる資料を集めることやデータを分析することが不可欠で，そのデータを集め分析する一連の過程を社会調査という。社会調査は二つの種類に大別される。ひとつ目はインタビュー調査や参与観察に代表される質的調査である。これらは調査対象の意味づけや個性を詳しく理解するのに用いられる。二つ目は質問紙調査（アンケート）に代表される量的調査で，大量観察をもとに問題やその因果関係を数量化してとらえることを可能にする。同じ対象でも，どちらの手法からもアプローチすることができる。どんな対象にも通用する万能の方法があるわけではないが，それぞれの方法に備わった型を身に着けることで，思考を深めることが可能になる。

社会調査は自身の問題意識を深めながら，いかなるデータをどのようにどれだけ集めるのかを考えながら進める必要がある。調査に取り組むと同時に，何をどう調べたら食と農を社会学的に分析したことになるのかも考えなければならない。調査で得られた情報をもとに問い自体を考え直し，新たな調査をし，また問いを再考する。研究は，問いと調査の再考を繰り返すこととなる。

エスニック？フードとしての移民の食

教科書的に既存の食の社会学や社会調査について紹介してきたが，では私が

---

(1)　なお欧米諸国では，人文学・社会科学の諸学がおのおのの視点・方法を組み合わせて食や農の問題に取り組む Food Studies という学際的な研究領域が形成され，教育プログラムや分野横断型の共同研究が実施されている。こうした研究および実践の潮流を受け，世界各地の研究者やジャーナリスト，実務家らによって，食と農の社会問題を扱う文献が多数刊行されている。日本語という枠を越えて探せば，みなさんの関心に応えてくれる文献が見つかる可能性はより高くなる。

社会学に精通し調査手法を駆使して，スムーズに研究を進めてきたかというと
到底そうは言えない。ここまで述べてきたのは，過去の自分に教えてやりたい
ことばかりだ。実際の調査・研究は試行錯誤の連続で，決してスマートなもの
ではなかった。

　私は，出身地とされる国・地域からほかの国・地域に移住した人びとやその
子孫である，移民について調査研究をしてきた。自分の生まれ育った国・地域
を離れ，新しい土地・文化で生きることがどのような経験なのかを食の観点か
ら考えてみたいという思いが，調査を始めたきっかけだった。しかし，「移民
の食」を調べるとは，具体的に何をどうすることなのか，開始時からわかって
いたわけではなかった。在籍していた大学院には，移民研究をしている先輩や
同級生がいて，移民研究における一般的な分析概念であるエスニシティや多文
化主義についての論文の輪読や議論を行う機会は多かったものの，食や農の研
究をしている人は皆無だった。食文化については，むしろ関連領域である文化
人類学や民俗学において多く研究されていたのでまずはそれらの文献を読み進
めた。日本や世界各地の食材や調理方法を詳細に記録する方法，儀礼や祭礼，
神話などから食のもつ象徴作用の分析などの研究蓄積から食文化研究の奥深さ
と幅広さを学ぶことができた。とはいえ，こうした研究が行っているのは，もっ
ぱら伝統的な食文化の記録と記述であり，現代の移民の食文化が母国・母地域
で形成された姿からどのように変容するのか，もしくは元の姿が維持されるの
かという私自身の疑問を解くには，これらの先行研究の方法を実施するだけで
は不十分なようにも思われた。

　現代社会を生きる移民にとって食が果たしている役割は何なのか，その食文
化をとらえるにはどのような方法がいいのだろうか。こうした問いを考えるに
は，実際にその食が営まれる場所に身を置いてみることだ。その点でフィール
ドワークは適当な方法に思え，私は沖縄から日本各地や世界各国に移住した，
沖縄移民が多く暮らす地域で調査を行ってきた。

　インターネットやガイドブックで沖縄料理を提供するレストランを確認し，
実際に客として食事に行ってみるということを始めた。そこで出される料理の
写真を撮影したり，メニューに記載された料理の説明を読み，店ごとの味付け

の違いを確かめたりなどをしていた。何度か通う中で，店の雰囲気やお店で働いている人の様子がある程度わかるようになったところで，お店の経営者や調理担当の方にあいさつをして（店の休憩時間がよいだろう）「話を聞かせてもらえないでしょうか」とインタビューを依頼することにした。そこで OK をいただけた何人かの方から話を伺うことができた。

　インタビューでは料理の作り方や提供の仕方といった，飲食店ならではの苦労や工夫の数々を知ることができた。一人暮らしで自炊程度にしか調理経験を持たない当時の私にとって，多人数のお客さんに一度に食事を提供する外食の仕事の話はとても新鮮な体験だった。そして，録音が許可された話についてはトランスクリプトとして書き起こし，話された内容について考え直す作業を行った。書き起こしは時間も手間もかかる大変なものだが，調査内容を反芻して重要なポイントを見つけ出すのに不可欠な作業である。プレ調査として行った数件のインタビューの内容を読むなかで，問い（のようなもの）が形をとってきた。それは，エスニシティと食の関係を，一対一対応するものとして，固定的にとらえるのは食のとらえ方として単純に過ぎ，場合によっては適当とは言えないのではないかというものだ。これはどういうことか。

　日本の伝統的な食文化研究では，民族集団は集団ごとに異なる文化をもち，その異なる文化を示す代表的なものとして食文化があると考えられてきた。つまり，食文化はそれぞれの集団（民族）を分ける指標としてとらえられる傾向があった。さまざまな料理が「○○国の料理」「○○地方の味」として紹介されるように，国・地域という地理的区分と個々の食べ物が結びつけられるのは一般的な構図だろう。移民にとって，故郷（とされる地域）の料理を食べることで，厳しい労働・生活環境にある移住先での生活を耐え忍ぶという，食文化の表象は決して間違いではない。実際に，私自身も，沖縄料理店で食事を楽しむ客の方から，そのような話を伺ったこともある。しかしながら，同時に，沖縄料理店に来るのは特別な時だけであり普段は食べていないという声を伺うこともしばしばあった。また店によっては，沖縄料理や地域としての沖縄に言及することが意外と少なく，もっぱら沖縄料理店ではないほかの飲食店やファストフード店に多く言及される場面が多くみられた。プレ調査で得られた結果を

みるかぎりでは，先行研究が前提としていたような，食文化をエスニック指標とする枠組みで分析するには限界があるように思われた。

現代の移民の食

　過去の知見と対比して，現在の状況が異なるのは，社会調査の現場ではよくあることで，こうした違いに直面することは問題ではない。しかし，違いがあること自体は当然なので，それを指摘するだけでは不十分である。現代の移民の食文化がエスニック指標ではないならば，ではどのような意味をもっているのかという新たな問いを追求する必要がある。

　指導教員に相談したところ，食は社会学的にも興味深いテーマになりうるからフィールドワークを進めてみるようにと励まされるととともに，食は人間のさまざまな面と関連するはずだからもっと広い視点で取り組むようにとアドバイスを受けた。たしかに食は飲食店の料理にとどまるものではない。グルメ情報・レシピも資料にはなるが，それらだけから食と社会の関係を見出そうとすることは困難だ。

　そこで，アドバイスをもとに，地域に暮らす移民の人びとを対象にインタビューをするようになった。飲食店調査を続けつつ，移民の経験を持つさまざまな人にインタビューを実施したり，地域で開催される行事に参加して，イベントの様子を観察する調査を行った。これらの調査では，家庭食や行事食についてだけでなく，母国を離れ対象地域に移住し定着していくまでのライフヒストリー（個人の生活史），さらに移民と母国の家族とのやり取りなどの記録もできるかぎり集めるようにした。インタビューは，あらかじめ質問項目を用意しておきつつも，調査対象者に自由に語ってもらう半構造化インタビューとして実施した。質問項目は，生活史調査で用いられるような，人生の流れを時間の経緯とともに追っていく基礎的な質問に「移民の食」を調べるのに適当と考えた質問を加えて作成した（図表11-1）。質問をもとに，調査地域のさまざまな人たちに移民・移住の経験と食の思い出を語ってもらった。

　時間の限られた状況の中，こうした方針の調査は迂遠な方法に思えたが，結果として，さまざまな背景を持つ移民家族から，食についての記憶を集めるこ

図表11-1　インタビュー質問表

		聞き取り調査項目
基礎情報	本人	名前
		現在の居住地
		本人の出身地（国，都道府県，都会・農村）
		性別
		年齢（出生年月日）
		学歴（小中学校，高校，大学，その他）
		主たる職業（職業経歴，副業の有無）
		婚姻状態（未婚，既婚，離別，死別）
		移動・移住の経歴（時期・手段・理由）
		出身国・地域の思い出
		移住先・地域への思い
	家族	配偶者の出身地
		配偶者の主たる職業
		父母・祖父母の出身地
		父母・祖父母の主たる職業
		父母・祖父母の暮らし向き
		現在の家族状態
		きょうだいの性別・年齢・職業
		子どもの年齢，性別，職業，配偶者の職業，孫の人数
質問	生活史	あなたのお父さん，お母さんはどのような方でしたか（出身地，職業，暮らし向き）
		小学校にあがる前の思い出はありますか？（楽しかったこと，うれしかったこと，悲しかったこと，苦しかったこと，恐ろしかったこと）
		学校時代（小学校，中学，高校，大学）の思い出はありますか？
		学校を出てから最初の仕事に就いたいきさつを教えて下さい。
		その後，結婚までの生活は？（どんな仕事をしていたか，楽しかったこと，苦しかったこと）
		結婚されたのはいつのとき（何歳）のときですか？　結婚のいきさつは？
		結婚後の暮らし向きは？（本人と配偶者の職業，子どもの養育，義父母との関係）
		妊娠・出産のときの様子は？
		戦争中や戦争直後の思い出はありますか？（兵役，死亡者，戦災，疎開，敗戦後の生活など）
		これまでの人生で特に忘れられない経験などはありますか？（成功，失敗，病気，事故など）
		現在の子どもの状態，関係は？
		最近の生活状態は？（健康状態，現在の仕事，家庭内での役割，家庭外での役職，趣味や楽しみ，現在の人生観，暮らしで困っていること，生活費，最近でうれしかったこと，悲しかったこと，いま気がかりなこと）
		これから，これだけはしておきたいこと，こうなりたくないと思っていることはありますか？
		もう一度，人生を送るとすれば，どうなりたいですか？（後悔していること）
		信仰をもっていますか
	日常食	普段の食事について，あなたは朝昼晩どこでどのような食事を取っていますか？
		家庭ではどのような食事をよく食べていますか
		家族と一緒に食べることはどのくらいありますか
		職場で食事をするときは，何をどのように食べていますか
		好きな食べ物・嫌いな食べ物は何ですか
		好きな飲み物・嫌いな飲み物は何ですか
		好きなお菓子・嫌いなお菓子は何ですか
		昔よく食べていたものは何ですか
		今よく食べているものは何ですか
		あなたは普段調理を行いますか
		あなたは調理の仕方をいつどこで身につけましたか
		子どもの頃と現在では，食に変化はありますか
		あなたは同じ出身地の人びとと食事をしますか

あなたは，母国で受け継がれてきた料理や味，食べ方・作法を受け継いでいますか

あなたは，受け継いできた料理や味，食べ方・作法を子どもに伝えていますか

今後，これまで受け継いできた料理や味，食べ方・作法を伝えるためには，どのようなことが必要だと思いますか

子どもに食べさせている特別な食べものはありますか

子どもに伝えたい食事はありますか（教えたい，一緒に作りたい，受け継がせたい）

行事食　子どもの頃，伝統行事として作ったり食べたりするものはありましたか？

大人になってから／現在，伝統行事として作ったり食べたりするものはありますか？

母国の料理として思い浮かぶ料理を教えてください

あなたは同じ出身地域や同じ民族の人びとと食事をしますか

自らの食文化を教えるとすれば何を紹介しますか

その食文化はいつどこで生まれた，どのような素材を用い，どのように調理し食べるものですか？

自分たちの食文化を伝えるには，どのようにしたらよいのでしょうか

あなたは，民族コミュニティでの食事会等に参加しますか

正月（旧正月）のときに作ったり，食べるものはありますか

お盆のときに作ったり，食べるものはありますか

クリスマスのときに作ったり，食べるものはありますか

思い出に残る食事はありますか？（もう一度食べたい，おいしかった，二度と食べたくない）

特別なとき（誕生日，記念日）に家族で食べるもの・作るものはありますか

特別なとき（誕生日，記念日）に個人的に食べるもの・作るものはありますか

人生の最後の食事をするとしたら，どこで何を誰とどのように食べたいですか

とができ，さまざまな移民や外国籍住民のコミュニティの活動を知ることもできた。食事の場面以外で得られた人びとの語りや歴史，地域空間の構成は決して食と無縁なわけではなく，レストラン調査とあわせて分析することで，レシピやメニューの裏にあるさまざまな背景について，厚みのある記述が可能になったと思う。

　調査結果や先行研究の検討は，最終的に論文[2]として形にすることができた。移民の数が増加し多様化する現代は，異なるエスニシティを持つ移民が混ざりあって暮らすことが一般的であり，私が調査した沖縄移民の集住地域も，朝鮮半島出身者や南米各国出身の移民たちと「日本人」が混住する空間となっていた。そのような多文化が接触する状況のもと，移民の食の果たす役割について報告している。論文では，移民の語りや行為をもとに，沖縄由来のエスニックフードとしてみなされるような料理や食文化が，地域に暮らす人びとにとっては「沖縄」という文化項目とだけ結びついているわけではなく，外国を経て日

---

(2)　安井大輔（2012）「多文化混交地域のマイノリティ──接触領域の食からみるエスニシティ」『ソシオロジ』57（2），55-71頁。

本に戻ってきた「日本食」と目されたり，工場労働者たちの胃袋を満たす階級としての意味を持っていたり，とエスニック指標にとどまらない，多様な姿を映し出していることを描いている。

　複数の所属意識を持つことが一般的な現代の移民にとって，自分たちの食は，時にナショナルな食とされ，もしくはローカル，グローバルな食と位置づけられることもあるように，エスニシティとの結びつきは必ずしも自明ではない。しかし，エスニックな意味づけを否定するのも間違いである。フィールド調査でも，もともと家庭の味として食べられていた料理が，地域の観光地化の過程で沖縄＆南米料理としてマルチエスニックなフードとして表象されるようになった事例が観察された。このように，グローバルな移動の中で食はネイティブとしての文化指標から引き離されることがあるものの，移住先の社会に再び埋め込まれることで，新しくエスニックな意味を持つこともある。問題は，移民の食がエスニックフードなのか，非エスニックなフードなのかではなく，エスニシティを含んだ移民の食に潜在的に内包された多岐にわたるカテゴリーのうち，何が選ばれ何が選ばれないのかという点にある。論文では，特定の料理や食材や調理法がどのような社会状況のもとエスニシティと結びつくのか，その条件を考察している[3]。

食から社会を考えるには

　本章では，社会学の観点と社会調査の方法，そして食を軸としたフィールドワークを事例に，食に関するものごとから社会を考えるためのアイデアを示してみた。食はさまざまな領域とつながっているがゆえに，多様な現象・問題を考える切り口になりうる。誰でも・どこでも行っていることであるがゆえに，

[3]　ときにエスニシティを現前させ，ときに他の要素を現前させる移民の食をめぐる力学については，以下の論考で人類学や社会学の理論・枠組みをもとに分析したことがあるので，参照してほしい。安井大輔（2018）「食嗜好と移民のアイデンティティ──エスニシティ・グローバリティ・ローカリティの交錯」『嗜好品文化研究』(3)，57-69頁。安井大輔（2021）「食文化における集合的創造性──エスニックフードからローカルフードへ」松田素二編『集合的創造性──コンヴィヴィアルな人間学のために』世界思想社，149-168頁。

関わりやすいことであること。自分の問題意識がモヤモヤしており言語化できない状態にあっても、調査を始められること。このような特徴から、食は社会を考えるための入口となる。ただし、その「食」はどこの誰のものかによって、異なる意味を持つ。食は物であり、行為であり、社会の仕組みの網目の中にあるため、その食の意味を説明する努力が必要となる。

　事後的に、ではあるものの、調査の経験からわかったのは、「食をめぐる社会的なコミュニケーション」のただ中で食文化を考察することの重要性である。移民の食文化を描くことは、単に料理の作り方や食べ方を表面的に記述することではない。移民の食をとらえるには、その料理とそれらを食べる人びとを取り巻く権力関係、母国と移住先の両国にまたがる歴史的な関係、ともに同じ食卓を囲む家族や同胞たちとの状況的な関係の中で、その食事が何を意味し、人びとの経験や記憶においていかなる位置を占めているのか、重層的に記述する必要がある。

　食はさまざまな役割や表象を担っている。ただし、多数存在する潜在的カテゴリーの選択肢の中からいかなる意味が選ばれるのか、ある特徴が選ばれ表出されているとしたら、なぜその特徴が選ばれたのかに注意する必要がある。食の果たす社会的意味を分析する時は、食の持つ多面的な性質を列挙するのにとどまらず、これらの性質が現前される力学をも合わせて考察されなければならない。食の潜勢力を明らかにするためには、食事をする時の人の配置、行為が行われる場、それらを媒介するモノ、そしてその食に関わるさまざまな語りといった多様な人間的・非人間的な要素の配置を同時にとらえることが決定的に重要となる。移民の食は、食べ物のみで完結しているのではなく、人、場所、モノ、語りといった食を取り巻く諸関係の織りなす力の交錯のただ中にあって意味を持つ。ある食の場面を記述するにあたっては、その料理や食材そのものについての情報はもちろん重要であるものの、その食が、いつどこで誰にとっての食事なのか、なぜ・どのようにその食事がなされているのかといったことにも注意を払っておきたい。人・場・モノの配置は、その食の置かれた個別具体的な社会の文脈を構成している。

　こうした理解によって、食と社会の関係を解明するのに一面的な視点にとら

われず，それ以外の要素が加わるとともに要素間の連環が変化するような事態を考察することが可能になる。食の社会学は，さまざまな調査方法を用いて，食事が食べられる相手や場所といった状況に応じて変化する，その場を理解するのに適切な「規範や秩序」をあらわすものとしての自他の食を分析してきた。食文化はグローバルな人・モノ・金の移動や異なる文化をもつ人びととの接触といったさまざまな歴史的な流れに身を置きながら，日々新たに生まれた要素が配置，再配置されて形成・維持・変容されている。食には，そうして配置された諸要素が連関して構成された社会的な文脈が現れる。食を社会学的に描写・分析するには，こういった視点に基づき，ある食事の場面の文脈をかたちづくるさまざまな要素の配置を意識した上で記述することが重要となる。

推薦図書

・桝潟俊子・谷口吉光・立川雅司編著（2014）『食と農の社会学――生命と地域の視点から』ミネルヴァ書房

　　現代の食と農に関する個別の諸現象を，社会学の視点から読み解くための入門的で包括的なテキスト。グローバリゼーションや近代化・産業化のもとで生じる食と農をめぐる多様な諸問題を分類した上で，それらの問題に向き合う欧米および日本の実践や研究成果を紹介している。

・前田拓也・秋谷直矩・朴沙羅・木下衆編著（2016）『最強の社会調査入門――これから質的調査をはじめる人のために』ナカニシヤ出版

　　「面白くて，マネしたくなる」調査を紹介し，はじめての調査でぶつかりがちな等身大の失敗や悩み，数々の技術や工夫を伝え，さらにはその調査がどのように論文になったのかまで教えてくれる。調査の面白さを伝える「ほんとうに使える教科書」。

・安井大輔編著（2019）『フードスタディーズ・ガイドブック』ナカニシヤ出版

　　食に関する人文学・社会科学のさまざまな文献49冊を紹介する書評集。学術書からノンフィクションやルポルタージュまで幅広く取り上げ，内容を紹介し，文献をどのように自身の研究や調査に役立てることができるかまでも示す。

第12章

マーガリンを食べながら
鯨油なき時代の油脂

赤嶺　淳

　ここ10年ほど食生活誌学あるいは食生活史研究を自称している。前者は「社会のなかの食」を分析する食民族誌とでも訳すべき Ethnography of Food の日本語訳として，後者は「個人史における食」を意識してのことである。

　「食」という漢字は，「食べもの」という生産物を指示するし，「食べる」という行為も意味する便利なものだ。そんな食の両義性に着眼して大量生産・大量消費を是とするわたしたちの生活様式を見つめなおし，生活環境と地球環境をつないで思考し，なにかしらの実践を模索したいと考えてのことである。

『バナナと日本人』に学ぶ

　30年超となったわたしの研究人生は，鶴見良行（1926-1994）抜きには語れない。『バナナと日本人』（1982年）や『ナマコの眼（まなこ）』（1990年）の著者であり，ベトナム反戦平和運動・べ平連（ベトナムに平和を！　市民連合）の中心人物のひとりでもあった。

　岩波新書の『バナナと日本人』は，2023年8月現在で62刷，公称35万部のベストセラーである。副題に「フィリピン農園と食卓のあいだ」とあるように，本書はフィリピン南部のミンダナオ島で開発されたバナナ農園で交錯する日米比3ヵ国の政治経済の絡まりあいを報じるルポルタージュである。

　一般的には多国籍（グローバル）企業による搾取の実態を告発する作品として知られている。しかし，鶴見の射程はそれにとどまらない。①バナナ栽培前史として戦前に沖縄移民がおなじバショウ属のアバカという麻を栽培していたこと，②フィリピン政府が接収した元日系麻農園をフィリピン人が引きついだものの，化学繊維におされて麻需要が衰退した結果，③高度成長にわく日本市場用のバナナ園に転換された経緯が詳述されている。

東京帝国大学で農学をおさめたバナナ園経営者・古川義三による「一部の日本人は……なんの因果でかかるところに来たのか，運が悪かったと気を腐らしたが，沖縄県人は蛇皮線を弾き，好きな豚肉を味わい，平気で暮して大きな勢力をなした。天は公平で恵まれないと見える者にもまた与えられるところがある」との観察がさりげなく紹介されているように（71頁），現代の辺野古問題を予見するかのような鶴見の眼差しは，沖縄に無関心なヤマトンチューに向けられている。ものごとの深層で絡まりあう諸相の関係性を歴史的に紐解いていこうとする鶴見の姿勢に学びたい。

失われた10年を，とりもどす

わたしは1986年に大学生となった，バブル世代のひとりである。前年9月に開催されたG5（当時）の財務大臣・中央銀行総裁による緊急会合で合意されたプラザ合意によって円高が決定的となったうえ，航空行政を監督する運輸省（現国土交通省）の規制緩和によって，それまで団体旅行用にしか許可されていなかった安チケットが個人旅行者にも販売されるようになった恩恵をうけ，（学生の分際ながらも）夏休みと春休みを東南アジア旅行についやすことができた。

そんな趣味が高じ，1992年からフィリピン大学大学院に留学し，サンゴ礁に住む人びとの文化と歴史を研究するようになった。フカヒレも干ナマコも，中国料理の高級食材である。東南アジアのサンゴ礁の民は，少なくとも300年にわたって，売るためにサメやナマコを捕ってきた。しかし，1990年代なかばから，サメやナマコが絶滅の危機に瀕しているのではないか，といった議論が政治問題化するようになった。「サメを食べるのは野蛮だ」などという，どこかで聞いたフレーズを耳にすることも少なからずあった。

「人類は野生生物をいかに利用してきたのか」という課題を追求すれば，きまって捕鯨問題にいきつくことになる。ナマコ研究に区切りがついた2010年，捕鯨問題の研究に本格的に着手し，いまにいたっている。

研究を生業とするわたしにとって，捕鯨問題とは職務として遂行すべき研究課題である。だが，もうひとつの側面もある。

1982年に国際捕鯨委員会（IWC）が決定した商業捕鯨の一時停止（モラトリア

ム）が日本で発効したのは1988年のことである。捕鯨は南氷洋の夏（北半球の冬）におこなわれる。だから捕鯨船団は秋に出港し，翌春に帰港する。日本がIWC を脱退したことで幕引きとなった調査捕鯨は，1987/88年漁期にはじまった（〜2018/2019年漁期）。

　このように捕鯨問題は，わたしにとって同時代のできごとのはずである。しかし，日本が調査捕鯨に活路を見いだすにいたった日米の政治交渉についての報道はまったく記憶にない。単に忘れただけなのか，もともと気に留めていなかったのかの区別も曖昧である。

　マスコミ業界で働きたいと考えていたわたしは，決してノンポリな学生ではなかった。筑紫哲也氏が編集長をつとめていた週刊誌『朝日ジャーナル』（1992年休刊）を読むなど，硬派を気取ってもいた。事実，入学直後に生じたチェルノブイリ（現チョルノービリ）の原発事故や日本車の対米輸出攻勢に抗して米国が牛肉・オレンジの市場開放を要求するニュースの詳細は記憶している。

　つまり，わたしにとっての捕鯨問題とは，フィリピン留学から帰国した1997年までの「失われた10年」を自分なりに会得する作業でもあるわけだ。バブル経済をふくむ1980年代なかばからの10年間とは，一体，どのような時代であったのか？　そうした時代性が，鯨類をふくむ野生生物の利用と管理をはじめ，今日のわたしたちの食環境にいかなる影響をおよぼしているのか？

近代にこだわる

　たしかに日本における捕鯨は江戸時代からつづく産業である。しかし，おなじ捕鯨業とはいえ，沿岸を回遊するクジラを受動的に待ちうけ，網をかけて動きを封じた鯨体に銛を打ちこんでいた古式捕鯨法とエンジン付きの捕鯨船でクジラを能動的に探しだし，爆発銛で捕殺する近代捕鯨法とは異なるものだ。沿岸の基地式捕鯨と沖合／遠洋で操業する母船式捕鯨とでは，おなじ近代捕鯨法とはいえ，資本も操業規模も桁違いである。

　こうした多様な捕鯨史に向きあうにあたって，わたしは近代捕鯨法たる名称の「近代」にこだわっている。近代の意味するところは研究者によってさまざまであろう。わたしの場合は20世紀初頭，日露戦争後に近代捕鯨業が日本に確

立してから現在までの120年間を想定している。

　この間，日本は朝鮮（大韓帝国）を植民地化し，満洲国を建国した。灰燼と化した太平洋戦争からの復興につづき，高度経済成長を経て，バブルに酔いしれた。大学生だったわたしも，そのひとりである。しかし，その後の「失われた30年」が物語るように，そんな宴など，所詮は刹那的な幻想にすぎなかった。「海図なき漂流国家・日本」の進むべき航路を見いだすためにも，日本の近現代を批判的にふりかえる意義はある。

　たとえば，ほとんど指摘されることはないが，日本の近代捕鯨業は韓半島を揺籃の地としている。ノルウェーから輸入した捕鯨法を日本列島に移植するにあたり，その先駆者たる岡十郎は半島東南部の蔚山を拠点として試行錯誤をつづけていた。ノルウェー人がノルウェー人のために開発した捕鯨法を日本流に改良しなければならなかったからである。岡の起業家精神を鼓舞したのは，おなじ長州出身の政治家で初代韓国統監となり，植民地化への道をひらいた伊藤博文であった。こうした史実は，捕鯨のみならず日本の近代を語る際に無視できないはずだ。

　洋上に浮かぶ工場たる工船は，どの国家にも属さない公海で操業するために開発されたものである。日本の場合，小林多喜二の『蟹工船』（1929年）で有名なロシア／ソ連領海外の北洋における蟹缶詰の製造にはじまり，鮭鱒缶詰の生産がつづいた。いずれも外貨獲得を目的とした操業であった。つぎに工船式捕鯨業への参入が予期されていたとはいえ，比較的距離の近い北洋と南氷洋では克服すべきハードルの質が異なっていた。

　日本が南氷洋の工船式捕鯨（以下，南鯨）に進出したのは1934/35（昭和 9 /10）年漁期のことで，その目的は英国やドイツなどでマーガリンや石鹸に加工される鯨油生産にあった。当時，南鯨に進出していたのはノルウェーと英国だけである。大恐慌後の鯨油価格の低迷にくわえ，シロナガスクジラの資源量低下も懸念されていたため，両国が日本とドイツ（1936/37年から）の参入をこころよく思うはずはなかった。

　しかも日本は満洲問題をかかえていた。1931年 9 月に満洲事変が勃発し，その 6 ヵ月後の1932年 3 月には満洲国が建国される。国際連盟の派遣したリット

ン調査団が同年10月に報告書を公表すると，翌年3月，日本は国際連盟から脱退した。満洲における権益をめぐって対立してきたソ連はおろか，日露戦争の講和を仲介してくれた米国と対峙することも決定的となった。

　そうした環境下で南鯨に参入するには，技術や資本はもちろんのこと，高度な政治力を必要とした。その偉業をなしとげたのは，鮎川義介を総裁とする日産コンツェルン（日本産業株式会社）傘下にあった日本捕鯨株式会社である（同社は1936年9月におなじく鮎川傘下にあり，工船式カニ漁業を独占していた共同漁業株式会社に吸収され，翌1937年4月に共同漁業ごと日本水産株式会社に統合された）。

　日本捕鯨による南鯨進出は，沿岸捕鯨業で資本を蓄積した一企業が母船式捕鯨業に参入したという単線的な成功譚ではありえない。それは①岡十郎が確立した捕獲・解剖技術システム，②共同漁業が工船式カニ漁業で蓄えた船団経営ノウハウ，③鮎川の有する資本力と政治力の3本の矢が束ねられたことによって，はじめて可能となったわけである。

　太平洋戦争ですべてを失った日本は深刻な食料危機にみまわれた。飢餓状態にあった日本人を救ったのは，南極から持ちかえられた鯨肉と米国から送られてきた脱脂粉乳や小麦などの復興支援物資であった。鯨料理の定番として有名な「鯨の竜田揚げ」は，そんな窮地を救った1品である。同時に日米間に横たわる複雑な関係史を象徴する料理でもある。なぜならば，敗戦当時，鯨肉を揚げた油は米国産の大豆油だったからである。

　東アジア──満洲あたり──を原産地とする大豆は，そもそも米国にとっては外来種（移入種）である。当然ながら日本と米国では大豆に対する愛着度も異なっている。醬油や味噌などの発酵調味料をはじめ，豆腐から枝豆まで多様に食されている大豆は日本料理にとって不可欠な存在である。他方，（菜食主義者をのぞいて）米国では油を搾るための資源として認識されている。

　第1次世界大戦後に米国に本格的に移植された大豆は，太平洋戦争の勃発で輸入が途絶えた東南アジア産のココナツ（やし）油やパーム核油の代替油糧作物として生産が奨励された一方で，搾油後の粕（大豆粕）が家畜用飼料としても優れていることから，「1粒で2度おいしい」ミラクル・ビーン（奇跡の豆）として大歓迎された。1980年代なかばに米国が日本に市場開放をもとめていた

牛肉は，こうした大豆粕で肥育されたものでもあった。

　戦前も戦後も鯨油の競争相手は大豆油であり，パーム油であった（ただし大豆は満洲から南北アメリカへ，アブラヤシは西アフリカから東南アジアへと主要産地が移動した点にも注意が必要である）。ましてや戦後のIWC体制においては，シロナガスクジラ1万6000頭分（30万トン）の鯨油しか生産できないという上限が課されていたわけである。フリーハンドに生産の拡大が見込めた大豆油やパーム油などとの競争に勝てるはずはなかった。

「鯨食文化」神話を克服する

　「鯨食は日本の国民文化」といった言説を耳にすることがある。しかし，太地（和歌山県）や鮎川（宮城県）といった現在の，また長崎や佐賀などかつての沿岸捕鯨地域をのぞいて鯨肉が全国民的に食されていたのは，戦後の一時期のことにすぎない。第一，日本の南鯨が鯨肉生産を中心に経営されるようになったのは，南氷洋における管理が強化され，世界の鯨油市場が崩壊する1960年代以降のことである（図表12-1）。

　このことは，わたし自身の経験からも断言できる。大分県出身のわたしは，捕鯨問題研究を手がけるまで，40年間以上，鯨食とは無縁であったからである。

　そんなわたしであるが，いまは鯨食の魅力にとりつかれている。統計上，わたしたちは年間ひとりあたり16.7グラムしか鯨肉を食していない。豚肉の13.2キログラムはおろか，牛肉の6.2キログラムとも比較にならない数量である。それでもわたしは優に200人分は食べているはずだ。もちろん，それは鯨肉を適格に調理する技術あってのことだし，鯨肉を生産するには洗練された捕獲技術と解剖技術が必要である。そうした捕鯨文化には敬服している。しかし，わたしが捕鯨文化なり鯨食文化なりを体得しているかといえば，それは「否」である。

　政府や捕鯨関係者が，文化を強調したい気持ちは理解できなくはない。それは鯨油生産なき今日の捕鯨問題が，鯨食の是非をめぐって展開されているからだ。しかし，捕鯨業は鯨油生産を軸に展開されてきた。捕鯨問題を理解するために鯨油はもちろん，鯨油を代替した油脂のいまに着眼する所以である。

図表12-1　BWUと日本の南鯨船団が生産した鯨油と鯨肉（皮肉類）

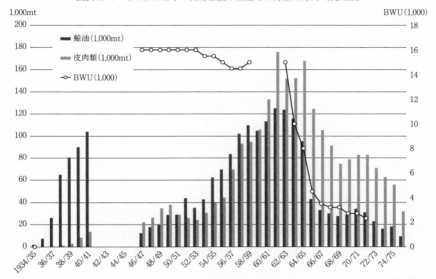

（出所）前田敬治郎・寺岡義郎（1952）『捕鯨――附　日本の遠洋漁業』いさな書房，多藤省徳編（1985）
　　　『捕鯨の歴史と資料』水産社，水産庁海洋漁業部編（1988）『捕鯨概要』水産庁海洋漁業部よ
　　　り筆者作成。

　南鯨のピークとなった1930年代，鯨油は世界で生産される食用油脂の３パー
セントを占めるにすぎなかった。大豆油やパーム油は生産量が多くとも，それ
らの大半は生産国で消費され，国際市場で流通したのは４分の１程度であった。
この点，鯨油は異なっていた。南氷洋からタンカー（捕鯨工船）ごと，ロンド
ンやロッテルダムに回漕され，すべてが国際市場で流通したからである。鯨油
は戦前にヨーロッパで必要とされた油脂400万トンの１割を占めた。そのほと
んどがマーガリンに加工されたわけだ。その存在感たるや，小さくなかった。

　短期間の滞在以外，欧米での生活経験がないわたしには言語化しづらいが，
欧米，とくに肉類を中心とするヨーロッパ北部の食事様式における油脂と，炭
水化物を重視するわたしたちの食事様式にとっての油脂とは，位置づけが異
なっているようである。

　2023年６月，ノルウェー南部の港町ベルゲンでのことだ。ノルウェー経済史
を研究するノルウェー人教授のお宅でノルウェー産ミンククジラのステーキを

ご馳走になった。200グラムの生鮮赤身肉2枚を，教授みずからが庭先でグリルしてくれた。白夜の時期ゆえ，20時といっても教授はサングラスをかけている。ステーキの前にはサラダが給仕されたし，ステーキにはアルミホイルで包んで蒸したパプリカとジャガイモが添えられていた。〆は乳脂肪分たっぷりの自家製アイスクリームに自家製のブルーベリージャムを添えたもの。鯨肉もやわらかかったし，アイスクリームも濃厚だったし，高台から眺める湾の景色も素晴らしかった。教授のホスピタリティにも頭がさがる思いであった。しかし……わたしはパンが欲しかった。

食べながら思考する

コロナ騒動初期の2020年3月，米国はマサチューセッツ州のニューベッドフォードにある捕鯨博物館を訪問するつもりであった。3回目の訪問となる今回は，捕鯨というよりも鯨油産業について調べる予定であった。あれこれと期待のふくらむ旅程が確定した矢先のキャンセルで，表現しようのない脱力感におそわれた。しかし，そのことよりも30年もの歳月をかけて築いてきた「歩きながら考える」という研究手法が使いものにならないことに，わたしは底知れぬ恐怖を感じ，精神的にまいってしまった。なにも手につかず，ただ無為に時間だけがすぎていった。ようやく現実と向きあえるようになったのは，4月になって「連休あけにオンライン授業開始」という通達が届き，Zoomの手ほどきをうけるようになってからのことであった。

オンライン授業がはじまる直前のこと，ある実験を思いついた。「毎朝，食パンにマーガリンを塗る生活を1年間つづけてみる」というものだ。事実，わたしは5月から翌21年4月末までの1年間，毎朝——もちろん，元旦も——，マーガリンを塗った4枚切りのトースト1枚を食べつづけた。この間に東京を離れたのは，わずか5泊のみ。360枚のトーストを食べたわけだ。

実験にあたっては実店舗でマーガリンを購入することにした。メーカーの直販をはじめEC店舗などインターネットでは，たくさんの銘柄が売られていたが，スーパーの棚に並んでいるものは限定的であった。大学のある国立駅周辺のスーパー3軒，自宅周辺のスーパー4軒ほか，外出先で目についたスーパー

図表12-2　わが家で消費したマーガリン類一覧（2020年5月〜2021年4月）

商品名	販売者	内容量（g）	名称	油脂含有率
ラーマ　バターの風味	J-オイルミルズ	300	マーガリン	
帝国ホテル・ホテルマーガリン	帝国ホテル	185	マーガリン	
日光金谷ホテル・ホテルマーガリン	金谷ホテル	180	マーガリン	
小岩井マーガリン発酵バター入り	小岩井乳業	180	マーガリン	
小岩井マーガリンヘルシー芳醇仕立て	小岩井乳業	180	マーガリン	
べに花ハイプラスマーガリン	創健社	180	マーガリン	
発酵豆乳入りマーガリン	創健社	160	マーガリン	
ホテルオークラマーガリン	ホテルオークラ	150	マーガリン	
コーンソフトバター入り	明治油脂	280	ファットスプレッド	64%
ネオソフト	雪印メグミルク	160	ファットスプレッド	66%
素材紀行EXバージンオリーブソフト	明治油脂	140	ファットスプレッド	38%
バター50%贅沢ブレンド	明治油脂	140	乳等を主要原料とする食品	無脂乳固形分0.9%，乳脂肪分36%，植物性脂肪分35.5%
私のおいしいヴィーガンソフト	マリーンフード	160	油脂加工食品	
私のフランス料理	マリーンフード	150	油脂加工食品	

（出所）筆者作成

写真12-1　わが家で消費したマーガリン類のパッケージ

（出所）筆者撮影

で入手できたのは14銘柄であった（図表12-2）。ゴシック体で記した3つは1巡後に再度購入した銘柄である（その理由は読者の想像にまかせよう）。

　結果的には妻とふたりで年間3090グラムを消費し，ひとりあたり1日に4.23グラムを消費したことになる。『食料需給表』によれば，1日あたり39.5グラ

ムの油脂類を消費しているので，その１割強をマーガリンから摂取した計算となる（もっとも，わが家が調達する食パンには「バター入りマーガリン」も練りこまれていて，１枚あたり脂質3.9グラムがふくまれているようだ）。

　かつての日本で「人造バター」と呼ばれていたマーガリンは，1869年にバターの代用品としてフランスで発明された油脂加工品である。以来，原料の配合をふくめ，さまざまな工夫が重ねられてきたわけであるが，ラーマは1924年にユニリーバ（正確には1927年に統合した蘭のマーガリン・ユニーの中核のひとつユルヘンス。そのユニーと英のリーバブラザースが統合したのは1929年）が販売したマーガリンの定番である。日本ではかつてユニリーバとも資本関係があった豊年製油の系統をひくJ-オイルミルズが販売している。バターの風味を強調しているようにバターの代用品たるマーガリンの履歴を象徴している。

　他方，マーガリンの独創性（オリジナリティ）を追求しているものもある。その代表が「発酵豆乳入りマーガリン」や「私のおいしいヴィーガンソフト」である。（完全）菜食主義をつらぬくに動物性油脂は御法度である。

　14銘柄のうち，パーム油の使用を明記しているのは創健社の２つの製品だけであった（それ以外は植物油と表記）。２つとも原料の一部にRSPO（Roundtable on Sustainable Palm Oil，持続可能なパーム油に関する円卓会議）の認証を取得したパーム油をもちいている。同組織は2004年にWWFとユニリーバ，パーム油や大豆油など植物油の精製加工業のAKK（デンマーク），スイス最大の小売りグループ・ミグロ（Migros），マレーシアパーム油協会（MPOA：Malaysia Palm Oil Association）が設立した団体である。アブラヤシ園開発にともなう環境と野生生物，地域社会への悪影響を軽減することを目指している（写真12-2，12-3）。実効性には賛否両論があるものの，やれることはやってみるべきではないか。

　パッケージを眺めていて気づいたことがある。いわゆるマーガリンにも，法規上の区別があることである。農林水産省のJAS規格は油脂含有率によってマーガリンとファットスプレッドを区別する（80パーセント以上がマーガリン）。ファットスプレッド３品に油脂含有率が表記されているのはそのためである。「乳及び乳製品の成分規格等に関する（厚生労働）省令」は，バターを「生乳，牛乳又は特別牛乳から得られた脂肪粒を練圧したもの」で「乳脂肪分80.0％以

上，水分17.0％以下」と規定している。
したがって「乳等を主要原料とする食
品」は，脱脂粉乳など，この成分規格
を満たさない原料とそのほかの原料
（植物油脂や脱脂大豆粕など）を組みあ
わせて加工した食品を指す。

　問題は「油脂加工食品」である。食
品表示法（2013年）にもとづく食品表
示基準（2015年）の第3条は加工食品
の名称に関して「横断的義務表示」と
して「内容を表す一般的な名称を表示」
する義務を課している。油脂加工食品
とはよくいったものだが，要はJAS
規格の定めるマーガリンやファットス
プレッドでもなければ，食品衛生法の
定める乳等を主要原料とする食品でも
ない，というわけである。いわゆるコー
ヒーフレッシュなどを各社が，「植物
性油脂クリーミング食品」などと呼ん
でいることとおなじ理屈である。

写真12-2　アブラヤシプランテーションで農
　　　　　薬をまく人びと

（出所）筆者撮影。2018年7月マレーシアのサ
バ州にて

写真12-3　30年がたち2世代目の植替えがす
　　　　　すむアブラヤシ

（出所）筆者撮影。2018年7月マレーシアのサ
バ州にて

ヤシ研ふたたび

　1988年，鶴見は市民との共同研究・ヤシ研究会（ヤシ研）を組織した。縁あっ
てわたしも1990年から参加させてもらった（もっとも，1992年10月よりフィリピン
へ留学したため，長期欠席）。当時，すでにマレーシアではアブラヤシ・プラン
テーションの開発が問題視されていたが，フィリピンのココナツ油も，まだそ
れなりの存在感を保持していた。そんな世界商品たるヤシ類と，サゴヤシやニッ
パヤシなど東南アジアの日常生活に溶けこんだヤシ類を研究しようという企画
だった。

　鶴見のカリスマ性もあって，青年海外協力隊の OB や OG など多様な経歴を
もつ人びとがつどうヤシ研は刺激的であった。はじめてフィールドワークらし
きものを経験したのはヤシ研でのことだし，「マルチ・サイテッドに歩く」と
いう研究スタイルは，この時代につちかったものだ。

　それ故のことなのか，どうか。研究生活の終盤にさしかかったいま，またも
や鶴見と対峙しようとしている。お釈迦様の掌から抜けだせない孫悟空のよう
であるが，鶴見がやり残した油脂研究とは，いかなるものであったのか？

　「そのうち暴落しちゃうんじゃないか」と急ピッチで進むアブラヤシ園の開
発を鶴見はいぶかっていた。しかし，その懸念は杞憂に終わった。世界の植物
油脂全体の35.9パーセントを占めるパーム油の生産は現在も拡大中である。

　そんなアブラヤシにおされ，斜陽もはなはだしいフィリピンのココヤシであ
るが，隆起サンゴ礁の痩せた土壌ではココヤシが有望な商品作物であることに
はかわりない。ニューギニア島とソロモン諸島をのぞくフィリピンから南太平
洋にかけては，そうした島嶼世界である。もともと地域商品であったココヤシ
が世界商品となり，ふたたび地域商品にもどろうとしている。どこか捕鯨に通
じる部分があるようにも思う。アブラヤシや大豆といった主要な油糧植物にも
目配りしながら，多島海におけるココヤシを追っていきたい。

推薦図書
・シドニー・ミンツ　川北稔・和田光弘訳（2021）『甘さと権力──砂糖が語る近代史』
　ちくま学芸文庫
　　カリブ海における砂糖生産とヨーロッパの貴族の生活，さらには産業革命期の労働者
　の胃袋をつなぐ歴史人類学の巨匠による名作。原著は1985年。
・村井吉敬（1988）『エビと日本人』岩波新書
　　鶴見の盟友であった村井の名作。20年後のエビ事情を伝える『エビと日本人Ⅱ』（2007,
　岩波新書）とあわせて読むことをすすめたい。
・鶴見良行・宮内泰介編（1996）『ヤシの実のアジア学』コモンズ
　　国内外16名の執筆者によるヤシ研の成果出版。1990年から2010年までの20年間は「熱
　帯油糧作物革命」と呼ばれるほどに熱帯でのパーム油と大豆油の生産が急拡大した。
　本書の分析は，その「革命」以前のパーム油とココナツ油であり，その分だけ，東南
　アジアにおけるヤシ類の多様な利用法を伝えている。

第**13**章

家庭菜園からグローバル金融まで，食の政治経済を考える

平賀　緑

「おいしくない食べもの」の政治経済を研究している。といっても，砂糖や油や添加物が入っている食品なので案外おいしいかもしれない。ただ，健康にも環境にもあまり好ましくなさそうな「ジャンク」と呼ばれる食品が，より安く大量に出回っているのはなぜか。それを研究している。と，一般向けの自己紹介ならそれで流してもらえるが，学術的に専門分野を問われるとそうはいかない。食の研究をしてはいるが，農学ではない。学位は「経済学博士」だが，お金への関心も薄く数学もめっぽう弱い。歴史を遡って調べることも多いが，史料と緻密に向き合えるほどの忍耐力もないと自覚している。仕方がないため，専門は「食の政治経済学」「食と資本主義の歴史」と自称するようになった。世界システム論やフードレジームの枠組みという，資本主義経済の歴史に組み込まれた食と農を研究する者として間違いではないだろう。食べもの全般に関心を持ちつつ，先駆けて商品化・商業化・工業化されてきた穀物や油糧種子と，これらから作られる大豆油，菜種油，パーム油などの植物油や油脂の，その増加を促してきた政治経済を研究対象としている。

飢餓は量より構造の問題

　私の原点のひとつに，飢えた子どもの写真がある。ガリガリに痩せた上体，膨らんだお腹，うつろな目。アジアかアフリカの，いわゆる「途上国」の飢餓問題を訴える写真だった。たまたまルーテル教会系の幼稚園に通ったため，小学生になってからも通っていた日曜学校で見た写真だった。

　やがて中学生のころ，犬養道子『人間の大地』（中央公論社，1983年）を読み感銘を受けた。南北問題，緑の革命，アグリビジネス，多国籍企業について。食料が充分ある世界で，政治経済の構造的な問題として飢えが作られることを

早くに学ぶことができたのは幸いだった。特に印象に残ったのは，「北（先進国）」の援助や技術革新によって食料の収穫量を増やすことが，じつは飢餓難民や栄養失調の子どもを造出したという大きな矛盾だった。

　「緑の革命は，農民貧民に主眼と基礎を置くものではなかったから。むしろ大地主・富豪に（ひいてはビッグビジネスに）主眼と基礎を置くものだったから。その証拠には，緑の革命が各地にとり入れられてのち，銀行からカネを借りて大耕地所有者となる人々のパーセンテージが，富者の間で200も増加した……。そして，緑の革命を可能とする肥料やトラクターを手がける「北」の大企業に至っては，わが世の春の到来とおどり上がってよろこんだ！　貧しい人々はごっそりと忘れ去られた」（前掲書，135頁）。

　誰のための，何のための，開発か，発展か。

　貧しい人々を追い詰める構造と，飢餓の問題は，今も私の根底にある。

　その後2000年ころには，米国NGO「Food First」（https：//foodfirst.org）が発信していた「世界飢餓にまつわる12の神話」を日本語で紹介したこともあった。このサイトは今も，日本語ウィキペディア「飢餓」から参照されている。

世界を動かす金融界を垣間見る

　私のもうひとつの原点にあったのが，原爆と戦争だった。いちおう広島出身で，家庭や学校で原爆の話を聞いて育ち，核戦争の脅威に本気で怯えていた。やがて中国や南京大虐殺の話を読み，大学で東南アジア史の授業を受け，加害者としての日本も知った。それもあって，大学卒業後にロータリークラブから奨学金をもらえることになったときに，留学先として中国と東南アジアの要にある（と考えた）香港を選んだ。

　返還直前に渡った香港では，まず香港中文大学で普通語と広東語を学び，教員に頼み込んでジャーナリズムの授業にも参加させてもらった。その関係で知った英字紙『ホンコン・スタンダード』に（これまた直談判のような形だったが）記者として採用された。狭い領土に極端な資本主義経済が急激に発展した，貧富の差も激しい，社会問題の縮図のような香港を，新人記者として駆け回ったのは得がたい体験だった。新聞社には1年ほどしか務まらなかったが，その

後も香港で，巨額の富を動かす証券会社や銀行のディーリングルームに出入り
したり，フィリピンやタイなどから出稼ぎに来た人たちと道ばたに座り込んで
お国料理をご馳走になったり。いろいろな世界の人々に出会い，多様な社会を
垣間見ることができた。

　まだ途上国で働くことを夢見ていた私に，ある人から，途上国問題に取り組
みたいのであれば，先進国の金融界を知るべきだとアドバイスをもらった。早々
と新聞記者を諦めた私は，まだ日系企業も多い国際金融センターだった香港で，
証券会社や金融データ配信会社で働いた。そのため，株式や金融についても勉
強したが，どうも納得できない。教科書や入門書には，企業や国の将来性に期
待して投資するべきと説明されている。しかし実際の金融の現場では，今，市
場で儲けられるか否かが勝負に見える。金融市場は，とにかく儲けるためのマ
ネーゲームと考えた方が納得できる動きをしていた。

　この時，少しでも金融の現場を垣間見られたことが，後に「食と農の金融化」
の研究に触れたとき，その重要性に注目することにつながった。2007-08年の
食料価格危機が露呈した，穀物の先物取引も途上国の農地もマネーゲームの駒
にされているという「食と農の金融化」現象について，英語圏の学術界で議論
が高まった。その潮流に乗り，私も2016年に国際学会で発表し，2018年には『The
Financialization of Agri-Food Systems』（農業・食料システムの金融化，Routledge
出版）とまとめられた書籍に論文を掲載した。食農に関する日本人研究者の間
では，この問題を取り上げた早いほうだったと思う。

家庭菜園が世界を救う──丹波の農村で鴨を育て堆肥を積む

　新聞記者も金融関係の仕事も続かず，香港を彷徨っていた私が出会ったのが，
南アフリカ出身の自称「第三世界ジャーナリスト」だった。アパルトヘイト政
権下での白人でありながら，黒人向け新聞社で働いたり黒人音楽家のプロ
デュースを手がけた。半ば追放されて南アを離れた後も世界の食・環境・開発
問題に取り組むジャーナリストとして活動してきたという彼の話を聞き，その
生き方に憧れたのが運の尽きだったかもしれない。それから10年間ほど，香港
からケープタウンまでランドローバーで旅をしようという突拍子もない企画に

振り回されることとなった。2人で香港の離島や丹波の農村に住まい，有機菜園や手づくりバイオディーゼル燃料など，自らの食とエネルギーを作るための「適正技術」を開発かつ実践しながら，1000ページを超えるウェブサイトやメーリングリストで情報発信するなど活動した。丹波の畑で修行と称して，私はより良質の堆肥を作り土壌中の生態系を豊かにすることに努力した。人の健康も作物の健康も健やかな土壌からと，「土とつながる」生活を体験した。また，鶏や鴨やガチョウを卵から育て，「命を食す」ことを身をもって教わった。私がこの手で断頭して捌いた名もなき鳥たち。私の力不足のため無益に死なせてしまった鳥たち。生きられないと私が決めて私の手の中で文字通り握りつぶしたヒヨコの小さな命。植物でも動物でも，私たちが食料・食品と気安く呼ぶ全てのものが，生を中断された他者の命だったことを，彼らの犠牲の上に身をもって学ばせてもらった。この実体験は，研究者として「食」を語る今も，私の基盤にある。

食料政策の大学院へ──食から健康，環境，社会正義を考える

　結局アフリカへ旅立つことはなく，プロジェクトと生活を支えるために出稼ぎと称して，子ども英会話の先生から携帯電話の販売員まで，さまざまな仕事を経験した。日本でも多様な社会を垣間見たといえば聞こえは良いが，10年もすれば疲弊する。人生の仕切り直しに，それまで我流で学んだことを体系的に学び直すためにも，単身ロンドンの大学院へと進学した。

　フードマイル（日本ではフードマイレージとして知られている）を提唱したティム・ラングが創設・牽引していた，ロンドン市立大学の食料政策センター（the Centre for Food Policy, City University London）は，「食」から健康と環境と社会正義の課題に取り組む，広義の「食料政策（food policy）」を専門的に研究・教育するという，世界的にも珍しい大学院だった。ここでは，何を，いつ，どのように食べるか，それらを方向づけているのは何／誰なのか，そしてその結果どのような影響が出るのか。「食」の生産前から消費後までの過程で行われる意志決定すべてを「食料政策」と捉え，食に関わる政府と，主に民間（私）企業による供給システムと，食べる側を含む市民社会との間のせめぎ合いや絡み

合いを分析しつつ，研究と実践を展開している。

　市民活動からアカデミアに移ったとき，私は，有機菜園や小さな農などの「オルタナティブ」な活動から，多国籍アグリビジネスによる大規模な農業生産と食料供給システムによる「メインストリーム」へと，研究対象を180度転換した。オルタナティブな食や農の営みの方が，おいしく楽しくて前向きな希望に満ちあふれ，研究者も多かった。しかし現実には，そのような取り組みを押しつぶす勢いで，グローバルな農業・食料システムが人も地球も壊し続けている。「敵を知るため」とは言わないが，むしろ現在でも強力に食と農を動かしている国際的な政治経済や大企業の戦略を理解することが重要と考えたからだ。

　グローバルな食料システムの中で，私が研究対象として選んだのは植物油の政治経済だった。砂糖や畜産物に関しては，その大規模生産の構造から，人の不健康や地域破壊的な影響まで，研究蓄積がある（少なくとも英語圏ではあった）。しかし，人々が毎日のように口にしている油脂についての研究は，ほとんどみかけなかった。そこへ私は，自らの手を文字通り油まみれにしながら，廃食油からバイオディーゼル燃料を作っていた経験があり，「食用油」がじつは石油と紙一重で，植物油も動物性油脂も石油の代替品として燃料や素材になることを知っていた。これだけ世界的に大量生産・大量消費されていながら食農研究の中で見落とされていた油脂について，私が注目したのは当然の成り行きかもしれない。

　修士論文としては，中国とインドにおける油脂と飼料産業の発展を取り上げ，近年の貿易自由化と規制緩和の政策により人々の食生活がどう変わったかを書き上げた。また，課題のひとつで，大豆の政治経済をフードレジーム論で考えてみたのが，その後の研究にもつながった。

大豆と油から，帝国日本の財閥研究に

　ロンドンへ留学する前に知人2人から紹介されていた久野秀二先生に指導を求めて，帰国後に私は京都大学大学院経済学研究科の博士後期課程に進学した。ただ，それからが大変だった。経済学どころか理論とは何か理解できず，研究の基礎も作法もわからず途方に暮れた。また，どちらかというと欧米的な思考

回路で生きてきた私に，元帝国大学はカルチャーショックも多かった。学振(科学研究費)を申請すれば，農学分野審査員の教授に「あなたの研究はムリ」と頭ごなしに全否定されてトラウマになった。それでも，博士後期課程2回生のとき横浜で開催された国際社会学会の「農業・食料社会学部門」(https：//www.isa-agrifood.com)で発表したことが，研究を続ける自信につながった。修論の内容を短く15分で紹介しただけだったが，この分野で名だたる世界各国の教授たちが拍手で応えてくれ，その年の冬にシドニーで開催された国際研究会での報告に(渡航・宿泊費向こう持ちのVIP対応で)招聘までしてくれた。同会には翌年も参加し，私の報告に学会賞までいただいた。

　研究の世界には，その国・その分野特有の考え方や作法がある。研究とは「巨人の肩の上に立つ」と言われるように，先達の研究蓄積の上に自分の研究を位置づけて，先行研究を踏まえた上で少しだけ先に進む。その辺の理解や勉強が足りなかったと，今から振り返れば反省もある。

　紆余曲折しながら，日本の植物油の，近代以降の，特に大豆を原料とする，製油企業や財閥の動向を中心とした，政治経済の歴史を調べることに，研究の焦点を絞りながら博士論文に取り組んだ。京都大学図書館が所蔵するホコリまみれの文献を中心に研究したこともあり，大豆のことを調べていたら，満洲の大豆に至り，国策会社の南満州鉄道の調査書や，三井，三菱，鈴木商店，大倉などの財閥研究や，帝国日本の植民地政策や軍部の動きの研究にと深入りしていった。2018年に提出した学位論文は「資本主義的発展に伴う食の変容――日本における植物油供給体制の形成過程」と題した。実際には主に大豆油を中心とした製油産業の政治経済史を明治期から1970年代まで大雑把にまとめたものでしかない。それでも「食べもの」とみなされる大豆や油が，資本主義経済に組み込まれることで「商品」となり，財閥など大資本も参画した大量生産・大量供給体制は，やがて原料の大量調達と製品を大量販売するための市場拡大を求めるというカラクリを明らかにすることができた。この過程で大豆は，食べものというより，帝国日本においてはアジア進出と植民地支配のための，戦後日本においては経済成長のための，政治経済的なツールだったこと。儲けるために作る商品は売らなければ儲からないため，生命の糧として人民を養うとい

うより，売って儲ける・売り続ける利潤追求を第一義として，農業・食料システムが「食べられる商品＝食品」を供給するようになったこと。それが私たちの食生活を，実際口にできる食品も，食べ方も，どんな食事を良しとするかの考えも，変えていくことを提示することができたと思う。

食と資本主義の歴史，そして人も自然も壊さない経済を

　基礎知識が乏しいまま博士後期課程に飛び込んだため「理論」にずっと苦戦したが，なんとか自分なりに援用した考えが「フードレジーム」と「資本主義的食料システム」だった。フードレジーム（Food Regime）とは，工業と農業を分けず，経済を国ごとに分けず，近代以降の世界経済（実際には欧米中心世界の経済）の発展過程の中に，農業や食料を組み込んで，資本蓄積体制や国際分業のパターンを見いだした「食と資本主義の歴史（food and capitalist history）」を考える枠組みといえるだろう（詳しくは，平賀緑・久野秀二（2019）「資本主義的食料システムに組み込まれるとき」『国際開発研究』28（1），19–37頁参照）。第１次フードレジームと枠付けられた19世紀から第一次世界大戦までの時代に，米国や豪州など新大陸・植民地で，世界市場に出荷するための小麦など商品作物が大量生産され，欧州先進地域の労働者を養うための安価な食料として輸入されその経済成長を支えるという，国際的分業＝貿易体制が形成された。そして第二次世界大戦後には，新たな覇権国となった米国を中心に，機械や農薬・化学肥料などを多投入して，過剰なほど大量生産した小麦や大豆などを，まずは「食料援助」として，後には商業的に，大量輸出する貿易体制が形成された。過剰生産した穀物の海外市場を拡大するとともに，冷戦時代に食料を武器として使う戦略の一環だった。1970年代以降にははっきりしたパターンが見られないためさまざまな議論が展開されている。

　もうひとつ，私の研究に道筋を示してくれたのが，現在の食と農を「資本主義的食料システム（capitalist food system）」とみる Holt-Giménez『A Foodie's Guide to Capitalism』（2017）だった。食や農の話では自然や文化が強調されがちだが，現在では農業も「商品作物」を出荷する産業として稼働し，その農産物を原材料として食品製造業が食品に加工し，その食品を流通業が動かし，小

売業や外食などサービス業が提供している。さらには関連の商社や金融業，メディアなどが連なり，全体として私たちに食を供給するシステムを形成している。単にフードシステムやサプライチェーンとして連なっているだけでなく，それぞれの企業や事業体が資本主義経済の主体として動いていることが重要だ。農業を含む食と農のすべての産業において，企業も農家を含む事業体も，その強弱はあれどみな利潤を求めて競争しながら稼働している。いや，利潤追求して競争し続けなければ生き残れない。そのため，社会や自然環境に負の影響を押しつけ，さまざまな「問題」を引き起こしている。しかし，これらの問題は利潤追求を第一義とする資本主義的には当然の動きであって，現在の農業・食料システムは資本主義的食料システムとしてはまっとうに機能しているという。そういう考えで現在山積する問題をみれば，なるほどと思えることも多い。

　博士号も取得した後にようやくだったが，あらためてフェルナン・ブローデル『地中海』，イマニュエル・ウォーラーステイン『近代世界システム』，さらには，ジャレド・ダイアモンド『銃・病原菌・鉄』，ジェームズ・C・スコット『反穀物の人類史』などを読んで，資本主義の歴史を学びながら，その中で食と農がどう変わっていったかを考えた。加えて，『豊かな社会』などJ. K. ガルブレイスの著作を読んだり，デヴィッド・ハーヴェイやナオミ・クラインらの著作や講演から資本主義の現状について学んだりした。その中で私は常に，資本主義経済に組み込まれた食と農について考え続けた。

　この辺のことを授業で展開し，後に書籍として刊行したのが，岩波ジュニア新書『食べものから学ぶ世界史——人も自然も壊さない経済とは？』だ。その帯に「食べものから『資本主義』を解き明かす！」と提示したとおり，小麦粉や砂糖，油，トウモロコシ，豚肉など「食べもの」から，産業革命以降の資本主義経済の成り立ちを1冊にまとめた。きっかけは，まだ非常勤講師だったころ，ある大学で「経済と社会」という緩やかな授業を自由に設計して良いと任されたことだった。『砂糖の世界史』から，米国のトウモロコシを中心とした『デブの帝国』，現代の『中国のブタが世界を動かす』などの参考文献を並べてみたところから，食べものを切り口に資本主義経済の成り立ちを組み立て始めた。

　ただ，『世界史』といいつつ，産業革命から1970年代までしか書き切れなかっ
た反省が残ったため，続編として『食べものから学ぶ現代社会——私たちを動
かす資本主義のカラクリ』を出版し，現代社会のグローバル化，巨大企業，金
融化などについて「食べもの」から解き明かした。資本主義経済の成り立ち（世
界史）と，カラクリ（現代社会）をまとめた上で，では「人も自然も壊さない経
済とは？」と，改めて考え直すことを今後の課題のひとつとして目指している。

推薦図書

・平賀緑（2021）『食べものから学ぶ世界史——人も自然も壊さない経済とは？』
　平賀緑（2024）『食べものから学ぶ現代社会——私たちを動かす資本主義のカラクリ』
　岩波ジュニア新書
　　食べものから資本主義経済の成り立ちと現代社会におけるカラクリを解き明かす，若
　　者・一般向けの本。
・Holt-Giménez, E.（2017）*A Foodie's Guide to Capitalism : Understanding the Politi-
　cal Economy of What We Eat*. New York : Monthly Review Press.
　　食と農に限らず，社会問題に取り組む市民のための「資本主義のガイドブック」。
・中島常雄編（1967）『現代日本産業発達史　第18食品』現代日本産業発達史研究会
　　日本の資本主義経済発展の中で，製粉，製糖，製油，製菓，缶詰，食肉・乳製品加工，
　　化学調味料などが近代的工業として成立し，食と農をどのように変えていったかがよ
　　くわかる，古いが重要な参考文献。

第14章

テリトーリオとコモンズの精神

木村純子

2つの課題について考えている。1つ目に，日本の安全保障が脅かされている。安全保障といっても防衛費のことではない。食糧の安全保障のことである。理由として，日本の農業人口の現象がある。1960年から2020年の60年間で，農業人口が10分の1にまで減った。原因としては，全国の耕地面積の約4割が山地の多い日本の中山間地域で，農産物を栽培しにくいからである。中山間地域とは，山間地，その周辺の地域，および地理的条件が悪く農業をするのに不利な地域である。大規模化して効率を上げたり，機械を導入して近代化を進められない（農林水産省HP）。そのこともあって，地域の農業の担い手である若者が農業を継いでくれない。いわゆる後継者不足の問題がある。さらに，近年は，異常気象による集中豪雨や台風被害などの自然災害，ロシアによるウクライナ侵攻や急激な円安といった不安定な社会・経済情勢の影響を受けて，農家たちは厳しい経営を強いられている。

2つ目に，我々が考えるべき課題がある。豊かな社会とは何だろうか。21世紀になってまもなく4半世紀が過ぎようとしているが，日本の政府はいまだに20世紀型の経済成長を目指しているように思える[1]。しかしながら，我々は，経済成長が必ずしも豊かな社会を実現するわけではないということにすでに気づいている。では，どうすれば豊かな社会を実現できるのだろうか。

イタリアで暮らし調査を行う

筆者は2年間イタリアで暮らし，農産物・食品の調査を行った。イタリアの

---

[1] 新しい資本主義実現会議（2021）「緊急提言（案）未来を切り拓く「新しい資本主義」とその起動に向けて」。

社会は，経済，政治，また若い人たちの就職においては，必ずしも豊かとはいえない。若年層の失業者率は29.7％である[2]。にもかかわらず，人々は，郷土の料理とワインを味わい，季節を感じられる美しい景観を楽しみ，豊かな生活を謳歌している。それを作り出しているのが，農業だった。それを筆者は農業の底力と呼んでいた。学術的な言葉を使うと，農業の多機能性という。生産性が低いために捨て去られていた在来の種を復活させることで実現する生物多様性，人々の心をいやす景観，水をろ過してくれる水質保全機能，地域色が豊かな食文化などが農業の多機能性である（農林水産省）。地域に根ざした農業活動によって地域色が豊かになる。イタリアの人たちは，たとえ価格が高くても，地域に根ざした農業の多機能性がある農産物や食品を買うことで，農家を支えている。

　20世紀の資本主義経済は，近代化と工業化と大量生産の時代であった。象徴的な製品は，自動車のＴ型フォードである。1908年，フォード社はベルトコンベアを使って自動車を大量生産した。大量生産のおかげで１台あたりの価格が下がり，自動車は富裕層のための高級な製品ではなく，大衆も手に入れることができるようになり，アメリカ合衆国は豊かな時代になったといわれる。学問の分野においては，1903年に経営学者のフレデリック・テイラー（Frederick Taylor）が，『科学的管理法（*Scientific Management*）』という本を書き，企業は，効率化でコストを下げることで競争に勝てると主張し，経営を科学的にマネジメントしていくことを提唱した。

　筆者は，大学院で経営学を専攻していたことから，こういった理論枠組みを持って，2012年８月，イタリアでの調査をスタートさせた。イタリアの有名なチーズのパルミジャーノ・レッジャーノの工房を訪ね，チーズ職人にインタビュー調査を行った（写真14-1）。「どれくらい生産量を増やしたいですか」「売り上げの目標はいくらですか」と筆者が尋ねると，チーズ職人にきょとんとした顔をされた。彼らは，近代化や工業化や大量生産のために仕事をしているわけではなく，地域の伝統を守るためにチーズを丁寧に作っている。その姿を目

---

(2)　JETRO HP「EU，ユーロ圏の2020年12月の失業率は前月と変わらず」2021年２月
　　8日付（2023年７月17日閲覧）。

写真14-1　パルミジャーノ・レッジャーノチーズの生産者

（出所）筆者撮影。2014年3月24日

の当たりにして，アメリカとは違う世界にやってきたことを知ったのである。
2014年8月に2年間のイタリアでの研究期間を終え，日本に帰国してからも，
イタリアでの研究を継続して行っている。

　イタリアの農業をあらわすキーワードが2つある。1つ目はテリトーリオで
ある。テリトーリオは，イタリア語である。あえて日本語に訳すと地域圏であ
る。ひとつの共通する社会的，経済的，文化的なアイデンティティを持つ都市
と農村のまとまりのことである。[3]テリトーリオは必ずしも，現在の自治体の区
分ではない。どちらかというと，江戸時代の藩のイメージである。藩は独立し，
自治権を持つ自律した小さな国家であり，藩ごとに地域性や文化の違いがあっ
た。

　テリトーリオという言葉を初めて聞いたのは2013年4月，カンパニア州で教
育牧場を調査していた時であった。英語のテリトリーとは違うようで，地域の
ユニークネスや競争優位性を表している魅力的な言葉として響いた。

　都市史専門の陣内秀信教授が，すでにテリトーリオを研究していた。陣内教
授が都市からテリトーリオに調査対象を拡張させたように，筆者は畑からテリ

<hr />

(3)　陣内秀信（2019）「日本人は80年代以降のイタリア文化をいかに受容してきたか
　　──都市の魅力とテリトーリオの豊かさの視点から」『日伊文化研究』57，2-14頁。

トーリオに調査対象を拡張させ，2019年に共同調査をスタートさせた。

　その成果として，2022年，『イタリアのテリトーリオ戦略――都市の農村の交流』（白桃書房）を出版した。終章で陣内教授は次のように説明する。「本書は，これまでほとんど試みられることのなかった異なる学問分野の交流から生まれた。イタリアを舞台とし，農業経済学・経営学にもとづく農産物・食品マーケティングと農村経営研究の領域と，建築・都市計画や文化財の保存再生，景観研究などの領域を結び付けた学際的な共同研究の成果である」[4]。

　2024年には『南イタリアの食とテリトーリオ――農業が社会を変える』（白桃書房）を出版する予定である。そこでは，生産者たちがテリトーリオと自分自身に誇り（ファーマーズ・プライド）を持ちながら，テリトーリオに根ざした農業によって地域を活性化させる仕事をする姿が描かれる。

　欧州連合（EU）に，テリトーリオに深く関係する制度がある。農産物・食品の特性が地域の特性に結び付いた産品を保護する地理的表示（GI：Geographical Indication，以下GI）保護制度である。パルミジャーノ・レッジャーノチーズもGIに登録されている。パルミジャーノ・レッジャーノは，イタリアのエミリア・ロマーニャ州のパルマ，レッジョ＝エミリア，マントバ，ボローニャ，モデナの地域で決められた生産方法を守って作られたものにしかその名称を付けることができない。アメリカの企業が販売しているパルメザンチーズは，EUの法律のもとでは模倣品とみなされ，取り締まられるべき商品である。

　この制度に出会えたことで，筆者の研究者人生は変わったといってよい。それまでは，ミクロな現象に焦点を当てる消費者行動を研究していたが，GI制度をテーマにしたことで法律，農業経済学，都市史，貿易といった経営学とは異なる研究者たちとの学際的研究が可能となり，現象をマクロにとらえる方法論を獲得できた。

　さて，持続可能な農業とは何であろうか。農業は二重構造を持っている[5]（図表14-1）。農業活動は，農産物や食品を生産するのではなく，植物あるいは動

---

(4)　木村純子・陣内秀信（2022）『イタリアのテリトーリオ戦略――甦る都市と農村の交流』白桃書房，344頁。

(5)　生源寺眞一（2013）『農業と人間――食と農の未来を考える』岩波書店。

図表14-1　農業の二重構造

市場経済との絶えざる交渉のもとに置かれた層	上層

農村コミュニティが協働行動（コモンズの精神）によって共有財を活用しつつ守る	基層

（出所）生源寺（2013）p164をもとに筆者作成

物の命を育てる活動である。工場で自動車を製造するように，農産物や食品が作られているわけではない。その下層で，農家，および住民たちが地域のコミュニティの水や土壌などの資源を地域の共有財（common goods）として，使い尽くすことなく守りながら活用している。自分だけのため，私利私欲のために私有したり所有したり囲い込むのではなく，地域の皆で共有し管理する。ハーディンは地域の共有財のことをコモンズと呼んだが，コモンズを守るメンタリティをコモンズの精神という。これがイタリアの農業を表す2つ目のキーワードである。

農業の4つのタイプ

　テリトーリオとコモンズの精神という2つのキーワードを使って，農業を4つのタイプに分けてみよう（図表14-2）。横の軸がテリトーリオがあるか，ないか，縦の軸が単一の主体の活動か，複数の主体の活動かで4つの象限に分ける。コモンズの精神は，右上の象限にだけある。左下の大型企業化農業は，テリトーリオがなく，コモンズの精神もない。左上の食品産業クラスターは，テリトーリオがなく，コモンズの精神もないが，複数の主体が一緒に活動している。右下の6次産業化は，テリトーリオはあるが，コモンズの精神がなく，個別の企業の利益のために活動する。右上はネットワークでつながっているボトムアップ型のプロジェクトで，テリトーリオがあり，コモンズの精神もある。

---

(6)　前掲書。

(7)　Hardin, Garrett（1968）"Tragedy of the Commons, Science," 162（3859），1243-1248.

図表14-2　農業の４つのタイプ

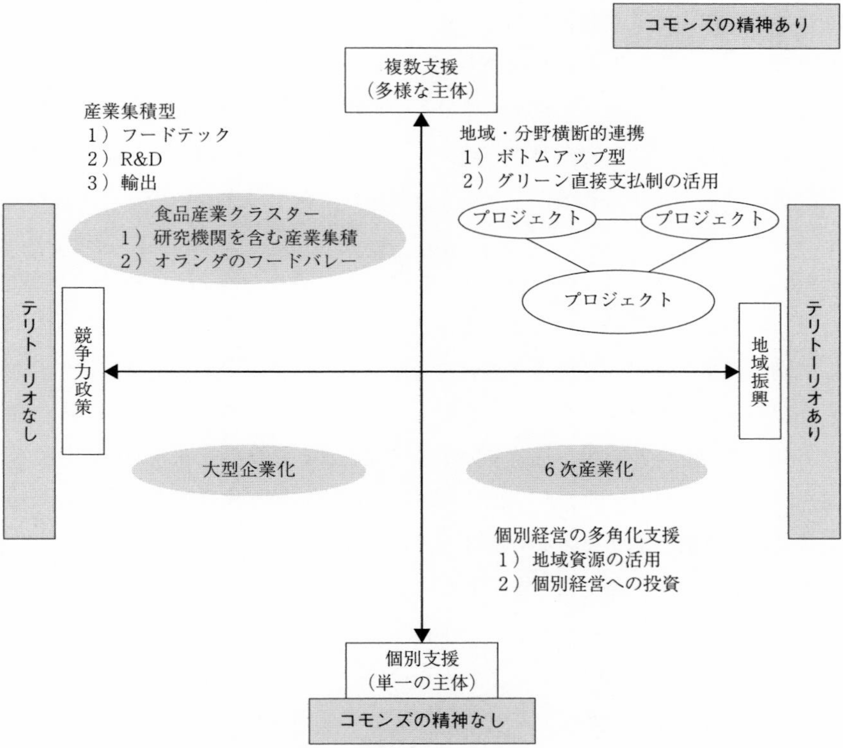

コモンズの精神あり

複数支援
（多様な主体）

産業集積型
1）フードテック
2）R&D
3）輸出

地域・分野横断的連携
1）ボトムアップ型
2）グリーン直接支払制の活用

食品産業クラスター
1）研究機関を含む産業集積
2）オランダのフードバレー

プロジェクト　　　プロジェクト

プロジェクト

テリトーリオなし

競争力政策

テリトーリオあり

地域振興

大型企業化

6次産業化

個別経営の多角化支援
1）地域資源の活用
2）個別経営への投資

個別支援
（単一の主体）

コモンズの精神なし

(出所) 山内（2018）p82をもとに筆者加筆修正[8]

大型企業化

　1つ目は，左下の大型企業化タイプである。テリトーリオ，つまり地域性がなく，コモンズの精神もない農業である。コミュニティのために地域を守っていこう，共有財を守っていこうとするのではなく，むしろ私有したり，所有したり，独占したりして囲い込み，わが社の競争力にしようとする。典型的な例として，ヨーロッパからの移民が作った国，アメリカ合衆国を挙げることがで

---

(8)　山内良一（2018）「近年の EU における農村振興政策と財政支援制度」『熊本学園大学経済論集』24，47-86頁。

きる。2023年2月，筆者がチーズの調査をしたW州では，チーズ生産者がチーズはどこで作っても同じと述べた。まさに，テリトーリオがなく，地域性がない世界であることを明言したのである。[9]

地域の特性がなければ，数あるいは量で競争するしかなくなる。チーズ工房に掲げられたポスターは「W州の誇り」と謳っている。牛乳を生産する酪農と，チーズを生産する乳業のどちらも，数値がどれだけ大きいかということで表されている。

地域性がないと，貧しい社会になるといわざるをえない。具体的には，1つ目に，深刻な社会問題としてよく取り上げられるが，アメリカの82％の人たちは肥満に悩まされている。食べているのはジャンクフードや工業製品化された製品である。ロバート・ケナー監督のドキュメンタリー映画『フード・インク』はアメリカのリアルな姿を描いているので読者にもご覧いただきたい。2つ目に，フード・サプライチェーン，つまり流通の段階が多段階になっているため，消費者は生産者の顔が見えない。3つ目に，食品を通じて，自分たちの地域のアイデンティティを持つことができない。以上の点から，アメリカは貧しい社会になってしまっている。グローバル化した大規模企業が主役のフードシステムのオルタナティブなフードシステムがないわけではないが，筆者が2年間の研究期間の滞在先をアメリカにせず，イタリアに行った理由はここにある。

食品産業クラスター

2つ目は，左上の食品産業クラスター・タイプである。テリトーリオがなく，[10]コモンズの精神もないが，複数の企業が共に活動する。典型的な例はオランダである。オランダは九州より少し大きい面積の，小さな国である。にもかかわらず，食料品輸出においては，第1位のアメリカに次ぐ第2位である。どうす

---

(9)　木村純子（2023）「地理的表示とテリトーリオがない世界——米国のアルチザンチーズの事例」『イノベーション・マネジメント研究センターワーキングペーパー』253，1-21頁。

(10)　Porter, E. Michael. (1998) *On Competition*, Harvard Business School Press（竹内弘高訳（1999）『競争戦略論Ⅱ』ダイヤモンド社）.

ればそれほど多くの食料品を輸出できるのであろうか。オランダの農業の競争
力は，農業・食品のベンチャー企業が，ワーヘニンゲン大学と共同でイノベー
ションを起こして，農業をビジネス化しているところにある。たとえば，もと
もとは養鶏農家で鶏を育てる農家だったが，大学と一緒になってプロジェクト
を起こして研究し，鶏卵に血圧を下げるタンパク質があることを発見し，それ
を使った食品を作っている。[11]

　日本でも大手食品メーカーが広大な土地に農園を作りトマトを栽培する。夏
野菜であるはずのトマトが真冬でも店頭に並んでいるのはなぜか。トマト工場
で作られているからである。培養肉や乳製品を使わないチーズを量販店の売場
で見かける機会も増えた。筆者は，食料危機を傘にしてフードテックに走りす
ぎる潮流を危惧している。食は，命を育てる活動であり，地域の文化である。
テリトーリオを楽しめない食は，テクノロジーであり，エンジニアリングであ
る。

6次産業化

　3つ目は，右下の6次産業化タイプである。6次産業化とは，農家や漁師が，
生産，加工，販売を一体化して取り組むことである。地域の資源である農産物
や魚を使うという点でテリトーリオはあるといえるが，コモンズの精神はない
場合がある。地域の特産品で作る加工品のジャムやジュースを販売することで，
確かにその産品の販売量は増えるかもしれないが，地域の活性化にまでは結び
付きにくい。

　研究も同様である。筆者はマーケティング論の研究者だったが，現実をホリ
スティックに捉えるためには，マクロな視点と歴史や地理などの人文学の知識
が必要であると感じた。テリトーリオ概念によって，筆者の研究の具体的なプ
ロセスは，消費者が消費行動を通じて得る価値の追求から，テリトーリオ全体
の振興のために，どのような政策や法律のもと，複数の人々がどのようなネッ

⑾　伊藤宗彦・西谷公孝・松本陽一・渡辺紗理菜（2014）「オランダのフードバレー：
　　小さな農業大国の食品クラスター」『一橋ビジネスレビュー』2014年冬号，64-79頁。

トワークを形成して，どのような協働活動で地域を盛り上げているのかを明らかにするようになった。経営学部に入学する学生は経営学の専門科目を早く履修したいというが，産業を作るのは地形であり歴史であることから，教養科目にもしっかりと取り組むことを薦めている。

ボトムアップ型プロジェクトのネットワーク

　4つ目は，右上のボトムアップ型プロジェクトのネットワーク・タイプである。テリトーリオ，すなわち地域性があり，なおかつ農業だけではなく，観光，つまりツーリズムや飲食業といった他のセクター・産業など複数の主体が一緒になって，共同でプロジェクトを起こし，コモンズの精神で地域の共有財を活用しながら，地域自体を活性化させていく。典型的な例はイタリアであろう。北イタリアの山岳地域のドロミテ地域では，移牧による酪農が行われている。

　移牧は昔の話ではなく，現在も夏の間，山岳エリアに牧草を植生させ，そこに牛や羊や山羊などの動物を連れて行き，秋まで放牧し，5月であれば咲き乱れる花を食べた動物たちの乳を搾り，チーズを作る。これを地元の人たちも観光客も大変楽しみにしている。秋になると動物を谷におろし，冬の間は，畜舎の中で，干し草を食べさせる。同じ動物でも，冬期の乳と，夏期に山の急斜面を動き回りながらフレッシュな牧草を食べた乳とでは，香りや味がまったく異なる。山の乳を使って作るチーズも必然的にかなり味わい深いものになることから，それを住民たちは心待ちにして，夏になると山のチーズ工房を訪ねてやってくる。自分の乳だけで自分のチーズを独占的に作るのではなく，コモンズの精神を持ち，皆の乳を持ち寄って，一緒になってチーズを作る酪農家とチーズ生産者もいる。

　このような活動は，牧草を育て，動物を飼育し，乳を生産し，チーズを作るといった単純な農業活動だけではなく，山岳地帯を耕作放棄地にさせることなく景観を守るという農業の多機能性を生み出している。ツーリズムとしても，他の地域にはない魅力が競争力を生み，観光客が夏になるとそこを目指してやってきて，結果としてテリトーリオの都市と農村の活性化につながっていく。

　EUの農業政策目的が農業振興から農村振興に広がったのと同様，筆者の研

究対象も畑から農村へ，さらにはテリトーリオへと広がった。経営学のミクロ
な現象を捉える理論枠組みでは，テリトーリオの再生を説明できないが，幸運
にも，各研究分野の優れた研究者と共同研究するチャンスに恵まれた。これま
で知らなかった調査の方法論，たとえば実測調査や歴史研究を教えてもらいな
がら，ミクロな次元とマクロな次元を結ぶ新しいフレームワークを作ろうとし
ている。

まとめ

　第一に，経済成長の時代はもはや終焉した。我々はGDP（国内総生産）の数
字の呪縛から自分たちを解放し，イタリアのように資本主義経済のゲームを終
了させない限り，豊かな社会を実現することはできないであろう。わが社の製
品だけを販売し儲けようとするのは，20世紀的である。これまで，企業は利益
を出そうとするために，コストを外部化してきた。コストの外部化とは，わが
社の利益のために，工業廃水を河川に流して環境を汚して公害を発生させたり，
劣悪な労働環境で人を働かせたりして，自然や社会を犠牲にする行為である。
これからの21世紀型企業は，社会課題解決型ビジネスを実践する。イタリアの
農産物・食品の生産者は「地域に生かされている」「地域の持続可能性が自社
の持続可能性である」と考え，地域との共存を目指すことから，地域に根ざし
た農業を実践する。

　第二に，グローバル化されたフードシステムへのオルタナティブとして，そ
ういった行動を実践していく。新しいパラダイム，すなわち考え方があること
を，子どもたちを含め若い人たちに知ってもらい，活動してもらう必要がある。
若者が「自分たちが地域に根ざした農業を支えていく」という意思と食料主権
を持つことが望まれる。方法として地産地消が挙げられる。イタリアの消費者
のように，地元で作られた農産物や食品，どこの誰がどのようにして作ったの
かがわかっている産品を，たとえ価格は高くても，買って消費するようにしよ
う。また，消費者であると同時に，研究する人間としての若い読者には，新し
いパラダイムで食と農を捉える姿勢を持って，テリトーリオに接近していって
いただきたい。

推薦図書

・木村純子・陣内秀信（2022）『イタリアのテリトーリオ戦略──甦る都市と農村の交流』白桃書房

　イタリアの農村はなぜ輝いているのか。日本と同様にいったんは衰退した農村であったが，生産者や住民によるテリトーリオ戦略で見事に甦ることができた。

・木村純子・陣内秀信（2024）『南イタリアの食とテリトーリオ──農業が社会を変える』白桃書房

　北イタリアのお荷物とみなされていた南イタリアが，近年，輝いてきている。グローバルなフードシステムのオルタナティブとなる，テリトーリオに根ざした農業が社会を再生する。

・生源寺眞一（2013）『農業と人間──食と農の未来を考える』岩波書店

　農業は命を育てる活動であるという基本だが忘れられがちな事実を再認識し，農業の多機能性を理解できる。

第15章

森と海のあいだで
西カリブ海沿岸の食の生態史

池口明子

「ヤワン　マッカ　クラウラワーヤ　インスカラルピアイア（また一緒に川辺に行って魚の頭を食べような）」。エドワード（以下すべて仮名）が私に SNS で送ってくれたミスキート語のメッセージである。ミスキート語は，ニカラグアからホンジュラスの東海岸に広がるモスキート平野（図表15-1）の先住民ミスキートが使ってきた言語で，現在はこの平野に住む複数の先住民の交流言語となっている。エドワードは，イギリスやスペインが進出する17世紀までモスキート平野の河川流域に広く分布し，狩猟採集と移動農耕を営んできた先住民集団ウルワの子孫である。近年この村の若者たちは，カリブ海の沖合にあるサンゴ礁を漁場としたロブスター漁に参入するようになった。私は2014年からこのウルワの集落に通い，モスキート平野から西カリブ海に流入する最大河川であるアワルタラ（リオ・グランデ）流域の湿地利用とのかかわりから，西カリブ海漁業の理解を試みている。モスキート平野は雨季と乾季の差が明瞭で，季節的に広範囲に湿地が形成され，資源を獲り食べる文化と環境の関係を知る上でとても面白い地域である。本章では，モスキート平野の先住民の生活と，それを取り巻く社会的状況を，食と湿地利用に関するフィールドワークから考えてみたい。

白いロブスター

「ウルワらしい食事って何？」という質問に答えて，エドワードや村人がご馳走してくれたのが，塩，少量のコリアンダーとライムだけで煮付けた頭付きの魚，付け合わせの茹でたプランテン（食用バナナ）やキャッサバ，タロイモである。私たちが好んで良く食べたのは，河川流域の湿地で獲れる魚「マスマス」（*Parachromis* spp.）の煮付けだった。エドワードや村人は，鍋のなかから一番大きな頭を選んで，客人である私に分けてくれたものである。この魚の頭

図表15-1　モスキート平野の位置

にがぶりと食いつき，髄や粘膜，肉や皮をチュッチュと吸った後は骨をペッと口から出す。魚の頭は獲ってしばらく経つと真っ先に生臭くなるが，カリブ海でも，そして日本でも，獲りたての魚を食べる漁業者の多くにとって，頭は一番のご馳走である。船外機を操縦でき，漁も料理もうまく面倒見が良いエドワードは村の人気者で，私たちは食事しながらよく先住民が抱える問題や村の将来について話し合ったものだった。

　コロナ禍がやってきた2020年，私は別の村人からメッセージを受け取り，エドワードがコカイン密輸に関わり，沖合の船上で逮捕されたことを知った。西カリブ海の漁業を取り巻く問題として避けて通れないのが麻薬の海上密輸である。これまでもウルワの村人やカリブ海の漁業者との会話の中で幾度も出てきた重要な問題だったが，私自身が深く考えることを無意識に避けていたのである。ところが，人柄を知り尊敬するエドワードが密輸に関わったことをきっかけにこの問題を身近に感じるようになり，広い視野から問題をとらえるための方法を考えるようになった。そしてエドワードの窮状が，世界的に問題となっている違法経済や国家と資本の結びつき，そして食と農漁業の変化に関わっていることがわかってきた。

　「白いロブスター」とは，モスキート平野の対岸にあるコロンビア領サンアンドレス諸島の漁業者から最初に聞いた，コカインの別名である。それはコカイン全般というよりも，西カリブ海で海上輸送されるコカインを指していると

言ってよい。西カリブ海の小規模漁業者は，コカイン密輸の潜在的なアクターとして捉えられ，軍や警察からさまざまな監視を受けている。その理由は，小規模漁業者が航海術に優れているから，というだけではない。現在複雑な海上国境が引かれている西カリブ海を，広く漁場として利用してきた歴史があるからである。そしてその漁場は，漁業者の技術や商品市場だけではなく，資源となる生きもの——特にウミガメやロブスター——の生態，そして航海を左右する風や波などの海洋気象との関係性によって形成されてきた。

　ロブスターとコカインの共通点は，両者とも米国市場向けの商品であり，カリブ海沿岸の住民にとって重要な自給用資源ではなかったことである。食肉や装飾品として先コロンブス期から漁獲対象となり，広い流通ネットワークを形成したウミガメ類と異なり，カリブ海のロブスター（*Panulirus argus*）の商業漁業が始まったのは約100年前である。バハマでは魚の釣り餌として漁獲・販売されたのが始まりだったという。18世紀に輸送技術の発達により北米都市への流通が始まると，北米沿岸でアメリカン・ロブスターが大量に漁獲・消費されるようになった。1920年代に乱獲によって北米のロブスター資源が減少すると，米国やカナダの加工企業はカリブ海に資源を求めた。カリブ海のロブスターもサンゴ礁に棲み，海草場の底生生物を主要な餌としている。この生態系の知識を持つ沿岸漁民にとって，ロブスターの漁獲は容易で，かつ主要な現金収入源となってきた。

　ところで，エドワードをはじめとするウルワの人びとは，もともと河川流域の森林を生活の場とし，狩猟で得た動物の皮やカヌー用の木材をミスキートが獲ったウミガメ肉と物々交換してきた。ウルワの若者がロブスター漁に関わるようになったのは比較的最近のことである。その背景のひとつには，流域のウルワの生活空間が，新たな入植者による開発や暴力によって占拠され，生活の場が河川中流域から下流・河口へ，そして海へと追われてきたことがある。2000年後半以降，中南米では陸域の森林伐採やその農地利用に，麻薬組織が関わるようになり，それが大規模化していることが報告されるようになった。そして白いロブスターの増加と大規模な土地収奪との関係について，過去10年の間に多くの議論がなされるようになってきたのである。

乾季の村入り

　生業活動のフィールドワークでまず把握したいことは，獲って食べるその活動の時空間的な配置である。季節的な降水量変動や，潮汐による水位・塩分変動によって生きものと人の活動の場所や範囲がダイナミックに変化する湿地では，その時空間配置の把握が困難であると同時に研究の面白さでもある。そのために最も有効な手段は，季節を通じて滞在し調査することである。私は2016年に念願がかない，ニカラグア・ブルーフィールズにある大学の研究員として8ヵ月の滞在調査の機会を得た。モスキート平野南部の中心都市ブルーフィールズに到着した3月は乾季にあたり，海と陸の間に広がる潟湖の水面は鏡のように静かで美しかった。町から出て潟湖をモーターボートで約3時間移動したところにアワルタラの河口があり，その河岸に現在のウルワの中心集落が形成されている。調査を受け入れてくれた大学の言語社会学者であり，ウルワ文化保存活動をリードするレオンソ・ナイト教授の親族宅にホームステイしながら，私の調査生活が始まった。滞在を始めて最初の数ヵ月は，ミスキート語を学びながら，ステイ先の親族やウルワ文化保存会の親族の生業活動に参加することにした。ステイ先のホストマザーのジュディは村の高校でスペイン語を教えている。彼女と彼女の息子たちが，片言のスペイン語しか話せない私に丁寧にミスキート語を教えてくれた。

　到着翌日の日曜日，レオンソは村に最大の信徒を持つモラビア教会に私を連れて行ってくれた。モラビア教会はプロテスタントの一派でモスキート平野ではキリスト教徒の大多数を占めている。教会に入り礼拝が終わると，レオンソは私を村人に紹介し，私は村人の農耕や採集，漁撈や狩猟の技術に関心を持ち，これを調べていきたいことなどを話した。教会で出会った人びとは，その日から私の名前を呼び，挨拶してくれるようになった。次に訪ねたのは村の長老会議（Consejo de anciano）である。長老会議は村の慣習的なルールを決めたり，もめごとを裁定したりと村の日常生活で重要な権限を持っている。ここで，同じく調査の目的を説明し，これまで別の調査で作成した地図や写真などを見せながら，地理学の研究方法や資料について説明した。地図や地名に対する長老たちの関心はとても高く，会議のあいだアワルタラ流域で起こっている土地の

問題について何人かが発言したのち，ウルワ文化保存会と協力して地名を収集し，地図を作成していくことになった。この会議が終わった時，後ろで黙って座っていた男性が私に近寄り，流域での漁撈調査への協力を申し出てくれた。それが，冒頭に紹介したエドワードの父親である。上流にある広い湿地では，乾季に水が引いた沼地でかいぼり漁（沼地に集まった魚を網で獲る漁）が行われ，その販売が収入源になっている。しかしこの沼地では西からやってきた入植者が牧草地を広げており，湿地利用をめぐる対立が起きているという。

　こうして私は村の中で協力者を得て調査をスタートすることができた。滞在を始めてすぐに出かけたのは，村から手漕ぎのカヌーで30分ほど行ったところにある潟湖での漁撈である。乾季に塩分が上がる潟湖ではクルマエビが漁期を迎えており，これを餌にしてスヌーク（スズキ類）やイシモチ，ヒラアジなどを釣るのである。マングローブの木陰に投網を打つと，1時間ほどで約2kgのエビが獲れ，これを餌にして5人で3時間ほど釣ると，10kgほどの水揚げがあった。6月まで続く乾季はこうした汽水域や湿地の漁が活発に行われ，どの家族も新鮮な魚で食事ができる季節である。流域の森や湿地で獲れるイグアナやカメ（チュウベイクジャクガメ）もこの時期に多く獲れて，出づくり小屋に住む親族がジュディの家に持ってきた。教師として現金収入があるジュディは，ミスキートの村で仲買が買い付けたウミガメの肉を買って代わりに持たせる。いろいろな肉や魚が交換されるこの時期は，おかずに困らない季節といってもよさそうであった。

馬とカヌー

　モスキート平野のフィールドワークで私が一番困ったことは，移動手段である。ウルワの人びとの生活空間である流域には車道も車両もない。近年，未舗装路を走るオートバイが普及してきたものの，主要な移動手段は依然として徒歩，カヌー，そして馬である。ウルワの村人の出づくり小屋は現在，教会がある中心集落から約60km上流までの範囲に分散して作られている。人びとは普段，村と出づくり小屋の間を手漕ぎのカヌーで2，3日かけて遡ったり下ったりしている。大木をくり抜いて作るカヌーは大きなものでも5，6名程度が限

度で，そのうえ出づくり小屋で収穫した農作物や，中心集落で購入した物資を
運ぶため，村人のカヌーに乗せてもらうのは限界があった。さらにウルワ文化
保存会のメンバーは，現在ウルワが居住する範囲ではなく，歴史的にしてきた
広い範囲の流域で調査を行う必要を何度も話し合っていた。そこで，なるべく
広い範囲を移動できるように私たちは小型の船外機がつけられる大きさのカ
ヌーを新調することにした。しかしそもそも森林伐採が進む中で，カヌーにで
きる木を探すのも困難になっており，さらにその切り出しは，森林が冠水して
大木が運び出しやすい雨季にしたい，という意見も出た。そこでしばらくの間
は中心集落に近接する潟湖やサバンナで生業活動を調査することになった。

　6月に雨季が始まり，木材の運び出しができるようになって，ウルワ文化保
存会のカヌーが出来上がり，河川流域の調査が本格的に始まった。6月20日の
小雨が降る朝，村の長老会議の役員で，土地管理を担当するシンディゴ（Sindigo）
であるチコとともに，50km上流の出づくり集落に向けて船外機付きカヌーで
出発した。途中雨が止み雲がなくなると，突然強い日差しが照り付ける。頭上
に覆うものがないカヌーの移動では，直射日光と雨から身体と荷物を守らなく
てはならない。3月からのフィールドワークで少し体力に自信をつけた私は，
時々頭に水をかぶって冷やしながらも，やっと河畔に滞在できる嬉しさで日差
しをあまり感じなかったようだ。夕方，出づくり小屋に到着したときには，頭
痛と吐き気でまったく食事が喉を通らなかった。熱中症である。ハンモックに
揺られて1日休み，ようやく出発の準備となったとき，チコが連れてきたのは
2頭の馬だった。

　河川流域の森林とサバンナで，かつての村人の生業の場所を訪ねて回ろうと
いう調査計画では，10〜15kmの範囲がその対象であった。徒歩ではその範囲
は広すぎるばかりか，雨が降ってぬかるんだ場所は歩きづらい。私の初めての
乗馬はこの湿地と森林であった。馬は人を選ぶ，とは本当である。びくびくし
ながら慣れない手つきで乗っている私が不愉快なのだろう。なかなか進んでく
れないし，森を走れば枝にぶつかり，沼地に入ると止まってしまう。それでも
チコについていかなければと，試行錯誤してなんとかその日の調査を進めた。
この日の調査とは，先住民権利を主張している土地の境界ポイントに行って開

発状況を確認し，GPSで座標を取り，写真を撮影することである。違法伐採
を摘発するのは，シンディゴであるチコの役目であるが，先住民地区は広大で
実際には管理が難しい。この日も伐採を進める入植者に出会いその経緯や事情
を聞く。チコは，「家族が食べるためなら認めるが，そうでなければ認められ
ない」と入植者に伝え，記録をつけて帰路に就いた。念願の流域調査で重要な
資料を得たものの，その夜の私はすり傷に薬を塗り，足腰の痛みで身動きもと
れずにとても情けない思いをした。調査を終えて河口の集落に戻ると，早速馬
を探してもらい，乗馬の練習を始めたのだった。

森から海へ

　7月10日は久々によく晴れた日で，流域調査の予定日であった。しかしその
朝，ウルワ文化保存会のメンバーから，前日までの大雨で川が増水しているら
しいので，状況を確かめてから出発しようとの電話が入った。ジュディの姉ア
リニアは，「船外機があるから大丈夫」だといい，様子をみながら出発しよう
ということになった。するとアリニアの娘婿が喜んで，父親からライフルを借
りてくるから狩猟に行こうという。「洪水のときはパカやシカが河岸に出てき
たり，1ヵ所に集まっているので獲りやすい。（普段地中に潜っている）アルマ
ジロは穴から出てきて木の上にちょこんと座っているのでシカみたいに獲れる
んだよ」といいながら，河岸の出づくり小屋の軒先にぶら下がっている干し肉
を指さした。この日，激流に逆らいながら，8時間かけてアリニアの小屋に着
くと，1人留守番をしていた夫のケントが悲しそうに，「鶏が10羽死んでしまっ
た。肉も魚もなくて，この3日間プランテンしか食べていない」とこぼした。
そして生き残った鶏30羽をカヌーに乗せ，餌を食べさせると皆ようやく安心し
た顔になった。あとから川を降りてきた別の家族のカヌーには，犬，鶏，豚も
積まれており，まるでノアの方舟のようだった。
　雨季に入る6月から，ハリケーンが襲来する10〜11月は，増水によって魚が
湿地に分散し，刺し網を持たない世帯には魚を得にくい時期である。一方この
時期には，陸生動物の生息地が冠水し，動物が河岸や丘に集まってくるため，
狩猟の効率が良い。私はこの時期，狩猟の達人として知られる村人とともにペッ

カリーを探しに森に入ったことがある。浸水した森で腰まで水に浸かって歩く
この猟は、慣れないうちは泥に足がはまって動きづらい上に、蚊の猛襲に遭う。
その上ヘビに遭遇することも多いため、今の若者には敬遠されがちであるとい
う。森林消失による動物の減少に加え、狩猟者も少なくなった現在、雨季は魚
も動物も得にくく、たんぱく源が最も不足する季節となっている。

　古老への聞き取りによれば1980年ごろ、肉が手に入りにくい時期には、湿地
林に自生するアメリカアブラヤシ（*Elaeis oleifera*）から油を搾り、プランテン
やイモ類をこれに漬けて食べていたという。また雨季に実をつけるピーチパー
ム（*Bactris gasipaes*）も、デンプンや脂質に富む主食となった。2016年の雨季、
肉や魚が獲れない時期に人びとがよく食べていたのは、たっぷりの油でピラフ
にした米と豆の煮込み、そしてプランテンとキャッサバである。畑を持つ人び
との多くはこれらのほかに、トウモロコシや稲、豆を栽培している。樹上になっ
た実を青いうちに食べるプランテンと異なり、人間にとって食べごろの稲は昆
虫や野鳥の食害、ハリケーンや洪水の被害にもあいやすい（写真15-1）。

　不足する食料を補おうと若者たちが季節的に行う賃金労働のうち、最も収入
がよいのが木材伐採とロブスター漁である（写真15-2）。ロブスター漁が解禁
となるのは7月であり、6月ごろの村ではあちこちで、漁のために作られた木
箱が積み上げられる光景に出会う。船のキャプテンと作業員は、親族のつなが
りを持つ場合が多い。通常15〜20日分の食料を持って、沖合の島に作った小屋
に泊まり込んで操業する。私が村人と訪ねた島は直径500mにも満たない小さ
な岩礁で、20棟ほどの小屋が建てられ、調味料や飲み水を売る雑貨屋も作られ
ていた。ロブスター漁には潜水によるものと、餌を入れた木箱を沈めて採るか
ご漁とがある。200個余りのかごを仕掛けるジョンは、大漁時の水揚げは200〜
300kgになるという。この漁業キャンプには、ウルワやミスキートだけではな
く、ジャマイカやサンアンドレス諸島からも漁業者が訪れ、食料や燃料を販売
したり、ロブスターを買い付けたりしている。潜水病になる危険や、麻薬密輸
に巻き込まれる危険にもかかわらず、一攫千金を夢見て集まる若者たちの表情
は明るかった。

写真15-1　雨季の洪水で浸水した畑。バナナと稲が混栽されている

（出所）筆者撮影

写真15-2　カリブ海のロブスター漁

（出所）筆者撮影

ミスラ──共食のゆくえ

　「（畑で）立木伐採の作業は1月から父親と3人でやっていた。今日が最初に焼いた日で，ためし焼きだ。これまで3日間，5時から12時まで働いて伐採した。このあと，家族総出で種まきをする「ミスラ」がある。ミスラで朝から作業をし，穴を穿って種を入れる。ミスラではウミガメを1頭焼いたり，ワブル（キャッサバの粥）を作ったりして全員で昼食を腹いっぱい食べて，また2時ごろまで働く。これがウルワの文化だ」（2016年5月12日ハロルド）。「サンディベ

イ（海岸の村）は海の仕事で，漁期が終わると生活は厳しい。食べるにはいつも金が必要だ。ウルワの村では，家族が2ポンドのキャッサバが欲しい，プランテンやイモが欲しいといえば5ポンドやり，いつかお返しに助けてもらえる」（2016年4月16日ハロルド）。「政府は自治というが，自治はない。子どもたちは働くことを嫌がって土地を手放し，その結果土地は企業のものになっていく。その企業を後押ししているのは政府だ。若者は働かないし，相互扶助がない。働かないで土地を放っておけば，企業が買い占めてインディヘナは力を失う。これが政府のポリシーだ。若者はポソル（トウモロコシの粥）やワブルも砂糖を入れないと食べないようになった」（2016年6月15日ルーニー）。

　ミスラは共同作業の労働慣行で，日本でいえば「結い」にあたる。早朝，仕事前に畑の横で火を焚き湯を沸かして作るワブルは「力を出す」食事である。立木伐採や除草，播種や苗の移植といった作業の時に，近縁の親族だけではなく村人にも広く声をかけて共同作業をする。仕事が終わると再度食事がふるまわれ，参加者は持参した皿で腹を満たす。土地の違法売買による現金の流入や，伐採，漁業における賃金労働は，こうした相互扶助を減少させ，コミュニティの紐帯を失わせることが危惧されている。しかし賃金労働は，米国資本がプランテーション開発した19世紀末からこの地域に浸透していたし，内戦時には村人の生業活動が一切禁止されたこともある。こうした困難な状況の中でも，人びとは狩猟採集や農耕，共食の慣習を大事に守りながら続けてきたことが，現地に滞在しながらわかってきた。

　フィールドワークの醍醐味は，サバンナや潟湖，サンゴ礁やマングローブの具体的な場所で，それまで想像していなかった生きものや人びととの出会いがあり，会話が生まれるその場に立ち会えることである。その場所に出かけ，寝食を共にしながら過ごすことで，ふとした会話や振る舞い，表情から，村人が何を歓び，哀しみ，何を誇りに思い，何に憤っているかを感じることができる。そしてカリブ海沿岸地域で私がいつも楽しみにしているのは，森・川・海の恵みをともにしながら，ミスキート語や英語，スペイン語を織り交ぜて，よりよい将来のために何ができるか，という議論に混ぜてもらうことだ。これからフィールドワークをやってみたい，でも何ができるのか，と悩む読者諸氏はぜ

ひ，滞在型調査で目からウロコのフィールドワークを味わってもらいたい。

推薦図書

・高木仁（2019）『人とウミガメの民族誌――ニカラグア先住民の商業的ウミガメ漁』
　明石書店

　西カリブ海の海の民として知られるミスキートの漁撈技術と知識を参与観察によって
　詳細に記述した民族誌である。参与観察の臨場感が伝わってくる。

・田和正孝（1997）『漁場利用の生態』九州大学出版

　沿岸小規模漁業の技術を生態学的に明らかにする方法をまとめた地理学の理論と実証
　研究である。

・口蔵幸雄（1996）『吹矢と精霊』東京大学出版会

　半島マレーシアの先住民オラン・アスリの狩猟採集技術と自然観を生態人類学的な
　フィールドワークで明らかにした民族誌である。

第Ⅳ部

食と農をジェンダーで読み解く

第16章

日常茶飯を厚く記述する
多声的アプローチの試み

湯澤規子

「おい，ちょっと待て。そんな調査で，俺たちのことわかったつもりになってくれるな。研究者はいつも数字だけで知ったつもりになっているんだ。表面ではなく，もっと深く理解してほしい」。

　生まれて初めての卒業研究のためのフィールドワークが始まった矢先，強い口調で投げかけられたその言葉は，今でも私の胸に突き刺さったままだ。この問いかけに応えるために研究の世界に飛び込んだと言ってもいい。

　歴史地理学を専攻する学生であった私は「結城紬織物生産と家族労働」というテーマを携え，まずはオーソドックスな調査に着手したつもりであった。ところが，生産量，従事者数などを尋ねて調査票を埋めていた最中，機屋を営むその人は，それは表面に過ぎず，産地が抱えている問題はもっと深いところにあるのだという……。時は1990年代，既に斜陽産業と言われて久しい日本の地場産業を取り巻く状況は厳しく，事業が成り立たなくなって集落を去る人や，自らの人生を閉じる人がいるという話も聞いていた。当時の私には，それは荷が勝ちすぎる問題だという思いがあった。快く話をしてくれる人ばかりではないだろうという不安もあり，とりあえず当たり障りのない数字を集めていたのである。

　だから「表面ではなく」と言われた時は，自分の気持ちを見透かされたような気がしてドキリとしたし，地域の人びとを信頼してその懐に飛び込むことを躊躇していた姿勢を恥ずかしく思った。荷が勝ちすぎると逃げている場合ではなかったのだとも痛感させられた。そしてこの出来事は，「研究とは何か」，「深く理解するとはどういうことか」という根源的なテーマを自問し続ける日々の始まりとなった。

　「叱咤激励」という言葉がある。冒頭の問いかけはその後の私の研究人生を

方向づけ，励まし続ける原点である。あの時私を叱ってくれたUさんは，その後，病床にありながら聞き取り調査に協力してくれ，私宛の年賀状に「結城を頼む」と書き残して息をひきとった。あれから四半世紀を経た今，あらためて振り返ってみると，私にとって研究とは，ただひとり，あの日のUさんの叱咤に応えようとする終わりのない試行錯誤の日々そのものなのだと気づかされる。

多 層 的で多 声 的な日常生活世界
<small>マルチレイヤード　ポリフォニック</small>

　そのような経緯の中，研究姿勢の立て直しから始まった結城紬織物生産の研究では，人間が「労働」する姿だけでなく，「生きる」姿そのものを包括的に描こうと考え，聞き取り調査による人生史，家族史の収集を通して地域史を構築することに没頭した。教科書や講義で学んでいた調査方法ではなく，話者が納得するような調査方法とは何かを考えながらの暗中模索の調査であった。私は質問項目に沿って聞いていくのではなく，話者の話の中から質問項目を組み立てながら地域に暮らす人びとの人生を聞き取って記述していく方法を思いついた。1枚の紙を私と話者が一緒に囲んで日常生活や人生の出来事を記述していくのである。地理学では馴染みのなかった研究アプローチであったが，社会学の概念を援用して人生史と家族史を「ライフヒストリー」という言葉で説明し，それは地域史を構成する重要な要素であるという内容の卒業論文を書いた。[1]

　この頃，調査先から知人に送った葉書に，私はフィールドで出会った人の姿を描いた絵とともに，「人間の営みに目を凝らす」という言葉を添えている（写真16-1）。世界は一人ひとりが生きる現実が重なり合う，多層的で多声的な構造によって成り立っている。聞き取り調査を重ねるほどに，その実感は強くなっていった。

　と同時に，いわゆる客観的で再現可能なデータとは異なる，主観的で不揃いな固有の人生を研究の俎上に載せようとする際には課題にも直面した。それは，

---

(1)　修士論文，博士論文を通して結城紬生産地域の研究を継続し，その成果を湯澤規子（2009）『在来産業と家族の地域史――ライフヒストリーからみた小規模家族経営と結城紬生産』古今書院としてまとめた。

写真16-1　調査先で描いた
　　　　　絵葉書

（出所）筆者作成

学術論文として客観的で科学的であろうとすれば
するほど「ノイズ」になってしまう日常生活世界
の諸々を，研究や学術という枠組みの中でどのよ
うに意味づけて描けばよいのだろうか，という難
題である。織物に関わる人びとの中でも特に女性
たちの日常生活に着目していたために，名もなき
家事の類も含め，日常生活世界の諸々に関する情
報は，膨大かつ複雑になるばかりであった。

　たとえば，紬生産の最盛期には夜鳴き蕎麦や
ラーメンの出前が繁盛し，子どもたちは朝，玄関
口にどんぶりが置いてあると，母親が納期に間に
合わせるために夜なべをして機を織っていたこと
を知る。そして子どもながらに，仕事に精を出し，自分で稼いだお金でラーメ
ンを食べる母親を誇らしく思ったというような話を聞いたことがある。産地を
取り巻く熱気や生業に対する世代間の認識というようなものが感じられる生き
生きとしたエピソードであった。しかし，当時の私は論文や著作にそうした話
題を組み込むことができなかった。「客観的データではない」という限界を乗
り越える術と発想を持っていなかったからである。

Life の多義的世界をひらく「食」と「農」

　解決の糸口を見出すことができたのは，「食」と「農」をテーマとした研究
に取り組むようになってからである。地場産業の地理学から，「食」と「農」
の人文学へと展開したのは意図的にというよりも，偶然出会った研究仲間や史
料によるところが大きい。研究を続けていく中では，こうした偶然による出会
いによって思いがけない世界へと導かれることがある。私の場合，人文学部で
学び，卒業後にはまず経営学部に職を得て，次に農学部へと職場を異動したこ
とで，経営史や農業史という新しい分野に飛び込み，そこで他流試合に臨みな
がら議論を重ねるようになった。

　具体的には，愛知県の産業史研究に誘われ，織物工場の史料群に含まれる，

膨大な生活史料に出会ったことが，その後の研究へと続く転換点となった。日常生活世界を具体的に考えうる「食」という事象，人間社会だけではなく自然を含む森羅万象の世界と接続してこそ成り立つ「農」という事象に着目するようになると，これまで用いていた「ライフヒストリー」という概念を拡張する必要に迫られた。つまり，単にある人の「人生史」というだけでなく，「日常史」，「生活史」，「暮らしの歴史」，「いのちの歴史」，「生きることの歴史」などにも展開し得ることに気がついたのである。こうして私は「食」と「農」を通じて，人文学としての広い射程を擁した Life が持つ多義的世界に目を向けるようになった。

　とはいえ，経営史，農業史のいずれにおいても，近現代に関する研究では普通の人びとの日常生活世界はほとんど注目されておらず，いわゆる地主制論と関わる米や土地，資本主義経済の基盤となる作物の生産と流通に関する経済研究に偏重している状況だったことは否めない。新たな視点で「食」と「農」を論じることはできないだろうか。そう考え始めた矢先，それを具体的に実現し得る史料と出会った。

ある織物工場の経営文書に埋もれていた「食」と「農」の史料

　地域産業史の研究に取り組んでいた私が「食」と「農」に着目するようになったのは，愛知県尾西織物産地のある織物工場の経営文書との出会いがきっかけである。調査風景の中で，今でも鮮明に思い出されるのは，その史料の持ち主であり，かつての工場経営者であったSさんが非常に大事にしている史料と，私たち研究者が注目している史料には，明らかなズレがあるということだった。経済研究のプロジェクトだったこともあり，まずは金銭，賃金，あるいは工場が生産する製品の量などに関する史料に人が集まっていた。ところが，史料の持ち主が興味深いと思い続けてきたのは，別の史料らしかった。

　畳の部屋に山のように積まれた工場の経営史料（写真16-2）に埋もれていると，ふと，耳打ちするように，「湯澤さん，こんな史料もあるんだけれど，どうでしょうか」と言葉をかけられた。そして差し出されたのが，『献立予定実施表』など，働く女工たちの食にまつわる記録や，彼女たちの糞尿を下肥とし

写真16-2　愛知県尾西織物産地の工場史料群　　　　写真16-3　起共同炊事組合の史料群

（出所）いずれも筆者撮影

て周辺農家に売り渡す『肥料渡帳』と表題のついた文書群だったのである。また，別の工場経営史料の中から，機屋の共同出資によって誕生した「共同炊事」に関わる綴りも見つかった。これまでの研究では等閑視されてきた初出の史料である（写真16-3）。

　記録に残りにくいといわれてきた日常生活世界でも，産業革命時に大勢の人びとが集まると，「食べること」や「出すこと」，そしてそれが農業へとつながっていく関係性は，集団的な管理運営のもとで記録される対象にもなっていた。しかし，研究者が関心を向けてこなかったがゆえに，「食」と「農」の史料は歴史のはざまに埋もれたままになっていたのである。史料の整理作業を通じて，あらためてそのことに気づかされた。

　産業革命を支えた工場労働者たちは，いったい何を食べて，どのような暮らしをしていたのだろうか。産業革命期の社会変化は，食と農にどのような影響を与えたのだろうか。これが次なる「問い」となり，私は産業革命期の愛知県における，普通の人びとの「食べること」と「出すこと」の歴史研究に取り組むようになった。

　歴史学の分野では，近代における労働者の誕生，工場の経営，農業の変化，交通網の発達などはそれぞれ個別のテーマとして論じられることが多い。一方，地理学の視点からみれば，同時多発的に同じ地域で起こっていた出来事には何らかの関係性があるはずであると発想する。愛知県の調査ではその視点が生き，労働者が誕生して人口が増えること，食料需要が高まること，商業的農業が盛

んになること，下肥利用と屎尿処理がせめぎ合うことなどを，「食」と「農」
の関係性を視野に入れて包括的に論じることができた。

　100年前に生きた人びとの「胃袋」から，つまり「食べること」から近代日
本を描いた『胃袋の近代——食と人びとの日常史』（名古屋大学出版会，2018年），
そして「出すこと」と農業，森羅万象との関わり合いを論じた『ウンコはどこ
から来て，どこへ行くのか——人糞地理学ことはじめ』（ちくま新書，2020年）
はいずれも，この工場史料の分析をもとに執筆したものである。

産業革命と暮らしの変化を「胃袋」から再考する

　『胃袋の近代』を執筆している時，別々の場所で出会った史料や，そこから
想起される近代の雑踏を行き交う人びとの固有で多様な人生描写が思わぬとこ
ろで共鳴し，結び合うことに何度も驚かされた。結城紬生産地域の研究では，
同じ家族の三世代のつながりに言及することはあったものの，同時代を生きた
他人同士の関係性を実証的に描くことは困難だった。しかし，尾西織物生産地
域ではそれができた。それはひとえに，「胃袋」，つまり「食」という誰にでも
共通する，生きることに欠かせない現象に目を向けたことによって得られた成
果なのだろう。

　そう考えると，「食」から歴史や地域を描くということは，学問の大きなパ
ラダイム転換を促す可能性へとつながっているといえはしまいか。冒頭で言及
したように，客観的で科学的であろうとすればするほど「ノイズ」になってし
まう日常生活世界の諸々は，「食」という視点からならば，個人の「固有の経
験」でありながら，人間や社会にとっては「普遍的な経験」として論じ得るか
らである。

　それならばと，次に『胃袋の近代』で検討した産業革命期の日本と比較し得
る事例を探すことにした。工場食と女性というキーワードで検索してみると，
偶然，ひとつの社会調査に突き当たった。それは1917年に刊行された『ボスト
ンで働く女性たちの食事調査』という一冊の報告書である。[2]発行したのは
Women's Educational and Industrial Union（以下，WEIU）という女性たちの
組合と記録されている。読んでみると思った以上に周到かつ詳細な内容で，

WEIU がなぜ働く女性たちの食事調査を実施したのか，その真意を知りたいと思った。

　今日ではこうした史料が海外の大学図書館に所蔵されている場合でも，オープンデータとして閲覧することが可能になっていることが多く，そのほかの関連史料の所蔵状況も Web 上で公開されている目録などで知ることができる。同史料はアメリカ合衆国ボストンのハーバード大学に所蔵されており，日本にいながらその一部を読むことができた。さらに調べてみると，WEIU の膨大な史料がボストンのハーバード大学の女性史専門図書館に所蔵されていることもわかった。

　そこで私は『ボストンで働く女性たちの食事調査』を追って，ボストンへ調査に出かけることにした。その時の手順は以下の通りである。まずハーバード大学図書館の Web サイトを通じて関連資料目録を確認し，閲覧したい資料をピックアップする。おおよそ見当がついたところで，Web 上の閲覧申し込みフォームに必要事項を記入して送付する。それを受けて直接図書館スタッフから閲覧史料や来館時間の確認のメールが届くので，必要事項などについて打ち合わせをする。閲覧に当たっては，所属する大学や研究機関の図書館からの推薦状が必要な場合があるが，それは自分が所属する機関の図書館に依頼すると書類を作成してくれる。閲覧当日にはそれを持参し，申請しておいた資料が準備されていることを確認して閲覧室で閲覧し，可能であれば写真撮影をする。できるだけ多くの資料を閲覧したいところだが，私の場合，滞在時間を考えて，事前にかなり絞り込んでいった。図書館の受付でのやり取りや入館の書類記入に緊張したが，実際に WEIU の史料群に触れた時の感慨は忘れられない。

　ボストン滞在時には図書館だけでなく，ローカル線に乗って，かつて多くの女性労働者たちが集まったローウェルという町を訪れた。リノベーションされて現存している工場や寄宿舎博物館を見学し，博物館の第一展示場に労働者たちの「食」や「台所」が位置づけられていることにも驚かされた。日本の博物

---

(2)　Lucile Eaves, *The Food of Working Women in Boston*, Wright & Potter Printing Co., 1917. 原資料は Harvard University Schlesinger Library Records of the Women's Educational and Industrial Union, 1894-1955, B-8-54.

館の展示において「食」を含む「日常生活世界」は未だ付随的なものとして扱われることが多く，中心的なテーマにはなっていないからである。「食」というテーマに対する日米間の認識の違いに対する気づきは，食を含む日常生活世界の日米比較という，次なるテーマへと展開するきっかけとなった。

多声的アプローチの試み

ボストンでの調査を通じて，私の研究は再び女性労働と日常生活世界のライフヒストリーという原点へと立ち返ることになった。学部生時代と異なるのは，暮らしにおける諸々の物事を「客観的データではない」と切り捨てずに，研究上に位置づけるアイデアを持っていたということである。

それは，『胃袋の近代』で十分に検討できなかった「食事」と見なされない「食」や「日常生活世界」の諸々を，「日常茶飯」という概念で捉え，それを厚く記述していくという手法である。「厚い記述（thick description）」というのは，人類学者のクリフォード・ギアツが提唱したもので，人間行動そのものだけでなく，そこに至る過程や要因などを丁寧に説明していく研究手法を意味する（クリフォード・ギアツ著，吉田禎吾訳『文化の解釈学Ⅰ』岩波現代選書，1987年）。

日米比較をするにあたって，暮らす場所や時代，信条や思想，階層などがちがっても，「食べる」という行為は共通している。ならば，日常茶飯を含めた「食」をめぐる事象を丁寧に描き，それをつないだり重ねたりしながら歴史の像を結んでいけるのではないか。多くの人びとの声によって世界は成り立っているという実感を込めて，私はこれを「多声的アプローチ」と呼ぶことにした。

拙著『焼き芋とドーナツ——日米シスターフッド交流秘史』（KADOKAWA，2023年）はその最初の試みである。日本とアメリカ合衆国でそれぞれ４つ，合計８つの日常茶飯の世界を描き，それをレイヤーとして重ね，有名無名，複数の女性たちの「声」を照らし合わせ，つなぎ合わせ，共鳴する部分と違いが見られる部分を検討した。個別の人生を列伝として羅列的に書くのではなく，時空を超えてつながる何かを見出しながら，個々の人生が大きな時代の流れを創り出していたことを論じた。その結果浮かび上がってきた知られざるシスターフッドの交流史は，「食」という視点なくしては描けないものだった。

　研究に求められる客観性という問題についてもいくつかの再検討を試みた。客観性を重視し過ぎるがゆえに，社会科学が見落としてきたものがあるのではないか。そう主張する内田義彦の警鐘に触れたことは，科学や学術における客観性と主観性の意味について再考するきっかけとなった。「一人ひとりが生きているという事実の重み（内田義彦『社会認識の歩み』岩波新書，1997年（初版は1971年）」，つまり「生きること」はどのように受け止められ，描かれてきたのか。内田義彦がそう問題提起したのは1970年代のことである。裏を返せばそれは，当時の社会科学では「一人ひとりが生きているという事実の重み」が等閑視されていたことを意味していた。

　1990年代に私がライフヒストリーという手法に辿り着いたのは，社会科学をめぐるこうした研究動向と無関係ではなかったのだろう。単純化するだけでは描ききれない複雑な現実社会の様相を理解するために，客観と主観，科学と芸術，論文と文学など，一見，対立すると思われがちな分野でも，「食」を論じようとすればおのずとその境界は曖昧になっていく。むしろ，その点にこそ可能性を見出すことができるならば，分野を越境して対話が生まれ，補い合うような新しい知のあり方が展開し得るのではないだろうか。複雑さが加速する現代社会に向き合う姿勢として，そのような未来を想像することは，あながち的外れではないと思うのである。

ジェンダー研究への架橋

　最後に，それがどのような点でジェンダー研究へと架橋し得るのかという点に言及して，まとめとしたい。1990年代，大学生の時に学んだ歴史学の講義で「世界の半分は未だ解明されていない」という言葉を知った時，人口の半分は女性である，という単純な事実に気づかされた。個々の人間が描かれていないという課題は，とりわけ女性たちに関しては顕著であった。折しも時代は「男女雇用機会均等法」が成立した後であり，学問の世界や大学の講義でも，欧米から学んだ「女性学」や「フェミニズム研究」が華々しく論じられ始めた頃と一致していた。だから，女性のライフヒストリーを研究の中心に据えていた私に，ぜひ「女性学」や「フェミニズム研究」をやるべきだとすすめる人も少な

くなかった。

　ところが，私自身はそういった流れに乗ることはできずに，「女性」や「日常生活世界」をいかに論じるべきか，逡巡していた。それは端的に言えば，当時の女性学やフェミニズム研究の中に，私がフィールドワークで出会ったような人びととの姿と，彼女たちの日常生活世界を見つけられなかったからである。「名もなき普通の人びと」という意味だけでなく，社会や世界を形づくる「多声性」を伴う人びとという視点が必要だとも思っていた。つまり，「女性」だけを取り上げて論じるのではなく，社会や地域，世界との関係性の中で論じてこそ，見えてくるものがあるのではないか，と考えていたのである。

　それは，私自身がその時に取り組んでいた結城紬生産地域の研究とも深く関係する思考であり，逡巡であった。農山漁村のフィールドワークの中で女たちの生きてきた姿や歴史を目の当たりにしてみると，自分が持っていた「女性」に対する先入観が崩れ，再構築しなければと思うまでに，そう時間はかからなかった。「労働」，「家事」，「雇用」，「男女」，「生産」，「再生産」など，いわゆる経済学の概念だけでは到底説明し得ない暮らしの現実がある。それを論じるという難問に足を踏み入れることになったのは，私にとって，ごく自然な流れだったのだといえる。

　卒業研究のためのフィールドワークから四半世紀を経て，ようやくその答えのひとつに辿り着いたという実感がある。『焼き芋とドーナツ』は，私なりのジェンダー研究への応答でもあり，新しい学術のあり方の提案でもある。研究とはなんと遠回りで気の長い試行錯誤であろうか，と思わないでもない。

　私が好きな研究者のひとり，新しい西洋中世史を構築した歴史家として知られる阿部謹也は，師匠であった上原専禄に卒業論文のテーマについて相談した時，次のように言われたという。「それをやらなければ生きてゆけないようなテーマ[3]」を探し，それを追究するように。阿部が人生を賭して選び取ったテーマは，ヨーロッパ中世の差別，遍歴，世間，個のありかたであった。作品のひとつひとつ，文章の一文一文から深淵な洞察と静かな情熱が伝わってくると感

---

(3)　阿部謹也（2007）『自分のなかに歴史を読む』ちくま文庫，18頁。

じるのは，「研究とは何か」を愚直なまでに突き詰め続けたその研究姿勢に裏打ちされているからなのだろう。研究テーマへの向き合い方は，そのまま生き方の表明ということにもなるからである。

　「地域とは何か」，「人間とは何か」，「生きるとはどういうことか」という命題にはまだ届かず，試行錯誤は続いていく。研究の初めの一歩で「研究とは何か」と考えるための叱咤激励を受けることができた私は，研究者としての幸運に恵まれたのだと思い至る。研究に限ったことではなく，「知るとはどういうことか」と言い換えてもいい。答えに容易にはたどり着けないが，その問いを念頭に置いて，これからも「多声」に耳を傾けながら，フィールドを歩き続けていきたい。

推薦図書

・荒木一視・林紀代美編（2019）『食と農のフィールドワーク入門』昭和堂
　「食」と「農」に関わる研究を，社会調査やフィールドワークから取り組みたい人は必読の入門書。①調査の基礎，②テーマ研究，③海外調査を軸に具体的な事例研究をもとに調査方法を学ぶことができる。
・石牟礼道子（2012）『食べごしらえ　おままごと』中公文庫
　水俣病をテーマに『苦海浄土』などを世に問うた作家による，食をめぐる随筆。料理や調理，栄養など，既存の概念にとらわれず，食や農の世界について豊かに記述する視点と方法を学ぶことができる1冊である。
・辺見庸（1997）『もの食う人びと』角川文庫
　世界各地を歩き，食べ，人に出会い，食の光と影を地べたから描いた名著。食べることだけでなく，食べられないことを直視した鮮烈なルポルタージュは，多くの気づきを与えてくれる。

第**17**章

料理をとおして会話する
フィールドの女性たちとの関係性の構築

友松夕香

　私は，アフリカ大陸をフィールドに文化人類学研究をしている。初めて本格的に取り組んだ大学院での研究では，ガーナ北部の農村部で食と農業をめぐる家族・ジェンダー関係とその変容をテーマにした。その成果として出版したのが『サバンナのジェンダー――西アフリカ農村経済の民族誌』(明石書店) である。

　文化人類学研究では，「フィールドワーク」と呼ばれる調査をする。長期間にわたって現地コミュニティ (フィールド) に入り，観察や聞き取りを続ける調査手法だ。フィールドの人びととかかわりながら「信頼関係」を構築し，ともに共通認識を生み出すことで事象を解明したり課題解決を試みるのだ。海外のフィールドでは，現地語の習得も同時進行でおこなっていく。しかし，現地語もままならず，現地の生活もわからないなか，いったいどうやって「調査」なるものが可能になるのか。

　こうした素朴な疑問に答えるために，本稿ではガーナ北部でのフィールドワークの経験を振り返る。調査の拠点にしたのは，農村部のなかでも電気が通っている，大きな集落で暮らすアブドゥさん (仮名) のご自宅である。ここでの「住み込み」調査をとおして，現地の言葉と生活習慣，食と農業，家族やジェンダーのあり方を学んだ。同時に，近隣の小さな集落に自転車で通い，まとまったデータを集めていった。この際，現地の女性たちの日々の生活の苦悩を共有することが，女性調査者である私が「同性として」女性たちから認められ，言語や文化的な壁を乗り越えることにつながった。以下，この調査の過程を回想し，フィールドで女性たちとどのように関係を築いていったのかをみていく。

大家族と女性たちとの出会い

　私がガーナ北部で調査を開始したのは，2006年10月のことである。中心都市

のタマレに到着し，現地の大学の先生とお会いした。農村部の暮らしを学びたいことを伝え，しばらく泊めてくれる家を紹介していただけないかお願いしたのだ。先生が連れて行ってくれたのが，農村部の中心的な大集落で暮らすアブドゥさんのご自宅である。アブドゥさんは当時，長年務めていた農業普及員の仕事を退職されたばかりだった。

　アブドゥさん宅には，総勢30名以上の「拡大家族」が同居していた。アブドゥさんは3人の妻をもち，それぞれと子どもをもうけていた。アブドゥさんの息子（長男）さんも2人の妻と同居しており，孫たちもいた。このほかにも，甥夫婦，複数の娘さんとその子どもたち，またアブドゥさんとは血縁関係にはない養子や妻方の親族の方々も同居していた。こうした大家族はめずらしいわけではなく，近所の家々もそうであった。私は，息子さんの1人が使っていた1部屋をいただいた。

　生活を始めて一番困ったのは，やはり言語である。イギリスによる植民地統治を経験したガーナでは，英語が公用語である。しかし農村部では，英語は通用していなかった。アブドゥさんの家でも，20代以上の女性のほとんどが英語での学校教育を受けていなかった。

　当初，アブドゥさんのご家族の私に対する接しかたは，それぞれで異なっていた。小さな子どもたちは，すぐに私とのやり取りを楽しんだ。男性や年配の女性たちは，私を「お客さま扱い」した。しかし，世代が近く，英語を話さない女性たちは，長い間，私を名前ではなく「白人女性」と呼び続けた。とくに息子さんの第一妻のアミナさん（仮名）は私に無愛想で，やり取りが最も困難だった。ある日，小学生で英語を話せる子どもの1人が部屋に来て，私が水汲みでおかしなことをしているとアミナさんが話していた，と私に密告した。私は悲しい気持ちになった。意思疎通もままならないなか，アミナさんをはじめとする同世代の女性たちから，「奇妙な白人女性」ではなく，同じ1人の人間としてみなされるにはどうしたらよいのだろうか。このままの状態では家で居心地が悪いし，彼女たちとも仲良くなりたいと思った。

　そこで私は，アミナさんを含む家の女性たちと接する時間を増やすようにした。女性たちは水汲み，料理や食器洗い，洗濯をするために，家の中庭で多く

の時間を過ごしていた。このため，私も中庭で家の女性たちと時間をともにするようになった。女性たちから現地語を教えてもらったり，料理や洗濯のしかたを学ぶなか，距離が徐々に縮まっていった（写真17-1）。ほどなくして，私と同世代である，アブドゥさんの娘さんたちが私の部屋に同居するようになった。こうして私は，部屋のなかでの彼女たちとの内緒話をとおして，家で女性が抱えるさまざまな問題を知ることになった。

写真17-1　中庭でのつまみ食い

（出所）アブドゥさんの息子さん撮影。2007年7月22日

料理をめぐる家族関係

料理の負担は，女性が家で抱える問題のなかでもっとも大きなものだった。家では，嫁いできた女性4人が2日ごとに昼と夜の料理当番を回していた。このように複数の女性が順繰りに食事を用意するとき，メニューや味は家で評価の対象になる。これは，おいしさを決めるのは料理の腕前，といった単純な話ではない。同居する家族たちは，自分の好み，そして自分と料理当番の女性との関係性をもとに，彼女の料理に主観的な評価を下すのだ。

家の男性たちは，女性がつくる料理を大きな顔で褒めたりけなしたりする。子どもたちは，自分の母親を擁護し，父親の別の妻の料理にケチをつける。女性同士も，互いの料理に対して肯定的な感情を抱かない。このため，料理担当の女性たちは，互いに競い合ってできるかぎりのおいしい料理をつくらなくて

はならない。しかし，これにはお金がかかる。

　昼と夜の食事は，トウモロコシとキャッサバの練り粥に野菜のスープを添え
たものである。アブドゥさんはトウモロコシを自分で作り，キャッサバを購入
していた。しかしスープの食材においては，料理当番の妻たち自身が調達して
いた。スープの具にする野菜は，モロヘイヤ，オクラ，ローゼル，バオバブで
あり，バオバブ以外は比較的簡単に自家栽培できる。しかし，アブドゥさんの
畑は遠く離れた場所にあり，作付けしていなかった。このため，料理をする4
人の妻は，スープに使う野菜を常に購入しなければならなかったのだ。

　調味料の購入も大変だ。一番お金がかかるのが，スープの出汁用の乾燥小魚
である。味をよくするためにマギーキューブを加えていたが，女性たちは必ず
輸入物のイワシの小魚を買って使っていた。ピーナッツバターは，頻繁かつ大
量に使う調味料だ。若い男性たちの間では，ピーナッツバターを多く加えたロー
ゼルのスープが人気だった。これらの調味料を節約したり，バオバブの葉など
比較的安い野菜のスープをつくる頻度が多ければ，「あの女の料理はまずい」
と陰口を叩かれるのである。

　朝の食事においては，家の女性たちは，自分の子どもの分を含め，自分で用
意していた。売られているパンや穀物の水粥を買ったり，材料を調達して家で
水粥や米飯などをつくっていた（写真17-2）。こうして用意した朝食を，アブ

写真17-2　米飯を器に盛る

（出所）筆者撮影。2006年11月19日

ドゥさんや息子さんたちの部屋にも配っていた。私はアブドゥさんから，「男が女と子どもを食べさせる」というジェンダー規範を聞いていた。しかし実際には，男性が家族を食べさせているとは言い難い状況だったのである。

　これには，夫としての男性たちの甲斐性の問題がある。ただし，アブドゥさんの娘によると，アブドゥさんが現役のころはお金をたくさん稼いでいて，アブドゥさんの妻たちは料理のための食材を自分で買う必要がなかった。しかし退職後，年金の手続きで問題が生じ，解決できず，アブドゥさんはわずかな額を受け取るだけになった。この結果，家族全員を食べさせるための食費をすべて出せなくなったのである。このような状況は，アブドゥさんの家に限った話ではなかった。それでは，女性たちは不足する食べ物を調達するために，どうしているのだろうか。

料理に込める労働と自尊心

　女性の働きぶりは，私が調査地で一番驚いたことである。朝起きたら，家から水場まで複数回にわたって往復して水汲みをする。朝食を用意し，子どもを水浴びさせ，食器を洗い，洗濯する。夜も子どもたちを水浴びさせる。もし料理当番の日であれば，家の中庭と外の掃除，昼食の用意と食器洗い，夕食の用意と食器洗いが加わる。妊娠中だったり乳幼児がいると，さらに大変だ。女性たちは，この一連の家事の合間や料理当番ではない日に，不足している食材を買うために働いていた。

　女性が稼ぐ手段はさまざまだった。アブドゥさんの第一妻は，早起きをして米飯を炊き，飲み物も用意して近所の幼稚園前で販売していた。首都のアクラにいる長女からも，ときおり仕送りを受けていた。第二妻も同様に，早朝から豆ごはんを炊き，中学校の近くで販売していた。第三妻はタマレで仕入れた子ども服を販売していたが，あまり稼げていなかった。アブドゥさんから調味料を買うためのお金をもらっており，このことをほかの2人の妻とその子どもたちはよく思っていなかった。

　先述した私と同世代のアミナさんも，家で料理当番をしており，サンダルを販売していた。商品を入れたタライを頭に載せ，近くだけではなく家から7キ

ロ先で開かれる大きな定期市まで売りに行き，夜に帰宅していた。定期市に行かない日は集落を歩いて売り回っていた。アミナさんはアブドゥさんではなく息子の妻としての低い地位にあったが，家では一目置かれていた。アミナさんの料理は，義理の父親の3人の妻たちの料理よりも，よい評価を受けていた。このアミナさんがつくる料理から，アミナさんが一生懸命働いて稼いだお金のほとんどを家の料理に使っていることを皆が知っていたのだ。私はアミナさんが料理をする日に「おいしかった」と感謝の言葉を述べ，彼女がサンダル販売から帰宅したときにねぎらいの声を掛けるようにした。こうしたことで，私とアミナさんとの距離は少し縮まったように思う。

　家で皆を食べさせること，おいしい料理を作り続けることがいかに大変か。だからこそ，家で料理を担当し，おいしい食事を用意することは，家や集落での女性の地位と結びついていた。自分が産んでいない息子が悪態をついたとき，料理を担当していれば，「お前は料理をするのかい（私が食べさせていることを忘れるな）」と言って黙らせることができる。大家族で暮らす女性にとって，料理は自尊心をかけた闘いだった。

小さな集落での食事

　アブドゥさんが暮らす集落は，農村部といっても人口が4000人を超え，町化が進みつつあった。自家消費用の穀物をつくっていても，商売や役所勤めなど，農業以外で主な生計を立てている人も多い。農業が生計基盤になっているところで調査をしたいと考えた私は，アブドゥさんの家から5キロ離れた人口600人ほどの小さな集落で調査をすることにした。

　朝早くアブドゥさんの家を自転車で出発し，集落に到着して調査を開始するなか，私は集落の家々で朝と昼の食事をいただくことになった。食事時に居合わせた客人に，同じ器の料理を分け合う習慣があるのだ。しかし，私は戸惑った。まず，ギニアワームを心配した。農村部では浅井戸や貯水池から生活用水を汲んでおり，幼虫を摂取する可能性があった。アブドゥさんの家や近所では感染者の発生について耳にしなかったが，この集落については情報がなかった。また，アブドゥさんが暮らす「町」とは違い，「村」の料理はおいしくないと聞いていた。

　しかし，差し出された料理を断わらないことは礼儀だった。当初，調査には，現地の大学の寮で学生の世話をしている友人が関係づくりと通訳のために同行してくれていた。友人自身も小さな集落で暮らしており，立ち回りに慣れていた。彼は私に1口か2口でいいから食べるよう助言した。こうして，徐々に「村の料理」に慣れてきた。土の味がする薄いカフェラテ色の水も，飲めるようになった。差し出される水は土器で冷やされており，持参したペットボトル中で温かくなった水より，ずっとおいしく感じた。ある日，年上の女性が私に「もう水を持ってこなくなったんだね」と言った。私は調査者だったが，実際には私の方がよく観察されていることを実感した瞬間だった。

　行く先々で食事をいただくようになった私は，図らずとも，各家や料理をする女性それぞれの経済状況を知ることになった。「村」のスープは，出汁用の乾燥小魚が少ししか入っておらず，塩味が濃かった。練り粥は本来穀物でつくるものだが，トウモロコシより，安いキャッサバ（イモ類）の粉を多く使っていた。乾季に入ると，ほとんどの家の練り粥がキャッサバ粉だけでつくられていた。農業が生活の基盤であるにもかかわらず，家で食べる穀物さえ十分に生産できていないことに，「村の料理」を食べて気づいたのだった。

「食べさせる」ジェンダーの現実

　「男が女と子どもを食べさせる」というジェンダー規範は，小さな集落でも語られていた。その手段として，男性たちは畑を耕す。対して女性の役割は，夫や息子など家族の男性の畑の播種や収穫，作物の販売を手伝うことである。この農作業のジェンダー規範は，基本的には実践されていた。しかし同時に，多くの女性たちは，自分自身の畑をもっていた。自分でも作物をつくることで，足りない食材を手に入れていたのである。

　女性たちは，自分の畑で，スープの調味料になるラッカセイを主作し，同じくスープの具になるオクラを間作していた。加えて多くの女性たちはソルガムやトウモロコシも間作していた。これは，彼女たちの家々の男性たちが，朝食の水粥のための穀物を提供できていない事実を裏づけるものだった。また，昼と夜の練り粥においても，トウモロコシはもちろん安い代用品のキャッサバが

底をついたとき，女性が自ら購入していた。このため，乾季も半ばに差しかかると，定期市ではキャッサバが小分けして売られていた。女性たちは，毎週，手に入れた作物を少しずつ売ってなんとかしてお金を用意し，翌週の定期市日までの料理分のキャッサバを手に入れていたのだ。

なぜこのように，ジェンダー規範との矛盾がみられるのか。農業普及員だったアブドゥさんに，私は疑問をぶつけた。アブドゥさんは，男たちは貧しいからしかたがない，という趣旨を悲しそうに説明した。アブドゥさん自身も家で消費する食材の供給ができなくなり，料理をする妻たちが自分で稼いで足りない食材を買っていることを，私は思い出した。

男性が女性と子どもを食べさせることができていないのは恥だと考えられていることも，私は知った。ある女性が，女性が耕して足りない穀物や食材を手に入れ，食事を用意していることを，家の「秘密」だと表現したのだ。男性がジェンダー規範を実践できない状態が広く恒常化し，社会的に周知の事実であっても公然と口にできないことに，「ジェンダー」の執拗さを実感した。

耕作の苦悩

雨季になると，私は農作業の手伝いに行った。女性たちは，毎日朝早くから畑に現れる私を見て，「お前は大したものだ」と称えるようになった。労力をかけ，一緒に働くことで，女性たちから認められるようになったと感じた。

畑で女性たちは，耕作がいかに大変で疲れるかを私に語った。しかし，より広く耕すことを望んでいた。もっと作物が手に入れば，生活が少しは楽になると期待してのことだった。ラッカセイのもぎ取りでは，作業が終わって帰ろうとする私に女性たちはいつも，収穫したラッカセイを手渡した。好意に気が引けたが，私は受け取った。家に帰り，茹でてもらい，ラッカセイをつくる女性たちの苦労を味わった。こうした過程を繰り返すなか，私は徐々に女性たちと心を通わせていったように思う（写真17-3）。

調査を進めると，女性たちが自分で畑をもち耕すようになったのは1970年代ごろからだったことがわかった。麻疹のワクチン接種の普及で子どもの死亡率が低下し，人口の急増によって耕作地が不足していった。続いて1983年から始

まった構造調整政策で肥料の補助金が
徐々に撤廃され，肥料の価格が高騰し
て購入が難しくなった。男性は家で食
べるトウモロコシを十分に生産できず，
不足分を買うのにも苦労するように
なった。こうしたなか，女性たちは少
しでも多くの食料を手に入れようとし
て，夫や息子などが地力を回復させる
ために休ませている土地を要求し，自
分でも耕すようになったという。しか

写真17-3　女性たちと一緒に

（出所）調査した集落の F. M. さん撮影。2011
　　年3月21日

し，男性が女性に耕作地を分け与えた結果，男性の耕作面積は減少し，男性の
扶養能力がさらに低下したのだ。

　なぜ，男性たちは自分でも足りない土地を女性たちに分け与えたのか。ある
男性は，「同情心」だと答えた。この表現が意味するのは，女性が男性の責任
を肩代わりし，穀物までも手に入れて食事を用意してきたことへの負債感であ
る。女性たちも，男性の心苦しさを共有しているからこそ，男性が女性と子ど
もを食べさせることができていない事実を公然と話さないのだ。

　こうしたガーナ北部の農村部のジェンダー関係は，国際協力の言説とは大き
くずれていた。国連はジェンダー平等を掲げ，農業のジェンダー格差の是正を
呼びかけていた。そのホームページや出版物には，鍬を手で持ち，微笑んだり
強い表情を見せる女性や，畑で嬉しそうに振舞う女性たちの姿が掲載されてい
る。しかし，現地で私が目にした食と農業をめぐる女性たちの闘いの相手は，
男性ではなく，農業の低迷による男性の扶養能力の低下と食料不足，そして耕
作という重労働だった。畑は，女性の活躍の場ではなく，格闘と苦しみの場だった。

おわりに

　本稿では，私が大学院時代におこなったガーナ北部での調査の過程をあとづ
けした。フィールドワークでは，現地の方々との信頼関係の構築が研究の質を
高めるうえで重要な要素として位置づけられている。しかし，女性たちは忙し

く働き回っていて，意思疎通ができない私に気を留める余裕はなかったし，女性であるにもかかわらず料理もしなければ，水汲みさえままならない私をたやすく受け入れるわけでもなかった。

　このような状況で調査を前に進めることができたのは，料理をとおして女性たちと会話し続けたことによる。私は日々，女性たちが私に差し出す料理を食べた。その料理から，私は食材の不足を知り，女性たちの苦労を知った。その後，農作業に加わることで，私は女性たちと料理をめぐるジェンダーの葛藤と苦悩の共通認識を形成していった。足りない食材を手に入れるための労働空間・時間・感情を共有することで，徐々に女性たちに同じ女性として認められていき，結果として研究を深めることにつながったのだ。フィールドで私が女性たちと構築した関係は，「信頼」というよりは「認め合い」のように思う。調査を終え10年以上経過した今も，こうして築かれた関係は褪せていない。

　文化人類学の調査手法を研究に採用し，成果を生み出すには時間がかかる。しかし，一度フィールドで現地の方々と築いた関係は，その後もずっと続き，次の新たな研究成果を生み出すことにつながっている。長期間フィールドワークを続けた日々はとても贅沢な時間だった。今思えば，学生時代だったからこそできたのである。異なる世界で暮らし，その地の人びとと関係を築きながら突き詰めて調べ，考え抜いた経験は，その後の私の人生の可能性を大きく広げた。ガーナ北部のフィールドワークが，研究者としての私をかたちづくったのだ。

推薦図書

- マルチーヌ・セガレン　片岡幸彦監訳（1983〔1980〕）『妻と夫の社会史』新評論
  ことわざの分析をとおして，19世紀フランス農村部のジェンダー関係を再考したフランス民族学研究の古典。ガーナの農村部のジェンダー関係にも共通する内容が多く，興味深い。
- クリフォード・ギアーツ　池本幸生訳（2001〔1963〕）『インヴォリューション』NTT出版
  農業をテーマにした文化人類学研究の古典。人口が増加した20世紀半ばのジャワ島での土地や労働機会，収穫物の分け合いを「貧困の共有」として論じた。
- 藤原辰史（2012）『ナチスのキッチン』水声社
  20世紀の戦時期ドイツの環境／ジェンダー労働史。台所と食の合理化をとおして，戦う男性を支える側として女性が国家体制に組み込まれた過程を描いた名著。

第**18**章

農村女性と食卓をめぐる変容
ジェンダーから戦後の生活改善をとらえる

矢野敬一

　私自身，食と農の専門家なのかと問われると，少々戸惑う。しかし『「家庭の味」の戦後民俗誌──主婦と団欒の時代』（青弓社，2007年）という著書があるのも確かなので，そういうことにしておこう。そこでは山形県境と接する新潟県岩船郡山北町（現・村上市）をフィールドとして，食と家庭をめぐる関係がどのように変化したのか，主に戦後間もない時点から高度成長期に焦点を当てて論じた。

　その際，注目したのが農村婦人の家庭での役割である。戦後，全国各地の公民館活動や農林省主導の生活改良普及事業の波及とともに，農村婦人を対象とした生活改善が推し進められていく。とりわけ「食生活改善」といった名目で，婦人たちの手に食生活の向上が委ねられていく。自ら率先して食のあり方を団らん場面まで含めて変えていったその姿を，ジェンダーという観点から扱ったのが，この拙著だ。

　その後，久しく食と農の問題から遠ざかっていた。しかし静岡県在住ということもあり，高度成長期に静岡がいかに「茶どころ」としての地位を不動のものとしたのかを近年，論じている。論文タイトルは「日本茶と茶産地静岡の高度成長期──団らんの場でのお茶消費と戦後家族モデル」（『静岡大学教育学部研究報告　人文・社会・自然科学篇』第73号，2022年）。ジェンダーという観点からは，かつての企業社会で広くみられた「お茶くみ」についても言及した（「お茶くみ今昔物語」『vesta』第127号，2022年）。

フィールドとの出会いと戸惑い

　『「家庭の味」の戦後民俗誌』の刊行は2007年。とはいえこれは書下ろしではなく，一冊にするまでにいくつかの論文をまとめている。その初出を見ると古

いものは1993年だからこの間，15年近くの時が過ぎている。いま，こう書いていると，あらためてその間の長さに驚く。研究成果をある程度，大きくまとめるのには時間がかかるという事情はある。だが，私の場合は，自分が専攻する民俗学という分野自体を再考せざるを得なくなった，という事情も絡む。

　『「家庭の味」の戦後民俗誌』のフィールドとなった新潟県の山北町に最初に行ったのは，私がまだ大学の学部生だった頃のことなので1980年代半ば頃だった。当時，さまざまな市町村で『○○市史』『○○町史』といった自治体史の刊行が盛んで，その一環として『山北町の民俗』全5巻の調査と取りまとめの依頼が，私の在籍していた筑波大学の民俗学研究室に来たのだった。実際に動いていたのは大学院生で，その調査補助のような役割で民俗学専攻の学部生にもお声がかかってきたのだ。山北町との出会いは，いわばたまたま，である。

　『山北町の民俗』全5巻は「年中行事」編に始まり，「生業」編，「社会」編，「信仰」編といったように，民俗学のオーソドックスなフレームで構成されていた。その頃，学部生ならば必ず手にした『民俗調査ハンドブック』にあるような質問項目をもとに，年配の方々に話を聞いていく。その内容をB6版サイズのカードに何枚も手書きで記入して提出し，それに基づいて原稿がまとめられていく。ある意味，予定調和的な作業である。パソコンがまだなく，ワープロもようやく普及しだした頃の牧歌的といえば牧歌的な光景だ。

　こうした調査は，それはそれで意味があることなのだろう。だが，次第にそうした手法に違和感を持ち始めたのも否定できなかった。調査はお相手がいることだけに，こちらが聞きたいことだけを話してもらうわけにはいかない。話の流れであれやこれや，さまざまな話題が飛び交ったりもする。

　当時，よくお話を伺ったのが，加藤カツイさんという方だった。すでに70歳を過ぎていて，かつての暮らしのあり方など，よく記憶していた。その意味で民俗学でいう，伝承を体現した「話者」としてふさわしい。だが，その一方でよくお話に出てきたのが，ご自身が婦人会長をしていた時のことだったりした。地元に高校がないため，高校生は羽越線の列車で通学しなければならない。だが，そのダイヤが通学の時間帯とうまくかみ合わない。そこで婦人会として国鉄（現・JR東日本）に掛け合い，ダイヤを変更してもらったというのだ。「ママ

さん列車」という愛称で，新聞などにも取り上げられ話題になったとか。

　とはいえ，その頃の私はこうした話を受けとめかねて，戸惑っていたというのが正直なところだった。何よりも，それは民俗学というフレームと全くなじまなかったからだ。その一方で，婦人会での取り組みを熱心に語る加藤さんの思いも，心のどこかに引っ掛かり続けることになる。思えばなんだかすっきりしない，どこか気持ちがわだかまるような日々だった。

社会史の登場，「現在」という問い

　その頃，新たな歴史学として注目を浴びていたのが社会史だった。その代表的業績ともいうべき阿部謹也『ハーメルンの笛吹き男――伝説とその世界』は，手元にあるものを見ると1982年2月の初版第12刷となっている。まだ学部生の時のことだ。網野善彦氏の名前とともに，当時何かにつけ社会史は話題に上るようになっていた。

　とりわけ社会史の論議で私が惹かれたのは，ソシアビリテ論だった。社会的結合，あるいは「人と人との結びあうかたち」などと訳されるこの論議は，民俗学で取り上げる「家族」や「親族」「同族」といった，ある意味窮屈な見方を相対化していく上で大いに役立った。

　さらに私が院生だった1980年代後半，従来の民俗学のあり方に異議を唱える声が高まっていく。その代表的論客が大月隆寛氏だ。『民俗学という不幸』（1992年）他でのキーワードのひとつは「都市」だったが，今ひとつ見落とせないのが「現在」という語である。「事例」としてカードに切り刻まれた民俗事象ではなく，いま，ここにある「現在」として民俗をまるごととらえ直そうという視座。「都市」という言葉に引きずられて，大月氏の論議は都市民俗学というコンテクストで語られがちだったが，論議自体は民俗学がこれまで扱ってきた農山漁村での調査のあり方そのものにも及ぶべき内容だったのだ。

　そうしてあらためて山北町での聞き取りを振り返ると，婦人会の取組み，さらにそれにとどまらないさまざまな婦人どうしの活動をどう位置づけていくのか，という問いが浮かび上がってきた。それは古くから伝わる「伝承」ではなく，加藤カツイさんが婦人会活動についていきいきと語ってくれる，まさに「現

在」につながる問題なのだ。とはいえ，さすがにママさん列車を真正面から扱うには力不足だということは明らかである。だが，婦人たちの活動は，それだけにはとどまるまい。従来の民俗学でのテーマと結びつくようなことは，そこにはないのか。模索が始まる。

ジェンダーという視点から

　民俗学では家の女性の役割を，「主婦権」という言葉でとらえてきた。家での家事一切を取り仕切る役割を担うのが主婦であり，その権利の象徴がご飯をよそうしゃもじだとする。嫁にそれを譲渡する「しゃもじ渡し」という仕来りこそが，女性にとっての家の継承の儀式だとして重視する見方。あるいは囲炉裏では家長が座るヨコザに対して，主婦は台所を背にしたカカザといったように座順が決まっていて，それ以外の者は座ることができないことを強調する。こうした民俗学の論議では，戦後さまざまなかたちで高まりを見せた婦人たちの活動は，とうていとらえきれない。

　民俗学でのどこか窮屈で同時代に向き合うには程遠い枠組みに対して，視野を大きく広げてくれたのがジェンダーという視点だった。それはたとえば「伝承」という見方のしばりから解き放ち，農村女性の「現在」へと地平線を広げてくれたのだった。民俗学での主婦権という言葉が示すような，家の中に限られた女性の役割，しかも伝承を重視する見方ではなく，女性たち自身がともに集いあうリアルな場面を押さえる上で，ジェンダーという視点は私にとって大きな意味をもった。

　それは社会史のソシアビリテ論とも響きあう射程を持つ。婦人会やその他の婦人たちの集いは家族，あるいは親類といった関わりを超えて，より広範な「人と人の結びあうかたち」として位置づけられるからだ。ここにきて農村婦人の「現在」として女性たちのさまざまな取組みを真正面から論じることができる，そう気づいたのだった。

生活改善と農村婦人

　といってもやはりママさん列車だと，何ともとらえがたい。民俗学がこれま

で対象化してきたテーマと，どこか重なるようなものでなければ手に余る。

　そうこうしているうちに，昭和30年代に婦人同士で寄り集ってグループを作り，食生活をはじめとした生活改善を目指す動きがあったことがわかってくる。これならば食文化，さらに言えばその変容という切り口で，民俗学のフォーマットとも接点を持つはずだ，と気づく。

　戦後，農林省（現・農林水産省）の肝いりで生活改善課が設置され，全国の農村で生活改良普及事業が開始。各地に農業改良普及所が設置され，「生活の合理化」と「考える農民の育成」を目標に，その実務担当者である生活改良普及員が活動しだす。当時の農村は，戦前さながらに婦人が家事や農作業にただただ追われる過酷な状況にあった。その改善がまず，目指されたのだった。具体的には家事労働の効率化，無駄の排除，農繁期の生活調整といった内容である。

　その実現を図るうえで大きな役割を果たしたのが，農村の婦人たちが仲間同士で作った生活改善実行グループ（以下，生改グループと略記）だった。当時，山北町で生活改良普及員をしていた方がご健在だったので，まずはその方を手掛かりとして聞き取りを始めた。そこでご紹介いただいたのが，山北町中浜集落の明生会だった。

　1956年に誕生した会は，当初31歳から44歳までの嫁にあたる女性9人で結成された。家事に支障がないよう会合は夜とし，月に一度集まる。舅姑だけではなく，集落の人たちの目も気にしなければならない。それへの気遣いはどうしても欠かせない。嫁同士だけで集まるのは，まだまだ「冒険」だと感じざるを得ない時代だったという。それだけに皆，さまざまな困難があってもともに乗り越えようと，団結が深まった。

生改グループでの食生活改善

　この当時の出会いとその後の活動は，メンバーそれぞれにとってやはり大きなものだったのだろう。聞き取りをしたのは1991年から翌年にかけてのことだった。活動がスタートしてからすでに30年以上を経ており，お会いしたメンバーの皆さんはすでに60代半ばから70代に入っていた。にもかかわらず，その記憶は鮮明で，しかも当時のガリ版刷りのプリントが多々お手元に残されてい

たのである。

　多くはさまざまな講習会で配布された資料で，この手のものは用が済めばあらかた廃棄されてしまうようなものだ。にもかかわらず，ふとした話のはずみですぐにお出ししていただけた。それだけこのプリントがメンバー一人ひとりにとって捨てがたい思い出が込められたものだった，ということになろう。

　文字による記録という資料のあり方からいえば，ガリ版刷りのプリントはなかなか保存されるものではない。しかし活字メディアとは異なった形で，誰しもが手軽に利用できたガリ版印刷が人々の暮らしに与えた影響は大きい。ある程度以上の年齢層ならば，小学校での学級通信など，ガリ版刷りのプリントを受けとった記憶があるに違いない。人々の日常をごく微細な次元から浮かび上がらせる資料のあり方を，こうしたプリントはあらためて示してくれたのだった。

　民俗学では聞き取りによる調査を主とする。だが，近現代の社会はガリ版印刷だけではなく，多様なメディアを日常の中に取り入れていった。さらにリテラシーの波及は，日記や雑記帳あるいはメモといった形で日常の記録化を促す。そう考えるとフィールドで向き合うべき調査対象は，思いのほか広い。とりあえず資料としてアクセスできるものにはすべてアクセスしてみる，という姿勢はやはり欠かせまい。

　明生会でのプリントから読み取れる講習内容は，主に衣食に関すること。食生活に関しては当初，食品のびん詰め加工に重点が置かれていた。当時の農村での食生活は，季節折々の食べ物を食べるといえば聞こえはよいが，実際にはそれだけしか食べられないようなものだった。ナスの収穫時期になると，毎日毎日ナスの味噌汁，煮物などが食卓に並ぶ。そうした食生活は単調な「ばっかり食」と名指され，批判の対象としてとかくやり玉に挙がった。「地産地消」といえば聞こえはいいが，その頃の実態はこうしたものだったのだ。

　その解決策がびん詰め加工だ。旬の時期に収穫したものをびんに詰めて長期保存できるようにし，収穫時期ではなくともいつでも利用できるようにする。さらにイチゴならばジャムにするといったように，それまで農村ではまず口にすることがなかったようなものもあった。びん詰加工は農村の婦人たちに，新

たな食の世界を垣間見せてくれたのだ。

　しかしそれだけではなかった。講習会での資料の見出しを見ると，たとえば「栄養が高くおいしいもの」「ビタミンＣを含む野菜の番付表」といったような項目が並ぶ。ここから浮かび上がるのは，「栄養」に配慮しながら家族の健康に心配りをする「主婦」としての役割提示だ。

　講習での相手が農作業に追われる農村婦人なだけに，農家の実情を踏まえていかに実際的に対処するのか，という点がプリントで重視されている。それがゆえに，こうした改善は一定の成果をあげることができたのだ。

農家の食生活と味噌

　こうした食生活の改善で特に重視され，ピンポイントで講習会が何度となく実施されていたことがあった。自家製味噌の製法改善の講習会である。当時，味噌はどの家でも自家で醸造するものであり，生活に深く根ざしていただけに，その製法改善は大きな意義をもった。

　ここでようやく自分の専攻する民俗学との接点が見出せた。瀬川清子といった民俗学の大先達は『食生活の歴史』，『日本人の衣食住』等，食文化関連の著作を著している。味噌の製法といった「伝統的」な食文化は，まさにそれまでの民俗学の守備範囲にあてはまる。

　味噌の製法改善は，主に生活改良普及員の仕事だった。かつて山北町で活動していた方の『生活改良普及員活動記録簿』が，1960（昭和35）年度版以降，手元に残されており，調査を進める上で資料として役立った。その方と何度目かにお会いした折，味噌の話の流れでお出しいただいたのである。調査をしている中で人によっては何度もお目にかかるようなことがあり，時として思わぬ見つけものもある。この活動記録簿も，そうしたもののひとつだ（写真18-1）。

　なぜ味噌の製法改善なのか。それは当時農村で果たしていた味噌の役割，そしてその経済的な意義によるところが大きい。

　当時の食生活は一般に御飯と味噌汁，そして漬物が基本的で，他に副食として煮物や焼き魚などが付くか付かないかといった程度だったという。それだけに味噌汁は食生活で大きな意味合いを担っていた。そのため「味噌と米があれ

写真18-1　活動記録簿

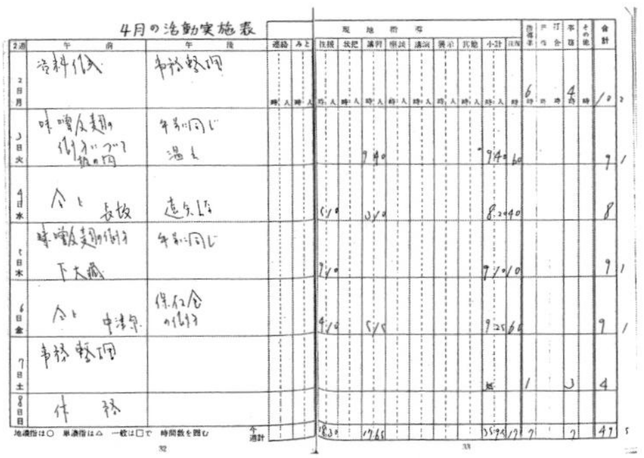

（出所）『生活改良普及員活動記録簿』1962年度版

ば暮らされる」と言われ，その食生活での重要さから「味噌だけは借金をしても作れ」とされた。

　そうした味噌はともすれば醸造後5年10年と年月を経たものほど，尊重されていた。ひとつには暮しに余裕があればあるほど，長期の貯蔵が可能だとみなされていたからである。とはいえ年月を経るほどに，味噌は土のような黒さを帯びてくる。味それ自体をとれば，味噌汁にしても壁土のようでまずく栄養もなかったというのが，いま耳にする共通の評価である。食品としての栄養面，健康面はさして重視されてはいなかったのだ。

　そうした状況を大きく変えたのが，自家製味噌の製法改善だ。取り組みのねらいを，新潟県内の農業新聞『農業改良』記事「おいしい味噌の作り方」（昭和31年3月5日付）からみてみよう。それによれば「重要な蛋白源としての味噌をおいしく上手に作っておくことは農家の福音であり食生活改善の第一歩である」という。こうしたローカルエリアを対象とし，専門を特化した新聞も資料として見逃したくない。

　実際の味噌製法の講習会では原料の配合割合について塩を減らして麹の量を増やすこと，熟成期間を短縮して仕込んだ翌年から食べ始めること等が指導された。これも生活改良普及員の手元にあった講習用プリントが参考となった。かくして減塩という形で「健康」に配慮し，味噌の食味を向上させて，より「栄養」が高く「おいしい」味を重視するように，暮らしが変わっていく。

　民俗学のフォーマットをある程度ふまえつつ，戦後から今に至る「現在」をも織り込んで，自家製味噌の製法改善と農村女性のくらしの変化をテーマとした「家庭意識生成の一考察——味噌作りの変容と「味覚」を通して」（『史境』第26号）をまとめ，刊行したのは1993年のことだった。農村と食をテーマとした初の論文である。そこから『「家庭の味」の戦後民俗誌』への道行きが始ま

る。とはいえ，それは一直線の道筋ではなかった。

調査というロング・アンド・ワインディング・ロード

　自家製味噌の調査をした1990年代前半は，まだまだ山北の家々では味噌の自家醸造を続けていた。自宅分だけではなく，都会に出た子供や孫たちにも送っていたからである。味噌の仕込みの一部始終は，聞き取りだけではなく実際に写真撮影も行った。撮影したのは，山北で長くお付き合いさせていただいていた加藤フジさんという方の家での作業である（写真18−2）。

　その加藤フジさんはまだ20代であった自分にとっては，「新潟のおばあちゃん」とでもいうべき方であった。山北に行くようになって以来，行けばまずお伺いするようになった。何度となく足を運ぶので，あらかじめ調査すべき項目など，やがてなくなっていた。そうして時にはとりとめもなく話を伺っているうちに浮かび上がってきたのが「農村女性とリテラシー」という問いである。

　生改グループの調査時，資料としたのがガリ版刷りのプリントだったが，視点としてはそれともつながってくる。加藤フジさんは昔話をいくつとなく覚えていた。その姉の石山タツエさんもそうだった。お2人の昔話の聞き取りを行いながら，それがどのような経路を経て受け継がれ，そして語られていったのかが気になっていった。そうした過程の中で，地元公民館館報での「方言民話」欄への寄稿他，公民館活動がそこに大きく関与していたことに気づき，論文をまとめたこともある（「昔話を語る／書く──戦後農村婦人のリテラシーという視点から」『静岡大学教育学部研究報告（人文・社会・自然科学篇）』第63号，2013）。食生活とはおよそほど遠いテーマのようだが，自分の中では問題意識はつながっている。節操がないといえばないかもしれない。だが，そうした姿勢でフィールドに向き合うことがあってもいいはずだ。

　学部生，院生として『山北町の民俗』の調査と執筆にあたっている時は，宿泊費などの必要経費

写真18−2　味噌の醸造作業

（出所）筆者撮影。1992年

は行政が負担してくれていた。しかし，その刊行が終わると調査費の提供は期待できない。そうはいっても町役場の人とは顔見知りとなっていたため，その後は町の合宿所を利用させてもらって調査を続ける。合宿所は木造２階建ての古い建物で，主に町外の高校生が町のスポーツ施設を利用する折，使うことを目的としたものだ。１日の宿泊費も，当然安い。簡単な調理施設も備え付けられていて，貧乏大学院生には大いに助かった。

　あれこれ「寄り道」も多く，『「家庭の味」の戦後民俗誌』の刊行は，2007年になってしまった。初めて味噌の自家醸造について論文をまとめてから，14年も経っていた。それ以後も村上市でのまちづくりについて１冊にまとめる際，村上名産のサケにまつわる食文化を調査している（『まちづくりからの小さな公共性』ナカニシヤ出版，2017）。さらに近年でいえば，冒頭で紹介したように静岡のお茶についての論文をまとめた。

　調査・研究とは，一言でいえばロング・アンド・ワインディング・ロードをひたすら歩き続けること，なのだろう（単に私の要領が悪い，だけかもしれないが）。同じ場所に何十年も通い続けて今に及ぶといったように，迂遠といえば実に迂遠な道筋続きだった。だが，まだまだ道行きは終わってはいない。

推薦図書

・マークマン・エリスほか　越朋彦訳（2019）『紅茶の帝国──世界を征服したアジアの葉』研究社

　　イギリスでの紅茶がいかに国民意識形成に寄与したかを明かす，食とナショナルアイデンティティとの関係をひも解く社会史。

・阿古真理（2009）『うちのご飯の60年──祖母・母・娘の食卓』筑摩書房

　　祖母，母，娘の一家三代の女性たちの料理体験が浮かび上がらせる，戦前から戦後，そして現在に至るまでの家庭の日々の食をめぐるミクロヒストリー。

・湯澤規子（2023）『「おふくろの味」幻想──誰が郷愁の味をつくったのか』光文社

　　高度成長期に地方から都市へ多くの若者が移動した。郷愁を伴った「故郷」への思いが，「おふくろの味」にどう結びついていったのかを明かす，時代の精神史。

第19章

日本の〈食〉の問題と〈ジェンダー〉

河上睦子

　私はドイツの哲学者フォイエルバッハ（L. Feuerbach）の人間学，宗教批判哲学，唯物論などに基づく「食の哲学構想」を研究しているが，彼の名言「人間とは食べるところのものである」の思想的意義に注目している。最近「食べたものが私になる」という新訳にも出会い，再考している。

　「食」は人間の生存に不可欠なものとして，「農」等の営みをもとにした特定の地域の自然・文化・社会の「人間共同体」に支えられてきた。それゆえ家族や民族等の集団，宗教，伝統，文化，倫理規範，諸観念，環境等と深いかかわりをもっている。これらの差異と多様性を持つ「食」の世界は，20世紀後半以降，技術化・産業化・商業化を進めるグローバル資本主義経済のもとで変容し，さまざまな問題を抱えるようになった。食の世界が「食べる主体」である「人間」よりも，「食品」の経済原理を軸とするようになってきたからである。ここでは「食べること」にかかわる「人間関係」の問題を取り上げ，とくに現代の「食」のあり様と「ジェンダー」との関わりについて考えたい。

はじめに

　「食べるという行為は極めて『個人的』なものにみえて，じつは極めて『社会的』なものである」。「食べる」という行為が社会的事象として捉えられ分析

---

(1)　堤未果（2022）『ルポ，食が壊れる』文春新書。

(2)　この章では「食」の領域のなかで，「食べること」にかかわる「人間関係」の問題を取り上げる。「食」を保障する土台である「農等」の生産領域の問題は取り上げない。

(3)　湯澤規子（2019）『7袋のポテトチップス』昭文社，17頁。同（2018）『胃袋の近代』名古屋大学出版会，268頁。

されるようになったのは，近年のことだと言えるだろう。「食」等の人間の日常的事象についての歴史的社会的意味分析や諸地域の文化的社会的諸営為が注目されるようになり，アナール学派などによって解析されるようになった[4]。日本の「和食」の代表の「寿司」が世界化している現象も古いことではないだろう[5]。これまで特定の地域で営まれていた伝統的な食文化が，現代資本主義的産業化・技術化・市場化によって変貌しつつある（食と同様に各地域の風土・文化・伝統によって営まれてきた「農」の技術も大きく変容している）。こうした現象は，食の「消費主体」である「家族」等の「生活共同体」の変化と関係があるからである。

　最近の日本では女性の就労も増え，労働状況や家族形態の変化から「食のあり方」が多様化し，家庭料理の減少や孤食化現象も増えている。現代社会における「食」のあり方は，こうした人間の社会的労働や家族形態のあり方の変化と無関係ではないだろう。それゆえに「食」についての考察には，今日，家族や性差（ジェンダー）の視点が必要であるように思う。

日本における食の近代化の問題

　近代以降の日本における「食」の世界は，西欧の食文化（＝食技術）との交流によって大きく変化してきた。それまで日本固有の「自然」と「宗教文化」に色づけられてきた「食」の世界は，伝統的には「コメ」を中心とする和食文化（2011年にユネスコ無形文化遺産に登録された）に代表されるが，西欧の食文化との出会いによって変化してきたからである。

　西洋の食文化は，19世紀後半以降台頭してくる栄養学を始めとする（自然科学的）「知識」と，肉食を中心とした「味覚」に基礎づけられた食の「技術」開発によって，食の世界全体を「近代化」してきた。日本の食の世界はそうした新しい食の世界に触れることで大きく変化してきたといえるだろう。しかしこうした日本を含む食の世界の急激な近代的改造（「食革命」）は，それまで自

---

(4)　J-L・フランドラン／M・モンタナーリ編　宮原信他訳（2006）『食の歴史Ⅰ・Ⅱ・Ⅲ』藤原書店。

(5)　河上睦子（2015）『いま，なぜ食の思想か』社会評論社，15-54頁。

然に根差した人間労働によって生産されてきた「食べもの」を，資本主義的生産物へと改造することを意味しているが，この改造は「食べもの」の「商品・食品」への転換であるだろう。これは人間の「食」とのかかわりそのものも大きく変化させているが，この変化（西洋化・科学技術化・資本主義化）は食をめぐる人間関係のあり方も変化させてきたようである。

　その変化の中でもとりわけ顕著な事象は，食の「生産主体」と「消費主体」との分化である。これはあまり大きな変化ではないようにみえるが，近代以降のこの生産と消費における「主体の分化」は同時に「男女の分化」でもあった。これは後述する「ジェンダーの分化（公＝男性，私＝女性)」であり，食の世界における男性優位主義を意味するものでもある。こうした食の世界における男性優位のジェンダー構図はその後も続いてきたように思われるが，ここではそうした食の世界のあり様に注目したい。

戦後日本における「共食共同体」のあり様

　近代の日本人にとっての「食の世界」は「家族」を基本とする「共食共同体」であったと言えるが，それは男性世帯主（家長）を中心とする「家父長制家族」で維持されてきた。この家父長制家族の男性中心主義は第二次世界大戦後も維持され，男女の「平等化」は日本の課題であっても，それは容易に実現しなかったのである。戦後日本の女性たちにとって，「ジェンダーの壁」は大変強固であったようである。

■戦後の女性たちの食の改革運動

　第二次世界大戦後の女性たちは，戦前の国家による上からの強制的な「共食共同体」を脱して，「家族」を基本とする新しい近代家族の暮らしを実現するように，食生活を含めた家庭生活の改善・合理化することに務めている。女性たちは一方では新たに登場してきたスーパーなどで安価な食品を買い求め，他方では電波や雑誌などの情報手段を使って，家事の電化・省力化を目指して食生活の合理化をはかった。この女性たちによる（食生活を中心とした）近代的合理化の精神は，結果的には戦後日本の経済再生の一翼を担ったといえよう。

　そうした中で一部の女性たちの関心は家族の生活領域にとどまらず，食品自

体の問題，特に食品の「安全性」問題に向けられた。そして「主婦連合会」や「生協」などの団体では，1970年代以降，食品添加物や食品偽装の問題等をとりあげ，「森永ミルクヒ素事件」等の食品公害問題に対して，「消費者」の立場からの運動を展開するようになった。そこでは女性たちは，食品の単なる購買者ではなく，食品に関する「消費主体」として，安全な食品についての知識習得や実践活動まで追求するようになった。

　しかしこうした食の安全性の確保等についての女性たちの運動・関心は，あくまで「主婦たち」を中心とする運動の域を超え得なかったようである。主婦たちは基本的に食の「消費者」であり，「生産者」ではなかったからである。その背景には，「食べもの」の「食品という商品」への転換という，食市場の拡大（資本主義の発展）についての認識の欠如があったようである。

　食の世界の産業化・技術化による食市場の拡大という資本主義社会の進行は，アメリカをモデルとして，日本の食産業においても進められていったが，その進行過程で生じる「食品の安全性」に関する事件等の問題について，十分目が届いていなかったようである。主婦たちの知識は食品産業および食関連企業サイドの専門技術的知識に依存し，それらの理解が不足していたからである。

　こうしたことは，「食べもの」が「食べる主体」である人間から切り離され「食品」として独立化していることを，主婦たちが十分認識していなかったことを意味している。食品企業においては，「食品」の生産者の顔ではなく販売「量」の拡大を目指すことが重要であり，食品の安全性問題への関心は後退していく。こうして「質より量」が食品の世界を支配するようになり，食の世界の「資本主義化」が進行していったのである。

　しかし主婦たちによる消費者運動は，こうした食の世界の拡大（資本主義の発展）に伴う変容に対して十分対応できなかったようである。主婦たちの消費者運動は食の生産過程に十分踏み込まず，あくまで食の消費者であるという役割をこえるものではなかった。それゆえそこでは「生産主体＝男性」対「消費主体＝女性」という，「食の世界」におけるジェンダー構造はますます大きくなっていったようである。女性たちはあくまで食の消費者としてのみ食の問題に取り組んだといえるだろう。

　近代以降の「食の世界」の「生産と消費との分化」は同時に「性差（ジェンダー）の分割」でもあったことを，消費者運動が十分認識していなかったようである。「公＝男性，私＝女性」という性差の分化は私的生活圏だけでなく，食の世界を含む社会全体にわたっていた。そこでは性差が自然的分化ではなく，社会的分化であること，つまりジェンダー分化であることが十分自覚化されてはいなかったようである。もちろん女性たちの消費者運動によって，「食品の安全性」に関する国の政策が生まれたことは確認しておきたい（2009年「消費者庁」の成立）。

第二波フェミニズム運動の出現

　近代以降の（食の世界を含む）この男性優位の社会構造に異議を発したのが，第二波フェミニズム運動だといえるだろう。1960〜70年代にアメリカに発生したこの運動の主目的は，「女性個人」の（社会的）自立であったといえるが，これは女性における「家庭」および「主婦」からの自立・解放でもあった。

　フェミニストたちは，現代社会における女性個人の自立を妨げているのは，男性優位社会における男・女の「性（ジェンダー）役割」であると考え，そこからの女性の解放・自立を主張した。というのも近代社会では，男性が公的世界の担い手であり，女性は私的世界，家庭の担い手であるという考え方，公私二元論＝男女二元論が支配的だったからである。この近代社会における男性優位主義は，女性たち，特に主婦たちもまた共有していた考え方であった。

　第二波フェミニズム運動は，この主婦たちを含む男性優位の考え方に依拠している社会のあり方を問題視し異議を唱えた。そして公私の全領域に及んでいる性差（ジェンダー）構図からの女性の解放をめざしたのである。日本ではこの運動に共鳴した少数の女性たちは仲間たちと集団生活を送り，自分たちの主張を著したビラ配りなどをして，家庭や社会からの女性個人の自己解放を主張した。[6]女性たちによるこの異議申し立て・運動は，その後，多様な流派を生み出しつつ，西洋社会および世界の女性たちに少なからず影響を及ぼしたということができるだろう。

　ところでこの女性たちの自己解放運動のなかで，「食（事）」に関する問題は

どのように考えられていたのだろうか。この運動で批判対象とされたのは，主
に家父長制家族の食卓の家事担当者という「女性役割」や「母親役割」の社会
的強制であった。それゆえそこではこれまで継承されてきた「食（事）」に関
する男性中心主義や女性役割からの解放が主張された。しかし女性たちの「食
事作り」という性役割については，多くの流派の考え方は曖昧であったように
思う。それを社会的強制とみるか自己解放手段とみるか，明確ではなかったか
らである。「食事作り」は多くの女性たちにとって「日常」であり，それを否
定することは容易ではなかったようである。⁽⁷⁾

■「ジェンダー」という新しい視角による考察

　1990年代に「ジェンダー（gender）」という語が日本のフェミニズム運動の
中で流布するようになった。このジェンダーという語は，イリイチなどを通し
てそれ以前に少し知られていたが，第二波フェミニズム運動の中で広く使用さ
れるようになった。しかし日本では少数の「政治家」がこの語の使用について
反対したが，⁽⁸⁾その後，国連を中心に「社会的文化的性差」を指示する語として
広く使用されるようになった。この用語の導入によって，日本の「食の世界」
に関して，どのようなことが見えてきたのだろうか。まず浮んでくるのは「僕
食べる人，私作る人」に象徴される「食事」に関する「性差（ジェンダー）役
割」の問題であろう。

　前節で述べたように，日本社会では明治以降，徐々に公的な世界は男性の領
分，私的世界は女性の領分（主婦以外の女性たちを含む）と区分けされ，家庭に
おける食事作りは女性たちに任されるようになった。しかし当時の食卓は男性

---

(6)　この女性解放運動の主張は今日，多くの著作で読むことができる。初期の「ウーマ
　　ン・リブ運動」の代表的主張は，田中美津（1972）『いのちの女たちへ』田畑書店，
　　等を参照。その後の第二波フェミニズムの理論や運動については，天野正子他編
　　（2009-2011）『日本のフェミニズム』［新編］12巻，岩波書店もある。その思想内容
　　に関しては奥田暁子他編著（2003）『概説フェミニズム思想史』ミネルヴァ書房，
　　等参照。代表的フェミニストは上野千鶴子や江原由美子等である。
(7)　フェミニストたちの「食事作り」についての見解は多様であった。拙著『人間とは
　　食べるところのものである』第7章，168-174頁参照。
(8)　唯物論研究協会編（2006）『ジェンダー概念がひらく視界』青木書店。

たち（家長）を中心にしており，食事内容も性差による格差をつけられていた。こうした食事内容についての「ジェンダーの差異」については，湯澤規子等の「おふくろの味幻想」への論評も含めて，近年，考察が進められている[9]。

　日本の戦後の「食卓」におけるジェンダー構図（男性中心・主導）も，家族一緒の食卓（「家族団らん」）のもとで増えていったが，その後少しずつ減ってきたようである（個食化現象）。それでも女性たちが食事作りの担い手であることは継承されてきたようである。それに対して欧米では食事作りのジェンダー差異は徐々に変わりつつあるようである。

■日本のジェンダー構図の変容

　21世紀になって「男女共生社会」の実現が叫ばれ，多くの女性たちが働くようになり，「食材購入」や「食事作り」に参加する男性も多くなっている。かつて女性ばかりだった（食品に関する）消費者運動でも，近年では男女協同活動になり，食材・食品の宅配などは男性が担うようになった。これまで女性の「ジェンダー役割」として社会的に割り振られてきた「食事作り」の仕事や労働は，若い人たちの間では男女が共同に担うようになり，出来上がり食品の購入が多くなっているという。だが「食の世界」の「ジェンダー問題」とはそうしたことだけだろうか。

　「食」の世界には多様な人間的事象があるが，その消費分野には，「食材入手」の上に「料理すること」と「食べること」とがあり，それらは，現代社会においては分化しつつある。「食材」については，日本では野菜などを除いて海外からの輸入が大きく，食料自給率の低下が問題となっていることはよく知られているだろう。「料理すること」については多様な出来上がり食品がスーパーなどに並び，家庭で料理することを少なくしている。この分野は，これまで「女性のジェンダー役割」とされてきたが，近年，食品加工技術の発展のもとで大・小の食企業が進出し，それには女性たちも多く参加しているという。

　こうしていまや「食べること」だけが家庭の領域となってきているようであ

---

(9)　湯澤規子によれば，「おふくろの味」にはジェンダーの差異があり，その感情は男性固有の時代的感情・幻想であり，近代の構築物ということが認められるという。
　湯澤規子（2023）『「おふくろの味」幻想』光文社新書。

るが，「食べること」の問題は男女共通の問題であり，女性の問題ではないと思うが，どうだろうか。

　ところでこうした現代社会の「食」の世界とジェンダーとの関係は，最新生殖技術の発展による男女の「性差」の境界の縮小と無関係ではないだろう。科学技術の発達による「食」の世界の変化は技術主義とジェンダーとの関係に関わっているので，以下，考えてみよう。

食の「苦しみ」とジェンダー

　1950年代に，「水俣病」という食品公害事件——チッソ工場より排出されたメチル水銀化合物で汚染された海産物を日常的に食べたことで水銀中毒が集団発生した公害病——が起きた。これは水俣の海産物を食べた人びとに深刻な「被害」をもたらした「食」に関する大事件として知られ，裁判も長く続けられてきた。この事件については，石牟礼道子の『苦海浄土』などによる批判的作品や著作が多く出されてきたが，最近では「環境問題」としても取り上げられている。ここでは「食べること」と「ジェンダー」との関係について，この事件を通して見えてきたことを少し確認してみたい。

　この水俣病の被害者たちが受けた被害は，自己の生命・身体・家族・生活・仕事・共同体・海・故郷・生き物・家畜・動物などの喪失であり，現代科学技術主義による環境破壊被害の実例として，いまもなお多くの人びとの記憶に刻まれている。これは水銀に汚染された食べ物の摂取による単なる事件ではない。それは多くの死者を出し，生き残った被害者たちにその被害の苦しみを一生抱えるようにさせた，「食」に関する大事件なのである。

　水俣病被害者たちはその被害の全容を裁判で長く戦ってきたが，被害者の中には男性たちや女性たちだけでなく，子どもたちや死者たちもいた。そして母たちの身体の中の胎児たちもいたのである。大人たちは長い裁判の中で自らの被害の声を多少とも届けることができたようだが，胎児たちの被害は「ないもの」とされてきた——多くは流産・死産の対象となったようである。母たちが水俣の海でとれた魚介類を「食べる」行為の中では，胎児の苦しみ・痛みの声は聞こえなかったのだろう。しかし水俣の母たちにとって，子どもの誕生は喜

びよりは苦しみの始まりだった。そして母たちは，自身の身体の「いのちの連鎖」が抱える「痛み」「苦しみ」を，生まれてきた子どもとともに生涯抱えて生きたのである(10)。

　現在，男性たちと女性たちとの「身体の差異」は小さくなりつつある。現代生殖技術がジェンダーの壁をも薄くし，母の身体がもつ「繋がり」を解体して，新しい生命を生み出すまでになったからである。生殖技術は男性と女性という2つの生命体から精子と卵子を別々に取り出し，新たに結合させた上で，（第三の）母の身体から新しいいのちを生みだす新技術を手にするようになった。私たちの身体は個々の細胞体に分解できるようになったのだ。こうした新生殖技術時代に生きつつある私たちは，母の身体が持つ「繋がりの連鎖」を襲う「現代技術の脅威・恐ろしさ」を感じることができるだろうか。

　だが，現実に生きている私たちの身体は，故郷・家々・土地・海等に相互に繋がったものであり，独立した個体ではない。そうした自然や環境との人間の繋がりを，地理学者のイー・フー・トゥアンは「トポフィリア（場所愛）」といっているそうだが(11)，これは女性たちだけでなく，男性たちもまた持っているそうだ。水俣に生きた人たちの「からだを返せ」「海をかえせ」という声は，この繋がりを失う痛み・苦しみの声ではなかったろうか。水俣病が示唆してくれるのは，「食べること」に関わる人間と自然・土地・環境等への繋がりの問題であるように思う。それは新たな生殖技術時代に生きる私たちの問題ではなかろうか。

■食の繋がりを解体する新技術時代

　ところで12年前に起きた福島の原発事故によっても，科学技術の発展が人間の生存を支える「食物」や土地や環境も破壊することを明らかにした。多くの人びとが住み慣れた住居や故郷を捨てて，いまもなお不自由な暮らしを強いられている。原発事故によって散布された放射能は，人間の身体・生命はもちろ

---

(10)　河上睦子（2004）「技術主義と心身のゆくえ」相模女子大学人間社会学科編『人間社会研究』創刊号，5-16頁参照。なお胎児性水俣病患者の被害が明確にされたのは，1968年であるという。

(11)　湯澤規子『「おふくろの味」幻想』85-86頁参照。

ん，それを支える「食物」，および土壌，田畑，動植物，森や海の生物等の自然・環境全体を崩壊させたのである。科学技術の進展が人間だけでなく，すべての生命体への脅威になること，環境破壊をもたらすことを，福島原発事故は示したのである。それらの再生には長い年月がかかるという。

　こうした原発事故による人間や食物・環境への放射能汚染の問題については，チェルノブイリ（チョルノービリ）原発事故の前例がある。その原発事故による飲食物の放射能汚染などの問題については，西欧の女性たち，とくにエコフェミニストたちを中心にした活動があったが，日本ではそうした活動について十分受け止められてきたようには思えない。わずかに綿貫礼子などによる放射能汚染の後遺症を抱えた子どもたちへの食支援活動のみがあったようである[12]。

　私たちはすでに新しい科学技術の時代に入っているのだ。水俣・チェルノブイリ・福島の問題は過去のことではなく，現在，いや未来の私たちの問題でもある。このことを踏まえて，食の問題について考えることが重要だろう。

最近の日本の〈食〉の問題とジェンダー

　21世紀は豊食の時代といわれるが，その豊食が同時に飽食，崩食を意味するほどに「食の世界」は多くの問題を抱えている。「北」と「南」の食の格差の広がりを始めとした多様な食の問題に関する解決策をめぐって，世界中が論争しあっても見通しが立たないようである。それは「食」の「技術化＝科学技術化」が大企業を中心に進行し，食と自然との分離が進んでいるからではないだろうか。

　そうした中でコロナウイルスが地球を襲った。それでも「食」は人間の「いのちの守護神」として重宝がられ，ひそかに発展しつつある。「食の世界」はコロナ禍でも人びとの生活の支えだと思われたようだからである。そして若い人たちの間では「食の世界」の新しい改革の歩みが始まっているという。そこでは「ジェンダー関係」においても新しい動きがみられるようである。現在，

---

(12)　河上睦子『人間とは食べるところのものである』193-205頁。「技術主義と心身のゆくえ」16-18頁参照。

日本における「食の世界とジェンダー」との関係について，多様な観点からの議論があるようだ。日本の若い人たちの間では食の世界への多様な活動が始まり，ジェンダーギャップ指数の低い「壁」（2023年125位）を乗り越える試みも始まっていると聞く。男女共生社会への実現が夢ではないことを少しずつ実感できるようになった。

■孤食化へ向かう日本の食の世界

近年，日本の食事の世界では「孤食化」が広がっているという。『孤独のグルメ』という漫画をもとにしたテレビドラマが流行っている。主人公は心の中で料理について語りながら，幸せそうに食べているが，この食べ方に共感する人が多い理由は，世界と比較して日本のサラリーマンの孤食が多いことと関係しているように思われる。孤食とはひとりで食事をとることで，核家族化，共働き，貧困世帯の増加などが原因と考えられている。1980年代から子どもの孤食が話題になり始め，子どもの心身発育などに関する弊害が指摘されてきた。最近では高齢者や若者たちのあいだでも孤食が増えているそうである。そうしたことを踏まえて「子ども食堂」などでは，子どもや高齢者等が集い，ともに食事する活動（共食活動）が増えていると聞く。

この「孤食化現象」は単に食事に関する善悪の問題でも，家庭の問題でもなく，若者たち固有の食事風景でもないと思う。だがどうして孤食が日本（固有）の食事風景と言われるのだろうか。おそらくその原因として近年の日本の家族形態の変化や経済的問題があり，特に格差社会と言われているように貧富が広がっていることもあるだろう。孤食の背景や問題点などについては別稿[13]を参照していただくとして，ここでは孤食とジェンダーとの関係について少し考えてみよう。

孤食はひとり暮らしの男性たちの間ではよくみられる食事形態であり，仕事が終わった後の酒好きの男性の食事風景として特別視されてこなかったように思う。しかし今日注視されているのは，大学食堂や公園などでの若者のひとり

---

(13)　河上睦子（前掲書）第6章「〈孤食〉について哲学する」参照。藤原辰史（2020）『縁食論──孤食と共食のあいだ』ミシマ社。

昼食や，家族のいないアパートでひとり食事する高齢者の男・女の食事風景である。こうした孤食の光景は日本だけの現象なのだろうか。子どもや高齢者の孤食については政府や民間サイドからさまざまな支援策があるようだが，単身女性たちの孤食については議論さえもなされていないようである。ひとり暮らしの高齢女性への食支援はケア施設でなされるべきとの考えがあるようだが，これは支援の欠如を意味するに等しいだろう。食事に関する男女平等とはこういうことではなかったはずだ。それは，仕事・年齢・健康に関係なく男女が共に助けあって豊かな共食生活をすることだったように思う。

おわりに

　男女共生社会の掛け声を背景として，日本の女性たちも少しずつ労働界に参入して（多くは非正規労働者ではあるが），多忙な生活のなかで食事の合理化を男女ともに求めるようになった。そうした中では中食の利用や，出来上がり食品を購入することが多くなっているという。その中で子どもたちは新しい電子機器の登場で食事には関心がなく，「ながら食べ」が多いそうだ。老人たちの方は，AI社会のなかの年金生活を気にしつつ明日の食事を案じている。こうした日本人の昨今の食事風景には，「共食の楽しさ」や「男女一緒の食事づくりの喜び」はあるのだろうか。食の未来を語るには，まだ時が熟していないようである。

推薦図書

・河上睦子（2015）『いま，なぜ食の思想か——豊食・飽食・崩食の時代』社会評論社
　「食」と社会との関係を思想という観点から考察した書である。日本の和食文化のみでなく，西洋のギリシア・キリスト教の節食思想，近代の栄養・美食思想，ナチズムを含むベジタリアニズム，現代のスローフード思想等の食の歴史を踏まえて，現代の豊食・飽食の問題を考えた書である。
・河上睦子（2022）『人間とは食べるところのものである——食の哲学構想』社会評論社
　前半はフォイエルバッハという19世紀ドイツの哲学者の「食の哲学」の紹介で，宗教批判を通して食の人間学的意味を追求した食の理論的考察である。後半は現代日本の食の世界の諸問題，家族・生活・ジェンダー等との関係や孤食などについて考察した書である。

・湯澤規子（2023）『「おふくろの味」幻想』光文社新書

「おふくろの味」の分析書：これは食べものと「場所の愛着の経験」に裏打ちされた感情，イメージ，幻想が結びついたものであり，男性固有の時代的感情・幻想，近代の構築物といえる（「良妻賢母」思想と無縁ではない）。「料理すること」と「食べること」の「神話化」の例示。

第Ⅴ部

食と農の学びと探究をひらく

第**20**章

「食」とは私たちにとってどのような問題なのか

原山浩介

　私は，人びとのごく日常的な生活はどのような仕組みの中で作られているのか，ということに基本的な関心がある。特に意識しているのは，食と社会運動である。食はいうまでもなく「ごく日常的な生活」の根幹に関わっている。また，社会運動は，そこに関わる人は限られているものの，それぞれの時代において克服されるべきと考えられている事柄を反映しており，いわば「フチ」の部分から社会をたどり直すことを促す。「消費者運動」に関心を払っているのは，それぞれ日常と社会の限界をつなぐところに位置しているためである。

　私が研究に取り組み始めたときには，あくまでも同時代の社会現象を，社会学的な見通しのなかで考えようとしていた。しかしながら，同時代を規定し，あるいは残像として人びとの意識のなかに潜在している近い過去を整理する必要に迫られ，現代史的な研究を展開するに至っている。

誤解と思い込みからの出発

　「食」というのは，実に日常的でありふれたものである。これについて研究をするためには，自分と，周りに見える日常の両方を裏切らない研究テーマを設定することが必要であると私は考えている。もっとも，このことを私が，はじめから強く意識していたわけではないし，そのようなテーマに到達するまでにはいろいろな回り道が必要だった。ここでは基本的に私がグズグズと回り道をしてきたこと，そしておそらくは今もその回り道の中にいることを題材にしながら，問題を「作る」過程を考えてみたい。

　私が研究の対象として「食」を重要なものだと考えるようになったそもそもの出発点は，大学に入って間もない頃の「都会」への戸惑いだったように思う。私は長野市で生まれ育ち，大学進学のために神奈川県に移り住んだ。最初は，

閉鎖が決まっていた日産座間工場の近くに住み，その後，横浜市内に転居した。その頃，痛切に感じたのは，「農」のにおいがあまりに希薄な「都会」であることだった。

　もっとも私の親は農業をやっていたわけではなく，長野では1970年代に開発された住宅地の中の「公団住宅」に住む「街の人」だった。ただ，私の母方の実家は農家であり，同様に，周りの友だちにも，祖父母の家が農家であるというケースは少なくなかった。そして，住宅地ではあるものの，家の周りには田んぼや畑がポツポツと残っており，あそこの田んぼはオタマジャクシがいる，こっちの田んぼはカブトエビがいる，と，それらを見に行き，時に手ですくって家に持ち帰ったりしていた。

　しかし，長野を出てからは，そのような空気を，自分の行動範囲の中にも，大学の友だちの中にも感じ取れず，「これはエライところに来てしまった」との感覚を強く持った。「農」のにおいが希薄なだけでなく，人間関係の成り立ちまで異なる別世界に来たような感覚に包まれた。そして，こんなところで私はやっていけるのだろうか，との思いに苛まれた。

　随分と後になって，横浜にも農はあり，自分は広い「都会」のごく一部しか見ていないということに気づいた。そして，それにもかかわらず，自分の関心は農そのものというよりは，自分自身が農からどんどん離れていっていることが気掛かりなのだと思い至った。しかし，そのような冷静な思考よりも，「自分にとって安心できる世界」を言葉にして説明するためにはどうしたら良いのだろうかという思いが先に立った。

　そのためには，「農村」について知るべきだろうと，親戚の家を訪ねて村の民俗資料館を見たり，共同体論の難しい本を読んでみたり，農薬の使用をできるだけ控えてミカンを作っている和歌山県下津町（現・海南市）の農園の調査に出かけたりと，いろいろな試みをした。また，ゴルフ場建設反対運動を闘った山村の民宿経営者のもとを訪ねて，聞き取り調査も行った。それらは総じて，私にとって意義の大きいものだったのだが，自分にとって最も重要なテーマが何なのかは茫漠としたままだった。

フィールドワークにおけるつまずき

　もっと，きちんとした形で研究に取り組まねば，という思いがあり，それを
なんとか形にする方法はないものかと考えていたところ，和歌山県で何か調査
をやらないかという誘いがあった。京都で大学院の修士課程に在籍したばかり
の頃のことである。新しい土地に移り住んだばかりでもあり，また，自分の研
究を新しい気持ちで組み立てていくためにはちょうど良いチャンスと思い，そ
の話に乗った。何を調査するのかということについてはかなりのフリーハンド
があった。

　ひとまず，長野を離れた時の，「農」のにおいから離れてしまったような感
覚を取り戻すためには，20代から30代の農業従事者たちが，なぜ農業を継ごう
と考えたのかを聞くのが良いのではないかと考えた。農業の後継者が少ないこ
とを指して，農業の「担い手問題」と言われることがあった。これは，農業経
済学関係の議論にも，農業政策などの行政的なフレーズとしても，しばしば用
いられていた。若手の農業従事者から聞き取り調査をすることは，まさしく農
業の「担い手問題」に取り組むということであり，いかにもきちんとした研究
をスタートできたように思えた。

　この調査は，私にとっては実に楽しく，また得るところの多いものだった。
主に梅を栽培している若手の農業従事者から，農業に就くまでの経過や，実際
に農業経営をしていく過程の，豊穣な体験を聞くことができた。ただ，一生懸
命にお話をして下さる方々と対峙しながら，私の思考の態度について，随分と
考えさせられた。

　まずひとつは，「担い手問題」という既存の，行政的なニュアンスの強い枠
組みに，自分の研究を重ねたのは安易ではなかったのか，ということである。
東京などで職を得て働いていた時の思いや仕事を辞めたことへの葛藤，自分の
農業の営みをどのように意味づけようとしているのかといったことを，誠実に，
一生懸命考えながら話して下さるその内容に私は強く惹かれていった。これは
大変に充実した聞き取り調査なのだが，しかしよく考えてみると，それは「担
い手問題」を解決するための研究とは少し違うのではないか，ということに気
づき始めた。

もうひとつは，「なぜ，農業を継いだのか」という問い方が，実は随分と乱暴だったということである。人は「なぜ」ある職業や生活を「選ぶ」のかを強く問い続けて生きているわけではない。そもそも「なぜ」はよくわからないこともある。そのような中で，私の問いに誠実に答えようとする際，話者は文脈化するための糸口を探すことになる。就農の前後に関心があったことに引きつけたり，環境問題や文明批判といった大きなコンテクストの中で文脈化したり，あるいは話をしている時点で最も関心のあることを糸口にする場合もある。

つまり，どうやら私は，研究をするために，問題設定の形として「担い手問題」に乗っかり，何を考えたいのかを自分に問うことを棚上げしてしまったのではないか，ということに気づいたのだった。それゆえに，それ自体として意義深かった聞き取りの内容を扱いかねたのであり，そもそも「なぜ」を人に問う前に，自分の研究が「なぜ」必要で，何をテーマとすべきなのかを真剣に問い，自分に対して誠実に答える必要があるのではないかということを考えざるを得なくなった。もっとも，こうした「気づき」や「考え」は，後になって整理して言葉にできたのであり，当時は自分の進み方が「何かおかしい」と思いながら戸惑っていたといった方が当たっている。

ミカン園への「原点回帰」と自分との対峙

実は大学院の進学に際して京都に移るきっかけとなったのは，先に述べた和歌山県下津町のミカン園の調査だった。この調査は，「京都大学農薬ゼミ」という，その名の通り京都大学に拠点を置く，しかし京都大学の学生ばかりではなく他大学の学生・教員や市民が出入りする自主ゼミが行っていた。ミカン園の調査のほか，毎週の自主ゼミや，省農薬ミカンの販売なども行っており，私は高校時代の友人に誘われて参加するようになった。

この「省農薬」の取り組みは，1967年に当時高校生だった松本悟さんが農薬中毒で亡くなったところから話が始まる。夏の暑い日に，高校生だった悟さんが，家の農薬散布の手伝いをして，夕方に家に戻ってから具合が悪くなった。病院に移動する時には体が硬直して車の中に収まらず，荷台から外に足を投げ出して，転落しないように体を車に縛り付けて運ばれたという。その後，悟さ

んは意識が戻らないまま亡くなってしまった。両親は，1969年に国と農薬会社を相手取って裁判を起こし（農薬裁判），これを市民や研究者が支援した。

　その後，悟さんの叔父に当たる仲田芳樹さんが，農薬を使わないでミカンを作れないだろうかと考え，1974年に新しく開いたミカン園を使って，「省農薬」に取り組んでいくことになる。この過程で，害虫発生状況の調査，天敵の導入，そして当時は品位（見栄え）ゆえに市場での評価が低かった省農薬ミカンの販売などを市民，研究者，学生が支えていった。京都大学農薬ゼミは，その重要な拠点となり，農学部の教員であった石田紀郎氏が世話役を務めながら長年にわたって活動を続けてきた。

　特に人海戦術が必要だったのは，年に何回かのミカン園の害虫調査と，ミカンの受注と京都市内を中心とするミカンの配達だった。ここに多くの学生と市民が集まるのだが，それは単なる労働の提供というだけでなく，むしろ「農薬裁判」や「省農薬」そのものに関心を持ち，あるいはそれらを媒介として何かを考えようとする場を共有するという意味も強かった。

　農家の高校生の農薬中毒による死という痛ましい事件を起点にしながら，農業について，食の安全について考えつつ，私たちが住む社会についてそれぞれの形で，それぞれの立場や専門から考えていこうとする自主ゼミという場。そこに意味を感じていたことにもう一度立ち返ることが，自分の課題を誠実に考え直すための筋道なのではないかと考えるようになった。そして，以前の直観を信じ，有機農業を手がかりに食と農を考えていくことにした。

農を起点とした世界の広さ

　そこから思い直し，神戸で1970年代から活動を続けていた有機農産物の共同購入を行う市民団体である，「食品公害を追放し安全な食べ物を求める会」（以下，「求める会」）の活動についての調査・分析を始めた。最盛期には約1600世帯の会員数を数えたこの団体は，同じ時代に活動した他の団体と同様に，有機農業に取り組む農家から有機農産物の共同購入を行い，農業を手伝う「援農」に出かけ，学習会を繰り返しながら食と農を中心とした社会問題を考え続けていくという営みを続けた。そうした活動のあり方は，「産消提携」，あるいは生

産者と消費者の「顔の見える関係」などと呼ばれ，これこそが有機農業運動の肝に当たるという理解が作られていた。

　私はこの研究では，「担い手問題」と同じ轍を踏まないよう，有機農業をめぐって既に作られている問題設定については，その意義を踏まえながらも，そこに寄りかかるのではなく，自分自身が何を考えようとしているのかを問うように務めた。そのなかで注意を払ったのは，有機農産物を手に入れるという，言ってみれば「たったそれだけのこと」を実現するために，多くの人々が継続的にエネルギーを割き続けることがどのようにして可能になったのか，ということだった。

　そのような目で活動を追っていくと，この団体には，「産消提携」や「顔の見える関係」とは少し違った性格が見えてきた。学習会や署名活動の中身を見ていくと，学校給食のあり方，公害，ゴルフ場開発といった，食の安全や環境破壊と関わりのあるテーマが扱われてきたことがわかってきた。それに加えて，時折，日雇い労働者街に対する越冬支援や，在日コリアンの指紋押捺拒否といった，有機農業から想像しにくい問題が持ち込まれることもあった。[1]

　つまり，有機農産物をめぐる市民運動は，単に有機農産物が手に入れば良いという目的にとどまるのではなく，いわば社会運動の束を共有する空間を作るということを伴っていた。よく考えてみれば，これは，「求める会」に，あるいは有機農業運動に特殊なものではない。つまり，そもそも食と農への関心というのは，異なる社会問題とのつながりや，関心を成り立たせる時代背景と連動しながら形作られる。

　その関心は，たとえば「求める会」を構成する会員全員が，同じように持っているわけではない。むしろ，有機農業を求めようとする人たちの間に成立した「規範」であると言った方が良い。有機農産物を欲しいと思うのであれば，農薬を使わずに農業を続ける農家を支えつつ，環境問題をはじめとする同時代

---

(1)　1980年代に，在日コリアンの指紋押捺制度に対する批判が高まり，指紋押捺を拒否する動きも広がった。「求める会」では，有機農産物を輸送するトラックの運転手（在日コリアン）が指紋押捺拒否をしたことをめぐり，自治体に対して，告発をしないように求めた。

の社会問題に広く目配りしながら，社会そのものを変えるにはどうしたら良いのかを考えていくことが「本来は」必要なのだ，という認識が作られたということである。理想的な振る舞いや思考を常にできないとしても，その規範は一応は尊重されねばならないという認識だと言い換えても良い。

自己矛盾を抱えながら

　さて，そのような規範を孕んだ有機農業運動の世界についての研究を進めている中で，自分の日常を見直してみると，いかにもだらしない。さほど金銭的に余裕があるわけではないなかで，自分の食生活のなかでは有機農産物には手が出せない。「求める会」の機関誌には，有機農産物を使った料理のレシピがしばしば掲載されており，その美味しそうなメニューを片目に，レトルトカレーを食べて論文を書いている。しかも，酒好きの自分は，ビールなどは毎日のように飲んでいたので，単にお金がないから有機農産物を買えない，というわけでもない。調査の対象になっている人たちに自分の台所のありさまを見せるのは恥ずかしいような状態だった。

　酒代は確保しながらも，食費は節約しようという私の矛盾は，所属していた研究室でも露見した。節約のため，ご飯を炊いて，漬物でお昼を済まそうとする，その漬物が最も安いものであり，小さな容器の底に溜まっている漬物の汁の色は，いかにも着色料たっぷりであることを仲間に指摘されてしまった。もっとも，懐が乏しいのは周囲の大学院生の仲間も一緒で，それぞれに食事の事情は芳しいものではなく，遂に体調を崩す先輩も現れた。

　そのような中で，研究室での「炊き出し」が始まった。仲間の1人の実家が農家であったため，大量のコメを送ってもらい，スーパーマーケットで買い出しをして，夜な夜な食事を作る日々が始まった。私自身は，下宿での「晩酌」に備えるために，研究室ではあまり頻繁に夕食を摂らなかったが，それでも時々，料理をしたり買い出しをしたりしていた。研究室には野菜や残った料理の匂いが漂っていた。そうした中で，とても不味くて食べることが憚られるような安い成形肉や冷凍肉に苦しんだり，食品を無駄にしてしまったりということを繰り返した。共同で料理をしたり，食べたりする場を持ったことで，自分（たち）

の抱える食の問題を確認するような瞬間を多く持つようになった。いうまでもなく，自分の下宿の台所は食の問題にまみれていたのだが，それを研究室という，小さいながらも人が出入りする社会の中で確認することで，研究テーマと実際の生活の間にある矛盾と対峙することになった（図表20-1）。

　有機農業について考えることのエートスは，社会全体の農業のあり方を変え，そして自分自身の食生活をより良いものへと変えていくことと結びつきやすい。この立場からすると，私はいかにも不実な研究者だった。そのような不実さは，自意識としても心地よいものではなく，はたから見れば不愉快かもしれない。「身綺麗」にしようと思えば，全力で自分の食生活を変えたり，日本の農

図表20-1　ゲンロン部屋

越智正樹『ゲンロンズ』
「農学原論」研究室での出来事を，当時大学院生だった越智正樹氏が4コマ漫画にまとめたもの。研究室で食事を作っていることにまつわる話もいくつか存在する。なお，当事者にしかわからないかなり踏み込んだ内容のものも多くあり，基本的に一般に公開していない。ここでは研究室内の「食」の様子がわかる，穏当な内容のものを選んでいる。

業を変えるためのイデオローグになったり，あるいはせめて炊き出しを始めた研究室の中だけも有機農産物を食べる場に変えたりすることが必要になっただろう。もちろん，そのような努力をすることには大きな意義がある。

　しかし実際にはそのようにはできなかった。その一方で，決して「身綺麗」でない，矛盾を抱える中で，食と農を考えることにも，実は同様に大きな意味があることに気づきはじめた。食と農をめぐっては，思うにまかせない矛盾の中に置かれてしまうことが多い。たとえば食の安全を考え始めると，それをより広く実現させるためには，信頼すべき生産者を全力で支える必要に迫られる。しかし実際には，その頻度はともかく，マクドナルドやコンビニエンスストアで，安易に食事を済ませている現実を抱えがちである。あるいはまた，食料自給率について考えているにもかかわらず，輸入小麦で作られた麺類を好んで食べるような「いい加減さ」を持つ人も少なくないだろう。

　この，「あるべき」姿を考えれば考えるほど，矛盾の中に身を置かねばならなくなるという現実こそが重要なのである。このことに向き合いながら，その矛盾を受け止めたり，完全に克服はできないまでも，少しずつ迂回する試みを，人々の問題関心や実際の生活の中に持ち込む方法を考えたり評価したりする。そのこと抜きには，実は何も始まらないのではないか，とも言える。こうして，素直に矛盾を受け入れながら，考え続けることによってしか，食という問題は扱えないのではないか，という理解に立ち至るようになった。

矛盾を許しながら自分と向き合い，耳を傾ける

　今でこそ，有機農産物というのは，スーパーマーケットの片隅にしばしば置かれており，それなりに「良いもの」だと受け止められている。しかし，1990年代には，どこか優等生的な匂いが強かったし，1970年代までさかのぼれば実現不可能な夢物語のように揶揄されることが多かった。そのような見方は，しばしば有機農業を研究対象にしている私に対しても投げかけられた。

　その一方で，農業・農村を長年研究してこられた磯辺俊彦氏から，私の有機農業運動の研究に対して面白い問いかけを受けたことがある。曰く，「君の書いている消費者運動はどういうものなんだ？　私が知っているものとは随分と

違う」という，ごく率直な感想だった。高度経済成長期を生きた彼にとって，消費者運動とは物価問題などを，自分の生活から少し離れた政治や企業との対峙のなかで主張していくものだった。

　こうした，冷ややかな投げかけと，率直な問いかけは，自分の母親の姿と二重写しになる。彼女は農家に生まれたのだが，中学校を卒業すると病気の祖父を支えるために家にお金を入れるべく准看護婦になり，「街の人」になった。ダイエー，ジャスコ，イトーヨーカドーといった全国チェーンの大型スーパーができると，近所の小さなスーパーや商店を脇目に見ながら，バスに乗って喜んで出かけていった。味の素，インスタント食品などには忌避感を持ちながらも，他方で虫食いのある野菜などは好まなかった。

　いわば農から早足で遠ざかる母親の姿を見つつ，他方で親戚や友人，そして近所の農のにおいを感じてきた，自分の中にある不安定感。郷里を離れた時に感じた違和感は，実は自分が「農」から離れていく過程を勝手に1人で加速させ，しかもその過程にあることを見失っていたことからくるものだったのではないか。

　このような自分の姿をおぼろげながら確認し始めることで，ようやく，借り物ではない，自分にとって合点のいく研究のかたちが見えてきた。それは，「農」の彼岸の「消費者」という自意識や共通認識が，日本社会でどのように作られてきたのかを探ることにつながったし，市民運動を通じて都市の消費者が「農」をどのように再獲得するのかを考えることにもつながった。さらに，それぞれの時期の食と農をめぐる出来事を見直す仕事や，社会認識の中に食と農がどのように位置づいているのかを分析するための仕事にもつながる。通底しているのは，人々の「食」への関心／無関心に根差した形で，「農」を考えようという大きな問題意識である。

　今や，「食」に関する出来合いの問題設定やターミノロジーが溢れている。その「食」に対しては，「農」という方面ばかりではなく，貧困や格差，安全や健康など，多様なアプローチがある。これは，一見するところ研究に着手するために恵まれた環境ともいえるのだが，実際には，借り物の枠組みと言葉に寄りかかることができてしまうリスクが大きいということにもなるだろう。

　自分が向き合うべきテーマと方法を見つけるためには，自分の問題意識と対峙し，自分と他人の抱え込んでいる矛盾に向き合い，周りの声に耳を傾け，そして食に対する関心が社会的・時代的にどのように作られているのかを見定める必要がある。冒頭にも述べた通り，「食」は実に日常的でありふれたものである。その日常的でありふれたところを裏切らないテーマを作ってほしい。

推薦図書

・石田紀郎（2018）『現場とつながる学者人生──市民環境運動と共に半世紀』藤原書店
　農薬ゼミを長年続けてきた石田紀郎氏の自伝的な著作。琵琶湖，農薬ゼミ，合成洗剤，アラル海など，現場に身を置き続けた研究者の足取りとともに，その周囲に作られた学生や市民のつながりを垣間見ることができる。
・安土敏（1984）『小説　スーパーマーケット』（上・下）講談社
　概ね1970年代を舞台に，成長途上にあったスーパーマーケットの内側を描いている。農から離れて「街の人」が増えていく過程を，スーパーの側から見直す上で，参考になり，また印象に残った作品。半世紀前を舞台にしているが，内容は決して古びた感じがしない。作者はサミットストアの管理職を務めていた人物。1981年に『小説流通産業』として刊行されたが，文庫化に伴い，現在のタイトルになった。
・原山浩介（2011）『消費者の戦後史──闇市から主婦の時代へ』日本経済評論社
　ここに並べるのは少し躊躇したが，大学時代から迷いながら研究を進めた末にまとめたものを，やはり示しておくべきかと考えた。消費者運動という切り口から，人びとを消費者として社会に配置していく過程を示した。最後の章で1970年代以降の有機農業を扱っており，その内容を位置づけるために戦後史という広がりのなかで「消費」や「消費者」を見直すことを迫られ，このような形になった。

第21章

台所と便所でつながる食と農

須崎文代

　はじめに，読者の方々にお断りしておかなければならないことがある。というのも私は，他の執筆者と異なり，人文学を専門とする研究者ではない。私は建築畑の人間であり，とりわけ近代の住宅史研究を中心としている。ご存知のとおり，建築学といえば一般的に理工系の領域に分類され，大学の授業は建築デザインだけでなく構造計算，環境工学，都市工学というように理数系の内容が多く含まれる。こうした特徴をもつ建築学だが，じつは一方で，さまざまな研究対象を含む総合学問でもある。すなわち，建築学研究には社会学，哲学，生活学，歴史学という人文的な対象が含まれる総合的学問なのである。とりわけ，私は住まいや人間生活の歴史を対象としており，さらには日本常民文化研究所（以下，常民研と称する）という研究機関で民俗学研究を進めていることもあって，建築学の中では人文学寄りのマイナーな存在だということをご理解いただければと思う。

　そんな私が専門にしているのは住宅史（とりわけ水まわり空間の歴史）である。なかでも長く研究してきたのは台所の近代化についてで，博士論文として取り組む前から継続している。台所は，さまざまな機能をもつ建築の中で「食と農」の結節点ともいうべき空間と言える。

　この台所というテーマに着手したきっかけは，当時，国立科学博物館が中心となって進めていた研究課題「日本の技術革新——経験蓄積と知識基盤化」[1]の分担で技術革新の家庭受容に関する共同研究に携ったことである。住宅において，台所はさまざまな技術革新や社会システムの変革が集約的に反映される場

---

(1)　科学研究費補助金（特定領域研究）「日本の技術革新——経験蓄積と知識基盤化」JSPS 17074008　研究代表者：清水慶一 2005-2009年度。

所で，近代においては上下水道・ガス・電気といった生活インフラに基づく設備類や，テイラーシステム（科学的管理法）あるいは衛生学に基づく空間設計が展開された。そうした背景に基づいて改良を重ね，現代のかたちに至った台所空間の変遷を明らかにすることを私の研究では目指してきた。その成果の一部は博士論文としてまとめ，以降も展覧会の開催や論文・記事の寄稿として公表している。

「科学的」な台所の追求

　日本の伝統的な台所は，床の上に直接まな板を置いて，膝をついたりしゃがんだりして作業を行う床坐（蹲踞）式のものだった。台所空間は基本的に土間と板間の２つで構成されており，仕事や目的に応じて双方を使い分けていた。たとえば，泥の付いた野菜を洗う作業は土間の下流し，食器などの比較的汚れの少ないものを洗う作業は床上の上流しといった具合である。かまどの場所は地方や生業によって異なり，土間の場合も床上の場合もあった。あるいは，土間と床上のちょうど境界線の部分に設置して，両側から使えるように工夫されたものもしばしば見られる。土間に設けられた大きなかまどには，大きな釜が据えられ，大勢が集まった時の食事や農作業にも対応できる仕様になっていた。

　このような土着的な台所は，開国後，特に明治後期以降に変容の一途を辿ることになる。文明開化，欧化主義が国家的に推進され，人びとは断髪し，洋服を着て，洋風建築の中で椅子に座った。すなわち，生活やふるまいを洋風に変えることが善とされ，上流階級から中流階級や庶民へと広がっていったのだ。洋風生活の実践の場も，はじめは官公庁や学校や社交場など公のシーンが主な舞台だったが，やがて日常生活の場である家庭へと目が向けられることになっ

---

(2)　科学研究費補助金（特別研究員奨励費）「技術革新からみた台所の変遷に関する研究——明治・大正・昭和の都市住宅を中心として」JSPS 10J05299　研究代表者：須崎文代，2010-2012年度。

(3)　須崎文代「明治・大正・昭和初期の検定済高等女学校用家事教科書にみる日本の台所の近代化に関する研究」博士論文（神奈川大学）2014年。日本生活学会第１回博士論文賞受賞。

た。そして，各家庭で継承されてきた伝統的な生活様式も批判され，改善の方法が模索され始めたのである。

　そこで初めに改善の対象となったのは〈衛生〉だった。欧米の先進国では工業化が進み，都市への人口集中が進んでいた。さらに，コレラ，ペスト，チフス，ジフテリア等の急性伝染病の感染拡大が甚大な被害をもたらし，都市部（特に貧困層）の居住環境は非常に劣悪なものだった。社会全体の問題を解決すべく，医療や政治の専門家が対策に乗り出した。上水の敷設や下水道工事などの都市衛生とともに，住宅内の居住環境も改善の対象となり，台所はその中心的な存在となったのである。とくにペストはネズミが媒介すると考えられていたため，食品を扱う台所は衛生的な環境として完備すべきだと主張された。

　こうした動きは，開国した日本へも流入した。長崎，横浜，神戸といった開港地からコレラやペストが大流行し，衛生対策は国家的な急務となったのである。明治16年には医学の専門家や教育者，政治家を中心とした民間組織である大日本私立衛生会が発足し，4年後の20年には大日本私立衛生会が設立されて家庭衛生の議論が始まった。それ以降，大正〜昭和初期，それから戦後を通じて，継続的に進められたのである。台所の衛生対策が注目されるようになったのは主に明治30年代以降で，採光，換気，上下水道，食品保存の方法などの改善が推奨された。やがて，腐朽しにくく防水・防火性能のあるタイルやトタン・ブリキ・ステンレスといった金属板が台所設備に用いられるようになり，ガス・電気を用いた煤の出にくい調理設備が普及していった。

　また，歩くところである床に，直接まな板を置いて食べものの加工を行う在来の蹲踞式は不衛生であると批判され，台所作業は床で行わずに「立働式」に改めるよう推奨された。板床と同じ高さに設けた流しのような蹲踞式に対応した台所の設えは，立働式の導入とともに姿を変えた。脚のついた流し台，調理台，火器台，収納棚といった台所設備が普及しはじめたのである（写真21-1）。台（作業面）の高さも徐々に変化した。はじめは腰を折り曲げ，前傾した姿勢で使うような高さの低い（2尺程度）流し台だったが，やがて作業する人の身長に応じた適切な高さが検討されるようになった。それは人間工学（エルゴノミクス）の黎明というべき動向であった。人間工学的実験にもとづいて，日本

写真21-1　生活改善展覧会出品ポスター　1919（大正8）年

（出所）国立科学博物館所蔵

人女性の平均身長に対して労働的負担の少ない作業面の高さが見いだされ，それは戦前期では70〜75cm程度という数値に収束した。そこで検討された寸法設定は戦後の標準規格へと受け継がれていった。

　このような能率化の考え方は，台所空間の計画にも及んだ。明治後期以降に活発化した台所改善の議論において，便利で無駄のない台所はどのようなものかという検討が展開されたのである。もとはバラバラに置かれていた流し台，調理台，火器類，収納などをまとめて配置することで，一連の作業を合理化できるという考え方が定説となった。そして，すべての調理設備が一体化したシステムキッチンの原型というべきかたちが誕生したのである。そうした台所空間の変容の基礎として知られているのは，フレデリック・ウィンズロー・テイラーによる「テイラーシステム（科学的管理法）」である。これは生産合理化のための理論で，近代システムのさまざまな部分に影響を与えた。たとえば，ギルブレス夫妻は「モーション・スタディ（動作研究）」として炊事動作等の合理化に応用し，クリスティン・フレデリックはこの理論に基づいて台所設備のレイアウトの合理化を計画した。クリスティンの提案は，諸外国の建築家にも影響を与え，ドイツのフランクフルト・キッチン（マルガレーテ・シュッテ＝リホッキー設計，1926年）をはじめとするさまざまな台所デザインに反映されたのである。

　動作の能率化は，設備設計にのみ及んだわけではなかった。伝統的台所にお

ける土間と床上の上り下りも身体への負担があると批判され，土間をなくして床上に統一するようにと推奨された。もとは台所空間の１／３から半分を占めていた土間は，やがて，靴の脱ぎ履きや隣接する風呂の焚口という機能のみの小さな「勝手口」に変化した。戦後まで続く台所空間のかたちの基礎が，戦前期に形成されていたことがお分かりいただけるだろう。

伝統的民家の土間の再考

　以上のような台所の近代化は，総じて衛生学や熱源改革，あるいは人間工学といった「科学的」なスタンスに立脚することが第一義であったといえる。それは，技術決定論的な社会全体の方向性に基づく志向だったと考えられる。しかしながら，成熟社会を迎えたいまあらためて振り返ると，近代化の過程で失ったものが多くあるようにも思われる。たとえば，日本の伝統文化には，建築材料を何度も転用してきた循環社会があったことが知られるし，風呂敷のようなないの変哲もない単純な布を幾多の用途に使いこなす「融通無碍」なる慣習が存在したように，近代において批判された土着の民家を見直すと驚くべき合理性が備わっていたことを思い知らされるのだ。

　たとえば，煤汚れやトラホームのような眼病の原因になるという理由で批判された伝統的な竈や囲炉裏を使った料理は，煤煙によって民家の小屋組みの木材（屋根架構）を虫喰いから守る役目を果たしていたという。伝統的民家は居住空間が縦にも横にも広く抜けており，煤煙が生活する環境に滞留することは少なかったのではないかと思われるのだ。

　温湿度のような室内環境を，エアコンを使わずとも適当に保つことにも，伝統民家のつくりは長けていたといえる。「家の作りやうは，夏をむねとすべし。冬は，いかなる所にも住まる。暑き比わろき住居は，堪へ難き事なり」——『徒然草』につづられた兼好法師の一節に表れているように，高温多湿な日本の住まいは，夏を過ごしやすくすることが重視されてきた。古代から続く日本家屋の開放的なつくりは，こうした気候風土に基づく通風や遮光を目的としたものである。

　しかし，農家の台所のある土間は比較的厚い壁に囲まれ，開口部が少ない。

これはどのように捉えればよいのだろうか。通風を確保することとは真逆のベクトルのようにも思われる。しかしながら，農家の土間にひとたび入れば，暗くて，ともすればひんやりとした空気が感じられる。分厚い屋根と土壁と土間（タタキ）に囲まれているために，夏の日射の影響を受けにくいのである。土間では，農具や収穫した野菜や穀物などをそのまま屋内に持ち込み，汚れを伴う仕事も行うことができた。土間の一角には味噌部屋などを設けている場合も多く，温湿度に影響されやすい発酵食品の製造にも適したつくりであったといえる。近代化の動きの中では「明るい」ことが最重要視され，大きな開口部とガラス建具を使った採光が推奨されたが，こうした仕様は農家としては不向きだっただろう。

　さらに，土間を取り巻く「食と農」の関係性としては，さらに興味深いことに注目される。農作業の合間，室内に入る時にわざわざ履物を脱ぐのは煩わしい。農家の仕事には多種多様なものが含まれ，大釜での煮炊きや土間と庭を行き来する作業も多かった。台所で食事をつくりながら，あるいは農作業の合間の昼飯を考えればなおさらである。そうした屋内と屋外とのゆるやかなつながりを，土間が支えていたのである。厩を土間の一角に設け，家畜とともに暮らす住まいも多くあった。その名のとおり「土」の空間を室内に有していた意味が再解釈される。

風土と住まいの関係への取り組み

　ところで，私が近代住宅史研究を進めるなかで，ずっと頭から離れない違和感があった。いま思えば，それが何かをうすうす気が付いてはいたものの，認めてはいけないような背徳感も同時に感じていて，直視できずにいたのである。というのも，教育を受けてきた環境の影響も大きくかかわるのだが，その違和感とは，近代化を全面的に肯定するような評価の姿勢についてだった。たとえば近代建築史の中では，ル・コルビュジエ，ミース・ファン・デル・ローエ，フランク・ロイド・ライトという三大巨匠がいる。[4] そうした建築家たちは，新

---

(4)　ヴァルター・グロピウスを含めて四大巨匠とする場合もある。

しい時代の理想的な姿を追求し，たとえばル・コルビュジエは「住宅は住むための機械である」と述べ，ミースは「Less is More（より少ないことはより豊かである）」という思想で，端的に言えば合理主義・機能主義に基づく作品を提案した。このように多くの建築家が新しい理想的な住まいとはどのようなものかを模索し，衛生的で合理的な，美しいデザインの作品を残していった。レジェンドとして扱われる人物や作品が，後の世代のデザインや社会に与えた影響は多大なものだったのは事実であり，尊重されるべき対象であることは疑いようがない。しかしながら，技術史の分野で前述の技術決定論が過去のものとなっているように，あるいは原子力など技術の使い方のリテラシーが問われているように，技術革新や合理化を第一義として進んできた近現代に対して批判的な捉え方をする必要性を感じながら建築史研究を進めていたのだ。

　そんな私に，いくつかの転機が訪れた。そのひとつは，常民研の所員（研究所の運営に携わる立場）に任用されたことである。民俗学という，建築史研究とは幾分異なるスタンスで調査研究にアプローチする必要が生じたのだ。もちろん，建築史分野においても上述したように生活空間の歴史を扱ってきたので無関係ではなかったが，近からず遠からずの関係にあった。それが渦中に片足を突っ込むことになったのである。さらに，2019年度からは同研究所の基幹共同研究として「便所の歴史・民俗に関する総合的研究」[5]（研究代表者：須崎文代）を立ち上げた。これは，かねてより進めていた近代衛生史の知見や住宅史研究[6]に基づきつつ，衣食住の「住」分野で取り組むべき課題として同研究所に設置されたもので，きっかけはその少し前に中国・広州で開催された「厠所革命」という国際フォーラムにおける登壇だった[7]。便所の歴史を建築史としてだけで

(5)　日本常民文化研究所基幹共同研究「便所の歴史・民俗に関する総合的研究」公式 HP：http://jominken.kanagawa-u.ac.jp/research/toilet/

(6)　科学研究費補助金（若手研究 B）「大江スミのイギリス留学による明治期の住居衛生論の導入と国内での展開に関する研究」（JSPS 16K18222　研究代表者：須崎文代2016-2019年度）。

(7)　拙稿「東方学研究国際フォーラム「厠所（便所）革命」に参加して：共同研究「便所の歴史・民俗に関する総合的研究」に向けて」『民具マンスリー』52（3），2019年6月，12964-12972頁。

なく，人類の長い歴史と風習に基づく調査研究を束ね，さらに人新世論（アントロポセン）的観点から未来のあり方を模索すべき段階にあると捉えられることを提唱した。生物界で見れば，大きな動物の糞は小さな生き物の餌となり，その糞は菌類が分解して，やがて土となる。土から生えた植物を動物や虫が食し，その肉や糞は循環していく。こうした循環を良質な土壌は成立するわけで，近代までの日本人は下肥として農業利用していたのである。食と農との循環が，人間生活の中にも綿々と続いていたのである。だが，産業革命を迎えた近代において，人類は衛生を追求するあまりに排泄物はただ不潔なものとして人間生活から見えない部分に押しやって，存在してはいけないもののように位置づけた。このようにして成立している現代社会の人間として，過去と未来をどう考えていくべきかを，この研究会では問い直そうとしている。

　もうひとつの特筆すべき転機は，「都市未来研究会 in NISEKO」への参加である。2021年，北海道ニセコ町という人口5000人規模の町を拠点に立ち上げられた研究会で，私は発起人（コミッティ）として参加した。環境学，建築学，教育学，技術開発，政治経済など，さまざまな分野の研究者や事業家がプロボノで集まり，住生活の未来の理想像について検討を進めている。そこでの主な議論は，人口減少社会において，どのように都市・地方を再編していくのかという問題だ。社会・経済・環境の3つの要素をバランス良く保ち，持続可能な都市を作っていくのはどのようにしたら良いのか，という現代が抱える問題を，既成の枠組みを超えて抜本的に議論する場である。すなわち，人口減少時代の日本の仕組みを再編するためには，成長を基軸としたこれまでのシステムから，縮退し，その後定常化してゆくという未来の社会に対する共通認識として，成熟社会への移行を考えるものである。それは大都市集中型から，地方都市や農村への分散型へ，経済活動ではポスト資本主義と分散ネットワーク型の社会へと変化していくことが想定されている。具体的には，次のような実にさまざまなアプローチが盛り込まれている。

　①人口予測などの定性分析，およびオープンデータ
　②地域通貨などの新しい貨幣の仕組み

　③グリーンエネルギーと水，廃棄物処理という生存権インフラ

　④交通システムと移動サービス

　⑤医療・福祉の制度

　⑥教育制度，教育プログラム

　⑦環境保全と観光のありかた

　⑧農業や林業および生物や生態系

　⑨コミュニティデザイン

　⑩食の地域内供給と可能な範囲での自給

　このなかで，私にはいずれの分野にもかかわる「暮らし」のあり方やその基盤となる「風土」に関する知見が求められた。歴史・民俗に関する議論は，東京大学生産技術研究所の林憲吾先生（建築史学），相模女子大学の依田真美先生（観光・経済学）とともに進めた。主な着眼点としては，ニセコの町をとりまく大自然と人間生活の領域や仕組みのバランスについてである。ニセコは農業も盛んで，化学肥料や農薬を使わない自然農で非常に美味しい野菜をつくることを実現している若い農業家へのヒアリングや，酪農あるいはコンポストの実践に関する視察調査を行った。自然との関係性でいえば，冬季の雪や寒気に対応した風除室等の建築的特徴に関する調査や「森のようちえん」という自然を使った自主的な保育グループの活動への参加も意義深いものであった。そもそもニセコは有島武郎が私有農場を小作農のために開放した「有島農場（狩太共生農団）」とそこで実践された相互扶助の仕組みに根付くコモンズの意識が息づいている土地でもあるのだ。人間生活の「共同性」に着目し，共同キッチンやユートピアの歴史研究を進めていた私にとって，非常に興味深い機会となった。[8]

　さらに，人間生活と自然との関係性に関する取り組みについて拍車がかかったのは，「小さな地球プロジェクト[9]」への参加である。このプロジェクトは，

---

(8)　須崎文代「共同キッチンの先駆者たち」LIXIL ビジネス情報。

(9)　公式 HP：https://small-earth.org/　（代表：林良樹ほか）

写真21-2　釜沼集落と棚田の風景

（出所）小さな地球プロジェクト

　千葉の房総半島，鴨川市釜沼という土地の里山に残された古民家と棚田を通じて，自然と人間生活の循環や理想的な関係性を実践的に追求しようとするものだ（写真21-2）。私は，この里山で実践されている4大学合同ワークショップ「SSD：里山スクールオブデザイン」（東京工業大学塚本由晴研究室＋東京都立大学能作文徳研究室＋明治大学川島範久研究室＋神奈川大学須崎文代研究室）に研究室のメンバーとともに参加している。このプロジェクトを率いる建築家塚本氏の提示する「事物連関」という捉え方に立脚し，建築の建て方を資本主義に基づく敷地＋建物の既成ルールから外して，里山の中に建てるための場所を見つけ出し，あるいは作り，その場所で採れる材料で，なるべく人力で建築を作り上げる。こうしたプリミティブな創造的行為の中に，現代人には忘れられた自然との関係性や人間の元来有する技術を再解釈する機会を学生たちとともに得るのである。天水のみを利用した棚田を整備し，田植えをし，収穫と脱穀をする——林道を整備しながら，先人たちの築いた痕跡を推察し，その場所の力を読み取る——春にはタケノコを採取して食べ，竹林を整備する——建築の改修はなるべく自分たちで行い，作業に必要な道具類は自分たちで手入れをする

⑽　この活動は「How is Life」展（ギャラリー間2022年10月～2023年3月）でも展示された。

——ひとつ屋根の下で寝泊まりし，同じ釜の
飯を食う（写真21-3）。そして，なるべくそ
の土地の材と人の手を使って小屋を建てる。
参加者は一連の行為の中に，伝統知を見出し，
人間生活（建築や台所）と大地（自然や農業）
との関係性に関する情報を直接的に収集する
こととなるのだ。あるいは，人口減少社会に
おいて衰退する地方農村の現況を鑑みて，都
市と農村の関係性や移住者のポテンシャル，
トラストやクラウドファンディングを併用し
た活用手法が検討されるなど，小さな集落を
拠点にさまざまな実践が試みられている。机
上の研究だけでなく，建築家や事業家と共同

写真21-3　土間を有する再生民家ゆ
うぎつかのかまど

（出所）小さな地球プロジェクト

する仕事に携わることで大切な知見を得ることができている。

大地に生かされること／農と食に見出す芸術

　あらためて日々の生活を振り返ってみてほしい。おそらくすべての人の住ま
いに台所や便所があるだろう。白米や旬の食材を美味しく料理して，生産の糧
としていただき，身体の再生産とともにそれらは分解され，糞として外の世界
へと戻っていく。自然界では微生物やバクテリアによって分解されて有機物と
して土に戻るわけだが，現代社会では汚水処理施設へ流され化学的に分解さ
れて放流され，大地には直接戻らない。クリーンで便利な現代生活は，それは
それで快適であり，全否定したいとは思わないけれど，やはり残る違和感はぬ
ぐえない。何をどのように食べて，どのように出すのか，これまでの一般的な
スキームであった生産—消費という目標だけでなく，その先の「再生産」を組
み込んだシステムを構築することがこれからは重要なのである。なればおのず
と生活様式も住まいのかたちも変わってくるだろう。

⑾　微生物の働きを利用した生物処理により分解し処理される方法も採用されている。

写真21-4　再生が待たれる佐久間家住宅（南房総市嶺岡・大井）

（出所）嶺岡くらしのがっこう（仮称）。筆者撮影

　前節で紹介した小さな地球プロジェクトがある釜沼集落の向かいの里山には，酪農発祥の地と言われる嶺岡山系がある。私は最近，そこに現存している佐久間家住宅を再生し，「くらしのがっこう」として生活のあり方をみなで考える拠点にしていきたいと考えている（写真21-4）。嶺岡では，棚田や段々畑といった自然地形や動物（家畜）と折り合いをつけながら暮らしを営んできた歴史がある。その基層を学生や有志の参加者とともに発掘していきたいのだ。佐久間家住宅は，台所を含む土間があり，主屋の南側には家畜小屋がある，農家によくみられる形式の住まいである。土間は，前述したように地方によっては家畜もそこでともに暮らしたし，寄合や農繁期などは集落の住人が集う場面にも対応した。土間の有するポテンシャルが，これからの生活にどのように生かせるのか，皆で考えていきたいと思っている。

　そこで注目されるのは，食と農をとりまく仕事に見出される芸術だ。芸術といっても，モナ・リザのようなピュアアートを指しているのではない。アートの語源はラテン語「ars〔アルス〕」とされ，アルスには自然と対置する人間の「技」や「術」を含む能力の意味であった。漢字の「藝」の字の成り立ちも，土に草木を植える人という表現が含まれており，自然のなかに人間が生きるかたちが表れているのだ。その技術は，本来的な農と捉えることもできるだろう。人間の芸術は，農にこそ見いだされるのではないかと思われる。そこで思い起

こされるのは宮沢賢治の「農民芸術」や山本鼎の「農民美術」の思想であり，ウィリアム・モリスが残した「芸術とは人間が労働の中に見出す喜びの表現である」という言葉だ。農だけではなく，農作物から生み出される食もその芸術に含まれるだろう。私はこのような生活と芸術との関係性を，小さな地球プロジェクトや嶺岡の佐久間家住宅でゆっくりと見直していきたい。多少の失敗が許されるような，寛容な取り組みが広がることを願っている。土壌が作られるのは100年でたった１センチと言われる。大切なものの形成には，たいがい時間がかかるものである。今後，私が取り組んでいきたいと考えているこうした「生活芸術」に関する視点は，AI や IoT が加速度的に発達する社会において人間が本来的に有する能力と豊かさへの希求を再確認することを促してくれるはずである。住宅史的にみれば，台所と便所は，人間生活における食と農とをつなぐ接点なのである。

推薦図書

・ジークフリート・ギーディオン　榮久庵祥二訳（2008）『機械化の文化史——ものいわぬものの歴史』鹿島出版会

　　本書は，建築評論家である著者が人間生活のあらゆる面に及んだ機械化という流れとそれに伴う道具や空間の形態的変化について，膨大な資料と斬新な視点によって論じた書籍である。（原題 *Mechanization Takes Command*. 1948）

・カトリーヌ・クラリス　須崎文代訳（2024）『キュイジーヌ——フランスの台所近代史』鹿島出版会

　　本書は台所のデザインの歴史に着目することで，建築的にだけでなく，そこで働く人と家族との関わりや，女性の立場，暮らしの豊かさといったさまざまな問題を問い直す，とても示唆に富む内容となっている。（原題 *Cuisine, recettes d'architecture*. 2004）

・バーナード・ルドフスキー　渡辺武信訳（1984）『建築家なしの建築』鹿島出版会

　　本書は世界の土着的な建築について精力的なフィールドワークにもとづく豊富な資料がまとめられている書籍で，世界の伝統建築や生活文化について学ぶための入門書のひとつであり，建築学研究全般に大きな影響を与えてきた一冊である。筆者も風土に根付く暮らしのあり方に注目し，連載「ハニヤスの子」『味の手帖』（第１回「『ふうど』と暮らし」他　2024年〜）を手掛けているので参考にしていただければ幸いである。（原題 *Architecture without architects*. 1964）

第**22**章

寄せ場と取材

中原一歩

　ノンフィクションライターという仕事をご存知だろうか。あるテーマを設定し，それについて調べ，人に会って話を聞き，最後に記事にまとめる仕事である。私がノンフィクションライターを志したのは19歳だった。以来，政治，経済，事件，災害，戦争，スポーツ，芸能など多岐にわたる分野で記事を執筆してきた。

　中でも「食」というジャンルにこだわって取材をしてきた。今の時代，「食」といえば「グルメ」に代表される，消費のための「情報」だと勘違いされる。無論，それもある意味で正解ではあるが，むしろ「食」というテーマは，あらゆるジャンルのテーマと地続きであり，社会を構成する全ての事象は「食」と密接に関係していると断言できる。それはそこに「人間がいる」からに他ならず，食を描くということは人間の生き死にを描くに等しいのである。

　私はそのことを寄せ場という社会で体にたたき込まれた。寄せ場とは「日雇い労働者」が集まる地域をさす。中でも東京の「山谷」，横浜の「寿町」，大阪の「釜ヶ崎」は，日本三大寄せ場と呼ばれている。周辺には労働者のための簡易宿泊所「ドヤ」が林立し，同じく労働者の腹を満たし，俗世の鬱憤を晴らすための安食堂や酒場が軒を連ねた。

　私のテーマは「寄せ場から学んだ取材学」であると同時に，私が寄せ場で飲み食いした記録でもある。寄せ場の風景は戦後，昭和，平成，令和という時代を経て，大きく様変わりしたが，人を惹きつけてやまないその磁力は，今も脈々と現代に息衝いている。

寄せ場は孤独の吹きだまり

　皆さんは日本の漫画史に燦然と輝く『あしたのジョー』（原作・高森朝雄，作

画・ちばてつや）をご存じだろうか。漫画そのものを読んだことがなくても、「立て、立つんだジョー」の決め台詞くらいは耳にしたことがあるかもしれない。そんな不朽の名作はこんな一文から始まる。

「東洋の大都会といわれるマンモス都市東京——その華やかな東京のかたすみに——ある…ほんのかたすみに——吹きすさぶ木枯らしのためにできた道端のほこりっぽい吹きだまりのような、あるいは川の流れがよどんで岸のすぼみに群れ集まる色あせた流木やごみくずのような、そんな町があるのを皆さんはご存じだろうか」。

　私の考える寄せ場とは、この「吹きだまり」である。確かにこの漫画の舞台は山谷で間違いないのだが、私の経験から言えば寄せ場は必ずしも東京や横浜、大阪だけにあるものではなく、都市の大小を問わず、都市を形成する繁華街の周縁に必ず存在する。だからドヤと呼ばれる簡易宿泊所がひしめく直接的な「寄せ場」に対して、そのような都市の周縁出現する吹きだまりを、私は「寄せ場的社会」と呼ぶことにしている。

　この吹きだまりの主役は、今も昔も社会の最下層を生きる人びとだ。現代では寄せ場にも外国人労働者の姿が多く見られるようになった。50年前、こうした寄せ場は出稼ぎ目的でやってきた地方出身者の溜まり場だったが、今は留まることを知らないグローバル経済の坩堝と化している。こうした場所には今も昔も「混沌」と「薄暗さ」が同居している。

　そもそも都市とは人間の手によって造られた無機質で平均的な空間だ。けれども時間が経つにつれて、その無機質な町並みに、どこからともなくゴソゴソと"人だまり"が発生する。人がたまると飲み食い、ケンカ、賭け事、色事など人間のあらゆる欲求がむき出しとなる。その結果、都市の秩序とはまた別のルールや掟が形成されてゆく。とくに夜のとばりが降りる時間帯になると、その都市の秩序が融解してゆき、街は一気に活気を帯びてくる。

　私が寄せ場で学んだ言葉のひとつに、「街は表と裏、そして奥がある」がある。つまり、表通りの喧噪。裏通りの静寂。そして、奥の隠遁。とくに「奥」は悪場所でもあり、健全と真逆のディープでアンダーグランウドな世界が形成されるのは世の常だ。そもそも、寄せ場は匿名性が高い場所である。寄せ場で

取材に応じてくれた人でも，後々その名前は偽名だったことが発覚するケースもあった。借金から逃げ回る人，元詐欺師，元ヤクザ，現役の博徒など，寄せ場社会には氏素性のわからない人のたまり場なのだ。

実はなぜ私が寄せ場にこだわり，飲み食いをしてきたかというと，私自身がこの場所に身を置いていた時代があるからだ。そして，その経験がノンフィクションライターを志す，直接のきっかけとなったのである。

体に染みついた臭い

今から遡ること20数年前——。

当時，私は自分の体に染み付いた，ある「臭い」がたまらなく嫌だった。16歳の私は福岡・博多の一軒のラーメン屋台に住み込みで働いていた。この場所に身を寄せていたのには理由がある。

前年，父が経営する薬局が倒産。世に言う「夜逃げ」を経験した。もともと進路をめぐって折り合いが悪かった父と夜逃げの途中で大喧嘩をする羽目に。もともと，根っからの九州男児だった父を私は遠ざけていた。学力テストの成績が悪いと，容赦ない鉄拳制裁が飛んできたからだ。その度に私の頬は真っ赤に腫れ上がった。そんな父と，1日も早く離別したいと思っていた私は家出を決意する。正確には，その時点ですでに飛び出す家そのものがなかったが。

両親と別れた直後は，地元の友人宅を転々とした。しかし，手持ちの現金が尽きたことで，仕事探しを余儀なくされた。そこで目指したのが九州最大の繁華街を有する博多だった。いつの時代も手持ちの現生がなくなると目指すのはネオンの街だ。

しかし，仕事探しは容易ではなかった。コンビニで求人情報を立ち読みし，公衆電話から電話をしまくった。なんとか求人情報にたどり着いたとしても，身元を保証する住所も連絡先もない。全て書類面接で不合格とされ，面接にさえたどり着くことができなかった。スマートフォンもケータイもない時代の話だ。

家出をして3週間。いよいよ，手持ちの現金が底をついてしまう。途方にくれた私は，終電が走り去った駅の構内に，ヘタヘタと突っ伏してしまっていた。

所持金はもう一握りの小銭しかなかった。

「坊主，仕事ないのか？」

　見知らぬ大人の男性に声をかけられたのは，明け方近くだった。その男性は一目で私を「ホームレス」と見抜いたのだろう。しかし，肝心のやりとりの記憶は，それ以上覚えていない。気がつけば，その男性が運転する軽トラックの助手席に座らせられ，繁華街からは正反対の海の近くにあるプレハブのような建物に案内された。到着するなり食事の世話をされた。

「さあ，これを食え」。

　そう言わんばかりに，その男性が無言で差し出したのは一杯のラーメンだった。そこは宿舎を併設した，ラーメン屋台のバックヤードで，スープを炊く専用の工場のような場所だった。九州のラーメンは豚の骨でとった白濁した豚骨スープが主流だ。無我夢中で，口の中をやけどしながら噎せるようにして食べたラーメンの味は，今でも忘れることができない。

　かくして私はこの屋台で働くことになる。仕事は想像以上の重労働だった。出勤は昼の３時。指定の場所に屋台を移動し組み立てる。暖簾が上がるのは夕方５時。そこから観光客を中心に，隣接した市場で働く労働者を相手に，真夜中までぶっ通しの営業が始まる。暖簾を仕舞うのは真夜中３時。そこから屋台を片付け，宿舎に戻ってその日の仕込みを終え，寝床で横になるのは朝７時。こうして長い１日が終わる。

　奇妙な慣習があった。この屋台では，年下でも，１日でも先に入った者が「先輩」だった。当時，私は一番年下だったが，私の後輩に40過ぎの中年男性がいて，彼は私を「兄さん」と呼んだ。その関係は仕事場以外でも徹底されていて，そのやりとりを見聞きした人の目には，２人がどのような関係か見当もつかなかったに違いない。

　屋台の花形は，「釜前」というポジションだ。ラーメンの麺を巨大な釜で茹で，丼にスープを注ぎ，手にした巨大な湯切り専用の「てぼ」とか「金笊」という道具を使って，ラーメンを完成させる。博多ラーメンの麺はストレートで細く，茹でる時間は30秒だ。そして，注文は人によって「バリカタ」「カタ」「普通」「ヤワ」と麺の固さが異なる。これを瞬時に判別して手際よく，ラーメン

を仕上げてゆくのだ。

　ライターになってから知ることになるのだが，この麺の固さを示す言葉は「符丁」だった。同じ「カタ」でも店によって茹でる時間は微妙に異なる。もともと市場で働く労働者相手の食べ物だったラーメンは，まさに寄せ場の「食」の鉄則である「安い」「旨い」「早い」を見事に体現していた。ラーメン一杯380円。客の大半は市場労働者で，週に数回は必ず食べにやってくる常連だった。つまり，この「符丁」はせめて麺の固さの好み程度は客の無理を聞いてやろうとしたものだった。それが「符丁」として確立し，その後，メディアの力によって一般化したものだ。ラーメン二郎の「油多めニンニクマシマシ」にも通じる。

　話がそれてしまったが，私などの下っ端は，当たり前だが釜前に立つことはおろか，接客も許されていなかった。そんな私の仕事は「火の番」だった。豚骨ラーメンは「ゲンコツ」と呼ばれる豚の大腿骨を水から強火で，半日かけて炊き上げる。水分が蒸発するにつれ，豚の脂（ラード）がスープの上層に溜まる。これを手作業で丹念に取り除くのだが，店の終わりに，その日に使用したドラムカン大の巨大な寸胴を洗う作業が日課だった。

　「あとは頼むぞ」。

　店が終わると，先輩らはそれだけ言い残して歓楽街に消えてゆく。私と残された四十路男とでその寸胴を洗うのだが，ラードがこびりついた寸胴は，熱湯と業務用洗剤の原液でなければ洗い落とすことができない。夏場はたまらず上半身裸になり，寸胴を寝かせ，半分，頭を突っ込む格好で格闘した。強烈な豚臭と汗が混じりあった刺激臭が鼻をつく。寸胴を洗い終わるのは夜明け過ぎ。東の空に輝く朝陽が妙に清々しく感じられたものだ。

　この頃，私の掌は劇薬のような洗剤を素手で触るからなのか，真っ赤に腫れ上がり，その表面は象の皮膚のように乾燥し，ザラザラしていた。そして，繰り返し風呂に入っても，体にこびりついたあのラード臭は消えることがなかった。当然，異性にモテることはなく，思春期の無垢な青年に豚骨の洗礼はあまりにも残酷だった。

　そんな過酷な労働の中で，唯一，自分の時間を過ごせたのが休憩時間にとる飯だった。といっても，１日２食のまかないはすべてラーメン。ラーメンだけ

は「替玉」が許されていて，いくらでもおかわりができた。この替え玉のシステムも，お金をかけずに腹を満たすという，寄せ場ならではの知恵であり，客にお腹いっぱいになって欲しいという店の主人の愛情だった。屋台で過ごした３年間で，一生分のラーメンを胃袋に流し込んだ。よく体を壊さなかったと思う。

　唯一の楽しみが，屋台の先輩がたまに作ってくれるカレーだった。カレーといっても，豚骨スープの残りに市販のルーを放り込んで煮ただけ。これを白米にたっぷりとかけ，ネギと紅生姜，最後に生卵を落とし，豪快にかき混ぜて頬張るのだ。育ち盛りの若者には，豚の旨みが凝縮されたカレーは震える旨さだった。

　博多の屋台は「寄せ場」でこそなかったが，やはり空間そのものが「寄せ場的」だった。私以外の従業員も，私同様，何らかの事情を抱えて，この場所に流れ着いた根無し草だったが，それ以上，誰も個人の出自や境遇について詮索する者はいなかった。

　実はこの屋台時代，常連だった客のひとりが地元新聞の記者だった。その記者は私に屋台での生活を書かないかと言って，原稿用紙を手渡した。それまでまともな原稿なんて書いたことがなかったが，常連客だったので渋々，言うことを聞くことにした。しかし，そこからは災難だった。毎週，土曜日，その記者は私の原稿を添削して突き返すために，店にやってくるのだった。当初，自分が書いた原稿には，地の文が見えないほど大量の赤字が入っていた。眠い目をこすりながら何度も原稿を書き直した。２ヵ月が過ぎた頃だったと思う。その記者が新聞の夕刊を持ってきて私に差し出した。見るとそこに私の書いた記事が掲載されているではないか。常連客を逃がすまいとして書いた原稿が，それは見事な屋台の物語になっていた。この原稿がきっかけで新規の客も来て，私を拾ってくれた親父さんからも感謝された。

　この時，私が書いたのが，あの一杯のラーメンの話だった。確かその原稿の最後は，「食べるという行為は，食べる喜びと同時に，食べないと生きていけない辛さを含んでいる」という意味の言葉で締めくくられていた。かくして私は生涯の職業と生涯の書くテーマを同時に見つけたのである。

　もともとノンフィクションの手法の中には，「体験」という取材手法がある。例えばルポライターの草分けと呼ばれる鎌田慧は，『自動車絶望工場』という作品の中で，トヨタの季節工として働きながら，ベルトコンベアー労働の非人道性を描いた。同和地区の食肉工場で働いた経験をそのまま描いたのは角岡伸彦の『被差別部落の青春』だ。近年ではAmazonの物流センターなどに従業員として潜入し，巨大企業の光と影を描いた横田増生の『潜入ルポ Amazon帝国の闇』も大きな反響を呼んだ。一言に取材と言っても初心者には難しいが，まずはその現場で働くことで，その体験そのものがすなわち生きた取材となる。その上，取材中も生活費に困らないのは，駆け出しのライターや研究者には有り難いこと間違いない。このラーメン屋台で3年過ごした私は，ライターになるという夢を抱いて上京。そして，いよいよ念願だった三大寄せ場のひとつ山谷を目指したのだった。

群衆の中の孤独

　私が初めて寄せ場に足を踏み入れたのは，バブル崩壊直後の1990年代前半。東京最大の寄せ場「山谷」の最寄り駅は，営団地下鉄日比谷線，JR東日本・常磐線の「南千住」駅だった。当時の南千住駅は昼間といえども明るい駅ではなかった。構内も薄暗く，不気味な風情を漂わせていた。

　改札を降りるといきなり面食らった。真っ昼間だというのに，真っ赤な顔をした日雇い労働者が，道ばたで小便を垂れ流したまま寝転がっていたのだ。さらに驚いたのは，その脇をハイヒールを履いたOLが，何食わぬ顔で素通りしていくのだ。当時，すでに山谷は斜陽に向かっていたが，明らかに東京の他の場所にはない，人間の饐えた臭いがそこら中にプンプンとしていた。

　この頃の私は正直「山谷は手に負えない」と思っていた。博多で3年，それなりの過酷な現場での生活をしてきたが，山谷はまた別世界だった。誰かに話を聞こうにも，そう簡単に声をかけられるような雰囲気ではなかった。そもそもガテン系の労働者に口数の多い人はほぼいない。山谷は仕事にありつけないと，明日の生活もどうなるかわからない，というある種，殺伐とした空気が充満していた。そんな山谷の住人から私は「よそ者」という目で見られた。

　それでも，私はどうしても暖簾をくぐってみたい酒場があった。その店は山谷で知らぬ者はなかった。ただ店構えが強烈だった。玄関に鉄格子がはめられ錠前がかまされているのだ。まるで客が来るのを拒むかのようにだ。客商売の経験がある私にとって信じがたい場所だった。それに私はあるハンデを抱えていた。下戸なのだ。全く飲めないわけではないが，瓶ビール１本も飲めば睡魔が襲ってきて起き上がれなくなるのだ。山谷取材にこれは致命傷だった。

　そこで私は山谷で知り合ったとある初老の男に引率してもらうことにした。この人物は山谷で「フクシ」を受けながらドヤ暮らしをしていた。「フクシ」とはこの街の隠語で「生活保護」をさす。その人物に先導される格好で，私は鉄格子の玄関にかかる暖簾を恐る恐るくぐったのだった。そこは門構えからは想像できないような静寂な空間が広がっていた。冷房が入っているわけではないのに，夏でもひんやりとした空気を感じるのは，そこが土間だからだ。店の正面には神棚。中央に年季の入った，それは見事なコの字のカウンターがあった。初めての光景に目が泳いでいると，調理場らしき奥からただならぬ視線を感じた。見るとこちらを凝視する仏頂面の主人と思しきオヤジがいた。まるで値踏みするように，オヤジの視線が私の全身をなぞった。蛇ににらまれたカエルとはまさにこのことだ。

　一方，案内してくれた初老の男性は，早々とカウンターに座って「ビール」と一言。間髪入れずにキンキンに冷えたビールの大瓶をオヤジが目の前に置く。私もグラスにビールを注いでもらって，その場の勢いでキューッと一気に飲み干した。壁に貼られたお品書きは，いずれも300円程度のものが中心。店の名物は味醂と焼酎を半々で割った「本直し」。他にも「合成清酒」「焼酎ミルク割」など聞いたことない酒の名前がびっしりと貼られていた。驚いたことがあった。店には先客が数人いたが，注文以外，誰も一言も話さないのだ。

　そんな折，ひとりの若い男性が入ってきた。明らかに私と同じよそ者だ。すでにどこかで一杯，ひっかけてきたのだろう。明らかに赤ら顔で呂律が回っていない。

　「ここ空いてますか？」

　その無邪気な声がこの酒場を酒場たらしめている何かを壊した。張り詰めて

いた糸がプツリと切れる音がした。間髪入れずにあの仏頂面のオヤジが声をあげた。

　「ダメだ。いっぱいだ。帰れ」。

　店には私たち2人と先客が2人。明らかにガラガラだ。それでもオヤジは譲らなかった。その余りの気迫にその男性はブツブツと文句を言いながら，引き返すしかなかった。実はこの店にはいくつもの「掟」があった。

　「私語禁止」「大人数禁止」「泥酔者禁止」。もちろん，最近では「ケータイでの写真撮影禁止」。このいずれかにひっかかる客は，問答無用に突き返されるのだ。実は後で知ることになるのだが，あの客を寄せ付けない鉄格子も，仏頂面のオヤジの無愛想な接客も，数々の禁止ルールも，実はあのオヤジの愛情だったのだ。

　たとえば，酒場における「泥酔者禁止」というルールは，山谷に限らず，寿町でも釜ヶ崎の酒場でも共通するルールだ。寄せ場には「泥酔保護」という警察用語がある。これは警察が泥酔や錯乱者を保護という名で取り締まるための法律だ。寄せ場と酒は切っても切れない関係にある。かつては酒といっても合成酒がほとんどで，一級酒を二級酒と偽って売る店や，酒に水をまぜてかさを増やして売る店もあったそうだ。酒を飲めば人生を悔恨し，泣き，絡み，暴れ，他人に迷惑をかけた上で警察のお世話になる。酒を売る酒場にとっては，こうなると商売あがったりだ。だから各の店で酒にまつわるルールが決められているのだ。

　そして，もうひとつ。あのオヤジが守っているのは「群衆の中の孤独」だ。この「孤独」，つまり「ひとりで飲む」という行為が守られているのが，赤提灯がぶらさがった繁華街の「居酒屋」とは決定的に違う点だ。だから「私語禁止」なのだ。私を先導してくれた初老の男は，コの字カウンターでレモンサワーを片手に小説を読んでいた。

　文芸評論家の川本三郎は，『雑踏の社会学』という自著の中で，この群衆の孤独が守られている酒場があることが，都市を都市としてたらしめていると書く〔都市の一番の良さは「無関心」ではないかと私は思っている。他人のことなど全く気にもかけない「無関心」があるからこそプライバシーが保てる。群

衆の中の孤独である。だから酒場でいちばんいいサービスは「無関心」なのだ〕。

　ノンフィクションを書く上で，「現場に通う」ことは何より重要だ。しかし，何回通ったからと言って，その場所の主が胸襟を開いてくれるか，それはわからない。ただ大事なことが，その場の雰囲気を乱さないことだ。よそ者である事実は仕方ないとして，なるべく，そのよそ者の臭いを周囲に放たない。違和感のない存在として気配を殺してそこにいることが大切だ。

　私はある程度，山谷の取材にも慣れてきた頃，ある人にこう指摘されたことがある。

　「おまえはこの街の住人ではないだろう。それを装っているが……。この街でその若さでピカピカの靴を履いているようなヤツはいないんだよ」。

　ある意味，よそ者として山谷に「潜入」していた私にとって，その一言は手痛いものだった。確かに山谷で出くわす人の足下は，靴底がすり切れたくたくたの安物の運動靴か，いわゆるヘップサンダルと呼ばれる草履だった。運動靴は現役の労働者，サンダルは近所のドヤでフクシ（生活保護）にお世話になっているリタイヤ組。この街では足下を見れば素性が知れるのだ。この日，私は購入したばかりの多少高価なスポーツシューズを履いていた。確かに当たりを見回すと，そんなピカピカの靴を履いているのは私だけだった。明らかに私は浮いた存在だったのだ。

皿の上と皿の向こう側

　フィールドワークとも言い換えることができる取材。その手法を私は寄せ場で学んだ。取材とは「人間の話を聞く」という行為である。しかし，その過程で思いも寄らぬ出来事に遭遇した。ある喫茶店で話をしている時，私が取材者だと知った途端，「うちは取材お断り」と女主人に塩をまかれたことがある。頭の上から塩をまかれ，二度と来るなと追い出される経験に，当初は相当へこんだ。しかし，考えてみると基本的に取材をされたくない。過去を詮索されたくない。そもそも人間不信で孤独で生きることを選択した人々が暮らす街だ。そこで人の話を聞こうというのだから，私と山谷の住人の間にはそれなりの敷居があるのが当然だ。

　結論として，この街を取材するのであれば，その敷居を意識して振る舞うしかなかった。そのためには「通う」しかなかった。しばらくの間，私は定点観測的に山谷の街を歩いた。そして，この街で暮らす人と徐々に顔見知りになっていった。苦労したのは，そうして知り合った人との連絡手段だ。若い世代は求人情報にアクセスするためにプリペイドのケータイを持っているが，年配者の多くは何も持っていない。唯一の連絡手段は，その人が暮らすドヤに直接，連絡して呼び出してもらう方法だ。

　取次をしてくれるのはアパートの住人で，「○○さん，おられますか？　ライターの中原です」なんて言うものなら，そのままガチャン。何しろ誰かから電話がかかってくる，という行為そのものがないのだ。それに自分の住んでいるドヤを教えてもらえる関係になるまでには，それ相応の人間関係が必要だ。だから誰かと会う場合，そのほとんどが口約束となる。その場合，3回に1回は待ちぼうけをくらうことがあった。相手が約束を忘れている場合もあれば，当日，体調が悪くて寝込んでいる時もあった。こうした場合，向こうも私に連絡をとる手段がない。結局，そうなると馴染みの酒場や飯屋に行き，「○○さん，来てませんか？」と尋ねて回る他ない。会えない日が続くと，もしかすると大病をしているのではないか，と心配になってくるが，それでも諦めずに日を変えて探す他ない。

　そうこうしているうちに，山谷歩きのために誂えた運動靴のかかとが，すり減ってくるようになった。その頃になると自分でも，この街に身をさらしていても違和感を持つことがなくなっていた。馴染みの店もできて，カウンターを仕切る女主人が「この人ね，ライターさん。変わってるでしょ。こんな何もない場所がいいって言うんだから……」と，私のことを常連に紹介してくれるようになった。また結局，私が支払うことになるのだが，ある男性は，さんざん飲んだ挙げ句，「兄ちゃん，今日はオレのおごりだ」と言って，カウンターに五百円玉を叩き付けて，そそくさと先に店を後にするひょうきんなおじさんとも仲良くなり，そのおじさんに案内されて，本物のドヤに寝泊まりする経験もさせてもらった。

　こうして山谷を中心に，全国の寄せ場を取材した体験を，私は『寄せ場のグ

ルメ』という1冊の本として出版した（2023年10月）。

「食を書く」ということは，単に旨い，不味いといった「皿の上」の情報を書くことではない。その皿の向こう側の物語を描くことだ。これは寄せ場であっても，食肉解体の現場であっても，世界を席巻するスペシャリティーコーヒーであっても同じだ。分断されている「皿の上」と「皿の向こう側」。それぞれに関わる人間の営みにこそ，物語の本質があるのである。そして，ひとつのテーマを見つけたのであれば，それをある程度の時間軸で定点観測することをおすすめする。あるひとつのテーマに関して，飽きることなく30年取材すれば，その世界における先駆者となるのは言うまでもない。

日雇い労働者の多くは高齢化し，かつては活気に溢れていた寄せ場も閑散としている。今や，社会の最底辺で日本の労働を支えているのは外国人労働者だ。アジア，アフリカ，南米など，世界から集まる彼らの腹を満たしている安食堂が，東京各地に出現している。彼らはいったい，何を食べ，何を飲み，どのように暮らしているのか。これからも全国の寄せ場をめぐりながら，同じ釜の飯を食って考えてみようと思っている。

推薦図書

・紀田順一郎（2000）『東京の下層社会』ちくま学芸文庫

　明治，大正，昭和の東京を，下層労働者の視点から読み解いた寄せ場の入門書。現代の東京に重ねながら読むと，また違う帝都東京の姿が浮かび上がってくる。

・川本三郎（1987）『雑踏の社会学』ちくま文庫

　「街」と「人間」の有り様を考えさせられるルポルタージュの傑作。とくに下戸の私にとって，酒場におけるある種の作法はこの本が教科書だった。寄せ場を文学などカルチャーの視点から読み解いている点も他にない。

・多田裕美子（2016）『山谷　ヤマの男』筑摩書房

　女性の視点から山谷をルポルタージュした作品。ジェンダーとしての寄せ場のあり方を考えさせられる。著者は山谷で「泪橋ホール」というコミュニティーサロンを経営。写真家である彼女のレンズに収まったヤマの男たちの表情が忘れられない。

第23章

"食" は小説の最もポピュラーな題材である

深緑野分

誰かがどこかの食堂に入り，熱いお手拭きを広げながら壁のメニューを読む。他に客はいるのか，何を食べているのか，視点人物は何を注文しどのように食べるのか。

日常に深く根差す"食"は小説のあらゆる場面に登場する。"食"にまつわる展開を描くことで，人物の性格や場の状況を説明し，読者の理解を助ける手立てとなる。また，単調になりがちな会話場面に，緩急をつける役割も担うことができる。

"食" と小説の蜜月

たとえば森鷗外は，無政府主義について論じる会話劇のために，舞台を役所の食堂に設定した（短編「食堂」）。食堂ならば，上官と部下が同席し立場を超えて議論するという状況に説得力が出る。またやや説明調な議論の間に，弁当を食う仕草や風呂敷で包んで立ち去ろうとする動作を挟むことで，語りが一本調子にならない。一例として，上官が食するまかない弁当は主人公たちと「同じ12銭の弁当であるが，この男の菜だけは別に煮てある」。この描写があることで，権力者なのだとわかる。"食"は優れた小道具だ。

近代日本文学の祖のひとりである夏目漱石も，物語を進める起点として頻繁に"食"を使った。谷崎潤一郎『細雪』でも飲み食いや飲食店での場面が頻出，四姉妹をはじめとする登場人物がまるで本当に生きているかのように感じられ，読者はその店に行ったような錯覚さえ覚える。食文化以外の生活史としても筆の冴えた作品で，昭和時代の大阪で暮らす中流上層階級者の生活が理解しやすい。

そういった系譜を経て，日本文芸において小説と"食"の相性の良さを知ら

しめた決定打は，池波正太郎の登場と思われる。美食家としても有名な池波が描く江戸の食文化は，多くの読者の口内に涎をあふれさせた。

　しかし"食"の描写は人気だったが，"食"そのものが主体となるのは，随筆やエッセイ，あるいは短編小説といった比較的ライトな書き物の領分だった。"食"を中心に据えた小説は昭和にも存在したものの，売り上げは芳しいとは言えなかった。

　しかし平成以降，2007年に第1巻が刊行された近藤史恵のシリーズ作〈ビストロ・パ・マル〉（東京創元社）などを機に，グルメ小説は注目を集めはじめる。近藤の同作は2023年現在もなお続刊が発表されているし，高田郁〈みをつくし料理帖〉シリーズ（ハルキ文庫）は全10巻に加え特別編1巻が刊行されるなど，人気ぶりが窺える。グルメ小説は，2020年には小説全体の1，2を争う人気ジャンルとなり，文芸誌でも"食"の小説の特集がよく組まれるようになった。

　海外の小説でも"食"の描写は豊かだ。文豪ジョン・スタインベックも掌編「朝めし」（『スタインベック短編集』収録，大久保康雄訳，新潮文庫）でなんとも美味そうな食事の場面を書いている。寒い冬の朝，田舎道の先に張られたテントで，主人公は労働者たちに混じって朝めしを食す。「いためたベーコンを深い脂のなかからすくいあげて錫の大皿にのせた。ベーコンは，かわくにつれてジュウジュウと音をたてて縮みあがった。若い女は錆びたオーブンの口をあけ，分厚い大きなパンがいっぱいはいっている四角な鍋をとり出した」（大久保康雄訳）。

　また，ミステリの女王として知られるアガサ・クリスティの"食"の場面も筆が冴えていて，〈ミス・マープル〉では頻繁にティータイムが登場する。その系譜につらなるジャンルにコージー・ミステリがある。小さな町のくつろいだ雰囲気の中で事件が起き，警察や探偵ではなく主婦や店員などが探偵役を担う。料理人が謎を解いたり，巻末に料理のレシピが掲載されたりと，"食"が中心となるケースは多い。

　児童書でも"食"は活躍する。C. S. ルイス『ナルニア国物語』の「ライオンと魔女」（瀬田貞二訳，岩波書店）で描かれた"プリン"（実際はトルコの菓子ロクム）が，魔法の力で雪の上に現れるのを，瞳をきらめかせながら読んだ子どもは多いはずだ。

　もはや“食”を一切描いていない小説を探す方が難しいほど，小説と“食”は蜜月状態にある。食欲をかき立てられるものに限らず，味気ない，会話や仕草の間を持たせるための小道具としても，何らかの形で“食”は登場する。枚数の少ない短編小説なら“食”がない作品も多くあろうが，長編小説で食べ物や食事シーンが書かれていない場合は，作者が“食”を入れないよう意識して制限した可能性が高い。長編は枚数が多いため，作中時間が長く経過し，登場人物も飲食する必要が出てくるからだ。

　このように小説における“食”は，小説家にも読者にも強く支持される，最もポピュラーな素材と言える。

憑依とミメーシス

　なぜこれほどまでに“食”と小説は密着したのか。それはおそらく，“食”が人間にとって最も身近であるために，浸透度の高い“憑依”への媒介となるからだ。

　そもそも小説は，絵も音もにおいも手触りも味もなしに，言葉だけで読む人に物語を想像させるという，奇妙な芸術である。インク，鉛筆やペンで記されただけの文字を読む，あるいは音声化された言葉を聞き，人は見えない情景を頭に思い浮かべ，存在しない存在とシンクロし，五感を共有する。そしてその存在が本当に「生きている」と錯覚し，物語にのめり込む。このあたりについては，哲学や芸術論，文学論でしばしば挙がる概念“ミメーシス（模倣）”について考えるとより深く探れると思われる。

　もし小説を読んでいてキャラクターが「生きている」と感じられなかったら，読者はあっという間に読む気をなくし，本を閉じてしまうだろう。キャラクターに共感も理解もする必要はないが，存在はリアルだと思えなければならない。

　しかし文章はいわば情報の羅列だ。誰がどこでどうしてこうした，このように感じた，あんな味がした。それらのすべては，端的に言えば情報である。情報をいかにリアルに感じてもらえるようにするか。

　そのために重要なのが憑依，あるいは模倣である。小説家は執筆時に頭の中の架空の存在に近づき，程度の個人差はあれ，憑依状態に陥る，あるいは模倣

をしながら原稿を書く。その上で，読者にも同じように憑依してもらえるように言葉を選び，感覚を再現し，誘導する。そしてこうした点で，"食"は，読者を憑依や模倣に誘いやすい最良の素材なのである。

すでに数多くの文学論や創作論で語られていることではあるが，具体例を示すために，どのように小説家が"食"を使って読者を憑依，模倣に導くのかを解説しよう。

『戦場のコックたち』

具体例には自分で書いたものが最も適しているだろう。2015年に東京創元社から出版した拙作『戦場のコックたち』を挙げる。

この小説は，1944年6月に行われたノルマンディー上陸作戦に参加し，その後ナチス・ドイツが敗れるまでヨーロッパで戦闘に参加し続けた，アメリカ陸軍のコック兵の話だ。第二次世界大戦のヨーロッパ戦線を，19歳のアメリカ人青年の視点で書く。しかし作者である私は，日本生まれの日本育ち，1983年生まれのため戦争を経験しておらず，刊行後しばらくするまで一度も海外に出ることなく，アメリカに縁もゆかりもなかった。つまり，私は自分と何のつながりもない人々と時代を描こうとしていた。

とはいえ，着想段階においては，憑依や模倣のために"食"を絡めようとは，まったく考えていなかった。主人公をコック兵にした理由は単純に後方支援兵について書きたかったからである。後方支援などのサポートを担うキャラクターが好きだったし，英雄視されがちの"勇猛果敢"な兵士より，日々の生活を支える後方支援兵を書く方が，作品にとっても重要だった。戦場を勇壮なものとして描きたくなかった。

はじめは衛生兵にしようかと思っていたのだが，一歩間違うと自己犠牲の礼賛になりかねず，また"日常の謎"を書くには，サルファ剤と包帯より，芋の皮むきとスプーンとフォークの，コック兵の方が適任だろうと考え直し，このような形になった。前線ではなく，後方基地にある食堂の調理担当のコック兵にする案もあったが，それでは戦わない幕僚や休息中の兵士との接触ばかりになり，人を殺すことに慣れていってしまう普通の青年の視点が書けず，反戦と

いうメッセージ性を打ち出すにも弱い気がした。また，完全に後方基地に設定してしまうと，ヨーロッパ戦線になじみのない日本の読者に，どのような戦況か，戦場はどれほど過酷だったのかを，伝えそびれる懸念もあった。それで前線に配属される中隊付きコックの物語になった。だから戦闘になれば銃を取って戦うし，調理といっても簡単なもので，休息が取れないうちは隊の面々に糧食を配るだけだったりもする。

　着想がある程度固まってから資料にあたり，1925年から1944年までのアメリカ南部の人々が何を食べていたか，どのような生活を送っていたか，さらに1944年から45年までのアメリカ陸軍兵士が食べていた糧食や食堂の飯について調べた。たとえば，野外では地面にファイヤー・トレンチと呼ばれる溝を掘って火を熾し，洗い物用のドラム缶の火を沸かす。兵士はめいめい，メス・キットという食器やフォーク，スプーンなどを携行しており，野戦炊事場で調理された料理をよそって食べるのだが，しっかり洗わないと特に野戦中は残飯が腐って腹を壊す。そうなれば兵力が下がり非効率だ。コックたちは野戦炊事場にて熱湯を沸かし，粉石鹸を溶かした洗浄水を用意する，などを知った。

　また，興味深かったのは粉末卵だ。リジー・コリンガム『戦争と飢餓』（宇丹貴代実，黒輪篤嗣訳，河出書房新社）に詳細が記載されていてはじめて知った。戦争中，連合国はドイツ軍によって海路と陸路を封鎖され，食料難に陥った。食料も日用品も配給制となり，あらゆる物資が不足していたが，中でも栄養価が高い牛乳や卵を確保することに苦心していた。特に卵は長期保存に向かない上，繊細に扱わないと割れて無駄になり，ただでさえ不安定な輸送状況下での運搬は困難を極めた。そこで卵を凍結乾燥させる粉末卵に注目が集まる。これなら栄養価をそのままに，長期保存も，長距離の運送も可能だ。19世紀末には存在していた粉末卵をイギリスが30年代に改良，凍結乾燥用生産工場を建て，戦争がはじまると特許を解除し，アメリカなど各国がこぞって生産するようになった。しかしこの粉末卵，味とにおいと食感がかなり悪く，当時から不評だった。私も試しにスクランブル・エッグにして食べてみたが，きつい硫黄のにおいとなんとも言えない石油のようなにおいが混在し，ぼそぼそとしてひどくまずい。現代のかなり改良されたであろうものでもこれなら，戦時中のひどさは

想像に難くない。

　こうして調べ，知った物事には，物語が詰まっている。粉末卵ひとつ取っても，味よりも長期保存と運送の利を取る考え方に，戦時らしい生活ぶりを感じる。誰がどのように食べたか——食料難の中で母親が粉末卵を水で溶いて焼くが，子どもはキッチンで鼻をつまんでしかめつらしている——などの風景が思い描ける。これは戦争の手触りのひとつだ。遠い世界にいるはずの人たちがぐっと近づき，相手の心がわかったような気になる。

　小説家によって物語を思いつくきっかけや題材を選ぶ理由はそれぞれ違う。私の場合は"いかに他者やここではない場所とシンクロするか"が重要だと言える。たとえば何かの写真を見て，ふいにその場にいる感覚に陥ることがある。短編「オーブランの少女」がそれで，ある日，何気なく雑誌を読んでいたら，イギリスの緑豊かな美しい庭園を写した写真群の中に，幾重もの黄色い花びらをつらねたキングサリの棚の写真を見つけた。次の瞬間，私はあっという間にその庭に心が飛び，舞い落ちる金色の花びらを浴びてぼうっとしている少女になった。足の裏に土を感じ，緑の薫風を嗅ぎ，ざわつく葉擦れの音を聞き，「オーブランの少女」という物語が少しずつ生まれはじめた。

　そうしたシンクロを"見える"と呼ぶことがある。"見える"と私は物語に没入し，その時間を実際に生きることができる。科学的ではないが，創作者は大なり小なりこういう特性を備えているように思う。この霊感めいた模倣をミメーシスと呼ぶのかもしれない。"見える"のと"見えない"のでは，書く意欲がまるで違う。"見えない"状態，憑依できていない状態で書くことも可能ではあるが，私にとっては無味無臭の砂を無理矢理食べさせられることと同じだ。

　そういう意味で『戦場のコックたち』は，着想の段階から彼らの生活や姿が"見えた"ので，執筆中はとても充実した気分だった。第二次世界大戦中のヨーロッパやアメリカ南部を実体として感じ，主人公たちと指先を合わせ，体と心を重ねるように，輪郭を限りなく正確にトレースする。その媒介として重要だったもののひとつが，粉末卵のような"食"だった。体験できるものは実際に味わい，糧食のように現代ではもう食べられないものは様々な証言を辿ってだい

たいの感覚を摑む。日本暮らしの立場では珍しく思う料理や食材でも，それを普段から食している人に近づき，あたかも自分が最初からそれを食べていたかのように再現することができる。

　シンクロ，模倣，憑依，ミメーシス，どのような呼び方でも構わないが，とにかく「自分自身を変容させ，対象を実際に生きる」ことで，小説が書ける。

　ただし，この感覚は倫理上非常に危険であると，大前提として念頭に置くべきだと考えている。なぜならこれはあくまでも模倣であり，偽物だからだ。小説家も読者も注意して取り扱わねばならない。小説家の感覚はある種の思い込みで，真実味においては当事者の体験と比べるべくもなく劣っている。

　『戦場のコックたち』に登場する料理は，大きく分けて2種類ある。主人公を含む兵士たちが故郷で食べた「平和で懐かしい味」と，戦場で食べる「戦争の味」だ。

　主人公はアメリカ南部，ルイジアナ州の田舎町出身で，1925年，世界恐慌の直前に生まれた。祖父は雑貨店を開業，料理上手の祖母が手作りの惣菜を売り，主人公はその影響で食いしん坊に育つ。「手作りのマヨネーズと甘酢っぱいピクルスを使ったデビルド・エッグ，フライドアップルに，スコーンやヨークシャー・プディング，コールドミートと川魚のフライ」などが祖母の得意料理だった。アメリカ南部料理にイギリスの菓子が混ざっているのは，イギリスの「さる紳士の屋敷でキッチンメイドとして働き，コック長の見様見真似で料理の腕を上げたというその実力は，19歳で祖父に見初められ新天地アメリカに移り住ん」だためである。

　さて成長した主人公はアメリカが参戦すると，陸軍空挺師団に志願，戦火のただ中にあるヨーロッパに降下した。そして先ほども紹介した粉末卵も調理することになる。

　「最後の仕上げは粉末卵のスクランブル・エッグだ。アルミ袋の封を切って中身を全部巨大ボウルにあけ，水を加えてへらで混ぜる。たちまち異様な，間違いなく卵のそれではない臭いが鼻を刺激する。どちらかというとイーストとメイプルシロップのにおいに近い気もするが，パンケーキに失礼なのでその連

想はやめた」。「虚ろな気持ちでひとりごち，くすんだ黄色い液体をどろどろと混ぜ合わせて」。「熱した天板に粉末卵液を流すと，たちまちプラスチックを燃やしたような嫌な臭いがはじけた」。

このように主人公が悪戦苦闘していると，同期兵が「平和で懐かしい味」の話をする。「俺の実家の近くにダイナーがあってさ，オムレツが絶品なんだぜ」。「そこのオムレツはな，トマト入りなんだ。じっくり炒めて甘くなった，塩とオレガノがきいてるトマト。それを濃厚な卵が包んで，フォークを刺すととろんと……」。

どちらも「美味い」「不味い」とは書いていない。粉末卵の方は「イーストとメイプルシロップ」という，比較的相性のよさそうな香り同士に例えているが，「たちまち異様な，間違いなく卵のそれではない臭い」で打ち消している。「くすんだ黄色い液体をどろどろと」も，食べ物らしくない気味の悪い表現を試みた。一方，トマトのオムレツは「じっくり炒めて甘くなった」という，「美味い」の定型描写を使っている。じっくり，とろとろ，コトコト，甘くなった，濃厚な，優しい，まろやか，ふんわり，サクッとじゅわっと，ピリリとスパイスのきいた――これらは情報を感覚に転換しやすい定型描写だ。

個人的には「不味い」の無限の可能性に惹かれる。"食"の小説では「不味い」はあまり描かれないが，現実の生活ではいつでも「美味い」に巡り会えるわけはなく，たいていは「不味い」あるいは「美味くも不味くもない」味とともにいる。買い物に行く時間もないし調理も面倒くさくて，賞味期限切れになったカップ麺を食べ，なんだか味が落ちていてすさんだ気持ちになる。「不味い」には理由や背景，表情がある。そこに生活すなわち「生きる」が，濃密に滲むのだと私は考えている。"食"は必ずしも美味くある必要はない。不味いものにこそ宿る，人の営みの切れ端もある。

『戦場のコックたち』の主人公はアメリカ人だが，私の個人的な体験を生かした描写もあった。祖父が営む雑貨店で育った彼は，戦場で思い出を振り返る。「僕がまだ九歳かそこらだった頃，実家の店に新発売のチューインガムが入荷した。僕は妹のケイティのために，父さんと母さんに内緒でくすねてきてやると約束した。はじめはそのつもりだったが，実際に箱を手に取ると急に惜し

くなって，ひとりでひと箱食べてしまった。甘ったるいフルーツポンチ味で，たくさん噛んだのと口内炎ができたのとで，顎と口の中ばかりか，耳の奥まで痛くなった」。店から商品をくすねたことは一度もないが，子どもの頃，ガムを大量に口に入れたせいで，顎がひどく疲れ，甘ったるい味に耳下腺が痛くなった。戦前のアメリカの少年だろうと平成の日本の少女だろうと，ガムを大量に噛んだら同じ事態になるはずだ。そして読者の中にも，同じ経験をした人たちはいる。そう考えて，このような描写を入れてみた。

　小説家は自分の経験も交えて対象に憑依，模倣し，構成し直して言葉を使い表現する。その表現を読者が読み，憑依，模倣している小説家の体験を追体験する。

　ポール・リクールは『時間と物語』で「三重のミメーシス」を提唱し，創作における行程は，ミメーシス（模倣）を3つの段階に分けて形象化していくものと解釈した。すなわち，人は日々の生活を送る中で知らぬ間に先行理解を所持している。創作者は常に自分ではないキャラクターを書くが，何もないところから理解は生まれないため，自らの経験を元にする。次に創作者は感覚や理解や設定，あらゆるものを統合して整理し直し，テクストに変換する。そして3段階目でテクストが読まれ，解釈，理解される。こうしたリクールの見解について，確かに自分の創作を振り返ってみると，この概念は正しいと思われる。

　反対に，戦場の生活は私には"わからない"。極寒のバストーニュの森，敵に包囲され身動きができなくなった主人公たちは，雪原を掘ってタコツボを拵え，寒さをしのぐ。暖かい食事は摂れない。「前線では火が使えない。一面が真っ白な雪景色で火など熾そうものなら，格好の標的となってしまうからだ。どうしても温かいものが食べたければ，覆いをかぶせてから，タコツボにこもって糧食の缶詰をコンロで温めるしかなかった」。これらの描写は，インスピレーション元となったテレビドラマ『バンド・オブ・ブラザース』の第6話から第7話を参照しつつ書いた。参照できる映像があると文章でも表現しやすい。とはいえ先行作品と区別しないとオリジナリティがなくなるので，注意が必要である。

　先に，戦場の生活は私には"わからない"と書いたが，この"わからなさ"

を大切にするのも重要だと考えている。当事者に寄り添おうとする姿勢はとても大事だが，彼ら彼女らの本当の気持ちは誰にもわからない。むしろ，他者を簡単にわかった気になるのは危険である。とりわけ，模倣を得意とする想像力豊かな小説家は，すぐ"わかった気"になって，自分がその道の権威だと勘違いしてしまう。

　想像力は大切だが，所詮は想像である。経験ではない。模倣はあくまでも模倣だ。

自分のつく嘘と真実の狭間で

　極端に言えば情報の羅列にすぎない文字の物語を，なぜ読者は体験したかのようになぞらえ，イメージを再現できるのか。原始の時代におとぎ話や神話が生まれたのも，物語であれば危険な情報や教訓がわかりやすく伝達できたためだが，なぜ追体験が可能なのかは不明である。

　物語は——小説や漫画，映画，すべてのフィクションは——警鐘を鳴らすことも洗脳することもできる。日本でも戦時中に国威掲揚小説が書かれ，世論を操作したように，言葉の力は脅威になり得る。

　昨今，歴史や学問のナラティブ化について様々な議論が沸き起こっている。イヴァン・ジャブロンカが『歴史は現代文学である』(真野倫平訳，名古屋大学出版)で書いたように，学問は"私"を取り入れるべきなのだろうか。この論考自体が著者である"私"の視点が多く，自作を解体するにも必ず"私"の感覚や経験が入らざるを得ないことが証左なように，物語と"私"は切り離せない。だからこそ感情を動かしやすい物語化の取り扱いには十分注意すべきだ。なぜなら，誤解を恐れずに言うならば，小説は勉強をしなくても書くことができるからである。

　物語はどこにでも生まれる。おままごとやごっこ遊びと同じ軽さでも。証拠も研究も反証も必要なしで，一方的に書き，人を感動させられる。間違った情報を伝播させることも，憎い相手に矛先を向けて攻撃させることも，物語はできる。SNSが普及したことで物語は一個人のものになり，地球の人口分に及ぶほどの小さな日々の私的物語が生まれ，ますます混乱していく。"食"もま

た，身近ゆえに簡単に取り扱えてしまう。

　先行研究や当事者の声を真摯に受け止め，調べて作品に反映させるかは，小説家の倫理観に委ねられている。しかしどれほど誠実に取り組んでも，対象を模倣することは蹂躙になりはしないかという思いは頭を過る。小説を書く時，自分のつく嘘と真実の狭間で，まるで合わせ鏡の迷宮に踏み入ってしまったような感覚に陥る。こうした葛藤との折り合いはどれほど原稿を書こうとつけられない。わかりやすいから，感動できるからといって，読者の脳裏に蛇のように滑り込み，模倣を喚起して誘惑し，どんな方向にも連れて行ける力を，無邪気に信じるのは危険である。

　では小説や物語は邪悪なのか。決してそうではない，繋がることの尊さは昔から変わらず，むしろ今こそ必要であると言える。私たちが私たちだけの世界に閉じこもることなく，他者へ，他世界へ手を伸ばしていけるように，物語は媒介としてあり続ける。

　今後も小説において"食"は重要な役割を果たすだろう。空想の同じテーブルで，同じ皿で，同じ料理を食べ，私たちは互いを知る。

　食べ尽くして空になった皿の先に，本物の風景が，自分ではない人がいる。その思いは確かに，心を前に向けるはずだ。

推薦図書

・イーライ・ブラウン　三角和代訳（2022）『シナモンとガンパウダー』創元推理文庫
　1819年，海賊に拉致された料理人は，船長に脅され，週に一度極上の料理を作る羽目になる。海賊船の食料という特殊かつ乏しい状況で創意工夫するユニークな冒険譚。
・リジー・コリンガム　宇丹貴代実，黒輪篤嗣訳（2012）『戦争と飢餓』河出書房新社
　第二次世界大戦における各国の食料事情や戦争による飢餓について学べる。太平洋戦争時の日本の飢えにも切り込んで書かれている。
・沼野恭子（2022）『ロシア文学の食卓』ちくま文庫
　ロシア文学に登場した食の数々をロシア文化や風習の視点から読み解き，かの国と人々を深く掘り下げる名著。めくるめく料理の魅惑に垂涎必至である。

第**24**章

労働から考える「食と権力」

藤原辰史

　哲学や歴史学などの人文学の担い手が，食という人間の性（サガ）について得意満面に語っている場合，まずはその人の本や論文を警戒した方がいい。誰もが手だれの経験者なのでとっつきやすいのが食というテーマである。だから，学問そのものに対する情熱が薄くても，すんなりとその世界に足を踏み入れやすい。なんといっても，食は卒業論文や修士論文のテーマになりやすい。インターネットで記事を集めたり，身近な家族の聞き取りをしたりすることは比較的容易で，ある程度データが集まると，「研究」した気になってしまう。食について得意満面に語っている人が，学問の真理を追求するよりも，単に「学問した気になっている」可能性が否定できないし，そんな学生たちの怠慢を戒めるのではなく助長する人かもしれないからだ。

　あるいは，人文学をなりわいにする人間が，わざわざ難しい漢語やカタカナ語をお札のように紙面に貼り付けて，あれこれ理屈をこねくりまわして食を語るのは興醒めだ，という感覚も，手放さないほうがいい。食べればわかる，飲めばわかる，という素朴な感覚も，捨てないままでいたほうがいい。人間にとって食べる，交わる，寝る，排泄するという欲求は快楽と結びついているばかりではなく，日々の営みとして私たちのからだに染みついている。日々反復されているうちに無意識の領域にも浸潤した癖や工夫と不可分のこの領域は，実はそんなに学問の担い手が噛み砕けるような柔らかい素材ではない。

　だから，当然の帰結として本文の筆者にも警戒すべきだ，と私は思う。『給食の歴史』（岩波新書，2018年）などという日本列島に住む，少なくとも95パーセントが経験したであろう学校給食について書くなど，何か下心があるに違いない，と構えても当然だろう。読者の感性を変えていくために，思考の悪役を引き受けるのではなく，最初から読者と全肯定の幸せな関係を築こうとするの

は，「あなたを前世の業から救います」と言って高価な壺や書物を売りつける「宗教家」とそう変わらない。それから，給食という辛かったり，楽しかったり，苦かったりした幼い頃の思い出を，わざわざまじめくさって「歴史叙述」にしているその態度も，十分に警戒に値する。

　ただ，私は，詐欺師や宗教家を職業として選んでこなかったし，いまのところ選ぼうと思ったことはない。なぜなら，食の研究は，私がこの研究をするまでに先達たちが達成したレベルの高い研究群が示しているように，底が見えない井戸のようにあまりにも深遠なテーマで，簡単には「入門」などできない代物だったことを，研究者になって20年を経た今もなお，毎日のように感じているからである。

　私は，「食」をめぐる世の中の事象が，人を成長させ，人を幸せにする事実（それ自体，間違っていないのだが）というよりは，人を殺したり，人の健康を奪ったり，人を憎んだりする事実に興味をそそられる。つまり，権力と政治の心臓部と食が，おそらく人類史の開闢以来，深くつながっているということである。ともに火を囲い，ともに敵を追い払い，ともに狩りに出かけ，ともに木の実を拾い，ともに耕し，ともに収穫しながらも，それが少なければ殺し合いをしてきたホモ・サピエンスは，おそらくもう最初から食に力が染み付いている。けれども，つい私たちは，食を語るとき，幸福感に満たされる。それは自然なことであるから，責められることでないのだが，そのことが，世の中のとてつもない力と深く関わっているという問題について，私は考えたいと思うし，読者の皆さんにそんなテーマを知ってもらいたいと願っている。

食卓にはたらく「力」

　まずは，あなたの食生活の中にどんな「力」がはたらいているか，考えてみたい。もっと自由に，自分の好きなように食べたいし，食べていいのだけれど，なんとなく，テレビやインターネットの広告や，コンビニに並んでいるキャラクターのメッセージなどにつられて100円，200円と買ってしまっている。財布を取り出したのは自分の意志である。だけれども，よくよく振り返れば，企業の戦略につられてしまった，という経験はないだろうか。

望んでいないのに，いつの間にか，遺伝子組み換え作物の食品を買わされてしまっていたり，気づいたら自分の知らない国で収穫されたコーヒーを美味しく飲んでいたりする。収穫されたコーヒー豆は乾燥させて，煎って，細かく砕き，お湯や水で抽出してようやく飲める。缶コーヒーであれば，その過程にはさらにたくさんの労働者が関わっている。どうやらとてつもなく安い賃金で雇われた人たちによって作られていることも多い。

ついでに，「激安」をうたう回転寿司のネタも，大学生の生活を助けるコンビニおにぎりも，日本にやってきたインドネシアやヴェトナムからの技能実習生や，なりすましの留学生の労働によって作られたものかもしれない。日本の大学に留学生として初めから就労のつもりでやってくるヴェトナムの人びとも多いが，それは学生数を確保したいという大学側の意図と共犯関係にあるという報告もある⁽¹⁾。こうした問題の先駆的な研究をしている社会学者の瀬戸徐映里奈は，かつて難民として渡日したヴェトナム人が中心となって建立した福圓寺の2017年の盂蘭盆会の法要で，「日本語学校や国立大学を含む留学生，会社員や技能実習生などの若者たちによる劇」がなされたと述べている。その内容は，「夢を抱き日本へ留学した主人公が，アルバイトで疲れ果てた末に貧窮し，スーパーからコメを窃盗して逮捕され，ようやく帰国できたときには母はすでに病で亡くなり，親孝行をひどく後悔する」というもので，境内にはすすり泣く声も聞こえたという⁽²⁾。コメの窃盗というのが切ない。

また，2023年夏にヴェトナムを訪れた時，ガイドから，「日本に行ったヴェトナム人でお金を儲けて帰って起業する人や家を建てる人もいるので，どんどん日本に行く」という話を聞いた。

水田やゴム農園の広がる貧しい農村からやってくる人びとが，優しい上司にめぐまれて実習生や留学生やその家族らに本国では得られないほどの富をもたらすこともあるが，雇い主がヴェトナム人たちに暴力をふるったり，過酷な労働を強いたりして，食事を我慢させたりして，失望感を与えて，失踪や自死に

---

(1)　瀬戸徐映里奈（2023）「留学生三〇万人計画の理想と現実」岩井美佐紀編著『現代ベトナムを知るための63章』［第3版］，明石書店。

(2)　前掲書，380頁。

写真24-1　ヴェトナム南部に広がるゴム農園の光景

（出所）筆者撮影。2023年8月24日

つながる事例も少なくない。[3]

　また，技能実習生にとっては，長時間労働と休憩時間の短縮，そして低賃金によって，昼ごはんをまともに食べる時間がない場合も多い。この場合，私たちは，大切な食べものを（安価なものが多い），誰かの食べる幸せを奪うことでしか，味わうことができていないことになる。

　そのようなことがないように，労働者に過酷な仕事をさせていないことを証明する「フリートレード」製品が世の中に広まりつつある。その多くは，コーヒーやバナナやチョコレートなど，かつての西欧列強の支配してきたアジアやアフリカや南米の植民地のプランテーションで育った商品ばかりである。このような運動が全世界で起こること自体がどれだけ世界で労働者への暴力が存在するかの傍証なのだが，残念なことに，そういった商品は割高であり，家計余裕のない人びとにとっては購入ができない。遠くのバナナ農園で過酷な労働をしている子どもたちよりも，低賃金であっても，目の前にいる我が子をなんとか食べさせたいと考えるのは自然であろう。食をめぐる学問の担い手は道徳家ではないのだから，そういう人びとにより高い食品を買わせるように説教する

---

(3)　技能実習生の問題については，澤田晃宏（2020）『ルポ 技能実習生』ちくま新書からまず読み始めることをおすすめする。

ことはできない。

　ただ，忘れてはならないのは，そのような構造を生み出している現状を知り，
そのからくりを調べて，社会に伝えることまでも遠慮する必要はない，むしろ，
それらを冷静に，本当のことが暴露するのを恐れず分析することは推奨されて
しかるべきだということだ。その構造をひとりの生活者として支持するにせよ，
批判するにせよ，食をめぐる力のあり方を知ることで，社会の仕組みをより深
く知り，意志さえあれば，生活者としての行動につなげることができるからで
ある。

　平和学者のヨハン・ガルトゥングは，このような暴力を，行為主体がはっき
りしている直接的暴力と区別して，「構造的暴力」と呼んでいることは有名な
ので，どこかで聞いたことがあるかもしれない。食の研究を始めようとする人
間は，この概念を知っていた方がいいだろう。また，私は，そのような構造的
に食一般にはたらきかける「力」のことを，「食権力」と呼んでいる。専門的
な議論については，「食権力論の射程」という論文を書いたことがあるので，
そちらを参照願いたい。⁽⁴⁾

植民地の権力と食

　高校の世界史の教科書を読んでいると，食権力が最もわかりやすいかたちで
発動している場面がある。それこそ，奴隷制の説明にほかならない。高校時代
の私は世界史が好きな科目だったけれども，これほどまでに食卓と深く結びつ
く科目だと気づいたのは，乱読の快楽に目覚めた院生の頃である。世界史を食
で語る本がたくさん出版されていて，読む機会が増えた。

　ポルトガルがブラジルを，イギリスがカリブ海の島々を武力を用いて植民地
化したあと，そこでヨーロッパで需要が高まっていた砂糖の原料であるサトウ
キビを栽培するための必要な労働力を，現地ではなく，アフリカから調達した。
現地の人たちは，欧米人たちを大量に殺したこともその理由のひとつだった。

---

(4)　藤原辰史（2021）「食権力論の射程」服部伸編『身体と環境をめぐる世界史』人文
　　書院。

　砂糖もコーヒーもカカオも茶も，そして，綿花やゴムも含め，私たちの暮らしに欠かせない植物が奴隷労働と深く関わってきたことはいうまでもないだろう。綿花がこれほど大量に作られなければ，私たちの衣服の原料は違うものだっただろう。ゴムの木がこれほどまでに栽培されなければ，自動車はこんなにもアスファルトの上を走ってはいないだろう。奴隷の調達といっても，アフリカの人々は，自分の意志でサトウキビ栽培に携わったわけではない。ここでも武力が用いられて強制的にアフリカの人々が「狩られ」，かなりの割合で死んでいく奴隷船に詰め込んで，サトウキビのプランテーションに送られた。1400年で1000万人を超えると歴史家たちによって数えられた奴隷たちは，中南米に住む黒人たちの先祖であるのだが，夜は脱走させないように足枷をはめられたり，日常的に殴られたり，殺されたりした。

　ヨーロッパでかつて宮殿だった場所に訪れると，温かいチョコレートを飲むための食器が展示されていることがある。また，イギリスの産業革命を支えた労働者たちは，朝に，紅茶に砂糖をたっぷり入れて栄養ドリンクのように飲む習慣があった。兵士たちにもお茶は欠かせなかった。世紀末ウィーンのカフェでは，知識人たちがたむろし，コーヒーをすすりながら新聞を読み，友人と議論していたことは知られている。それらは，貴族文化の発展，経済成長，戦争，知識の交流など，世界史の教科書で，重要な事項として語られる事象なのだが，そこに奴隷に対する宗主国の暴力が深く絡んでいることが意識されることは少ないだろう。

　奴隷たちはどれほど厳しい状態に追い込まれていたのか。衝撃的なのだが，たとえば，このような状況が続くくらいなら，先祖代々伝わってきた薬草を飲んでお腹の子どもを堕胎して，将来の子どもたちに同じ苦しみを与えることを避けた女性たちもいた。また，みずから煮えたぎる釜の中に入ったりして，死をかけた抵抗に訴えた事例もある。[6]

---

(5)　奴隷の歴史については，布留川正博（2019）『奴隷船の世界史』岩波新書から読まれることをおすすめしたい。

(6)　ロンダ・シービンガー　小川眞里子・弓削尚子訳（2007）『植物と帝国──抹殺された中絶薬とジェンダー』工作舎。

　奴隷には，賃金を支払わなくてよい。当時の法律上，奴隷は人間ではなく，所有物なので，基本的にはプランターたちの自由意志に任せられていた。綿花畑の害虫をとらせても，食事や洗濯を任せても，自分の妾として囲って子どもを産ませても，それは所有者の自由である。現在の視点から見るならば，それは巨大な国々が公式に認めている，グローバルな「ぼったくり」だと思ってさしつかえないだろう。なぜなら，払わない賃金の分は，現在の言葉でいうならば，人件費の徹底的なカットであり，その分はプランターのふところに入るからである。

奴隷解放後の労働

　しかし，奴隷の所有者たちは，だんだんと奴隷で儲けるのは割が合わないと感じ始める。武装して奴隷を集め奴隷船で運び，海難事故で奴隷を損失することを恐れて莫大な保険金をかけ，徐々に広まってきた奴隷制反対運動の流れに抗するために奴隷制維持派の政治家を支援するコストよりも，解放された奴隷や労働者に賃金を払ってやる気を出させ，労働させた方が，効率が良いことが徐々にわかってきたからである。

　19世紀の各国列強の奴隷解放の流れは，リンカーンの「奴隷解放宣言」に端的に見られるように，人権思想の広まりと人間精神の進展という文脈で読まれやすい。だが，リンカーンは奴隷には反対したが，人種差別には反対しなかった。奴隷解放後，新たに人の価値を決める基準として，同じ時代に「人種」というそれ自体実態のない概念が登場するのも，偶然の一致ではない。低賃金の労働者を得るために，人種は有効な役割を果たしていくわけである。

　私は，食をめぐる歴史を研究する上で，学術書だけではなく，文学から多くを学んだ。それは，たまたま学生から院生まで所属した研究室が，文学や芸術を学ぶ研究室だったこととも関係がある。若い時にはどんどん他流試合をせよ，という指導教員の無謀な言葉を信じ，文学や農学のゼミや研究会にも顔を出した。そこでわかったのは，奴隷という問題のみならず，奴隷解放後の奴隷的人間が，どれほど文学表現に深く根ざしているか，である。

　ベルギー領コンゴとアマゾンのゴム農園の，手足の切断などの懲罰を含む過

図表24-1　1830年ごろにドイツの画家ヨハン・モーリッツ・ルーゲンダスが
　　　　　描いた，ブラジルに向かう奴隷船の内部。

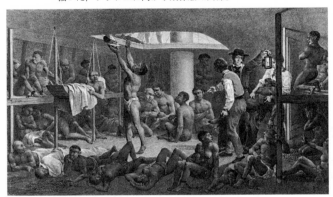

Johann Moritz Rugendas「Navio negreiro（奴隷船）」1830年
（出所）Wikipedia Commons

酷な労働実態を告発したイギリスの外交官ロジャー・ケイスメントを主人公に
した，マリオ・バルガス＝リョサの『ケルト人の夢』[7]は，ケイスメントがイギ
リス帝国の周縁であるアイルランド出身であることと深く結びつきながら物語
が劇的に進展していく小説である。

　また，1905年にアメリカで刊行されたアプトン・シンクレアの『ジャングル』
は，ネズミが走り，悪臭が漂うシカゴの食肉処理場で奴隷のように働かされる
だけではなく，住宅販売の詐欺のカモとして搾り取られるリトアニア系移民の
悲劇を描いている。綿密な調査をもとに描かれたこれらの作品は，奴隷解放後
の奴隷的労働の実態に肉薄している。

　いうまでもないが，前段でとりあげた日本の技能実習生の問題は，人件費カッ
トによる利潤の拡大を目指す経済運動として奴隷制の延長に考えられても何ら
強引ではない問題であることがわかるだろう。

「奴隷解放後の奴隷制」のとナチス

　以上の学習は，私が，卒業論文でナチス（国民社会主義者たち）の農業政策，

---

(7)　マリオ・バルガス＝リョサ　野谷文昭訳（2021）『ケルト人の夢』岩波書店。

とりわけ食糧自給政策や農民保護政策を扱って以来，ずっと中心的な課題としてきたナチスの農業政策の意味を知る上で，かなり長時間の道草であったと思う。実家が兼業農家だったというこれ自体免れることができない「生育環境」が，卒業論文のテーマにいきあたるきっかけだったのだが，それ以降の研究の進展はほとんど，友人との研究会で，あるいは，書評を頼まれたり，フィールドワークに連れて行かれたり感想を求められたりして読まされ，学ばされたものが多い。だが，食や農にかぎらず，人文学という営みは，どれほどこうした偶然や強制に付き合わされるかが重要だと信じている。私もまた，そのおかげで，ナチスの歴史的意味を従来の研究とは少し違った視点から考えることができるようになった。

　というのは，修士課程ではナチ期の農民たちの歴史を技術史の文脈で描いたのだが，それ以降，研究会などで「食」のテーマを考えるような機会に恵まれるようになったからである。とりわけ大きかったのは，『食の共同体——健康と動員』（ナカニシヤ出版）という本に結晶化した執筆者4名，編集者1名による手弁当の共同研究である。参加者たちに促されるようにナチスの食研究を担当した結果，当時の台所が強制的にコントロールされていたことがわかった。私は，主婦の領域とされた台所に降り注ぐ政治，男性，科学の力のあり方をこの論文集に描き，のちに『ナチスのキッチン——「食べることの環境史」』という本を書くきっかけとなる。

　さらに，職場で「第一次世界大戦の総合的研究」という共同研究に参加したときも，戦時中の飢餓でドイツ人が76万人以上亡くなった事象を扱うようになり（『カブラの冬——第一次世界大戦期ドイツの飢饉と民衆』人文書院，2011年），そのおかげで，ナチスが，この飢餓をプロパガンダとして利用していた事実を知るようになったのである。ナチスの自給自足計画は，もともとはそれが日本で真剣に取り組まれていないことへの当てつけのような気持ちで史料を集めて分析したのだけれど，ヒトラーが政権を獲得する十数年前の飢餓の記憶と結びついているとわかったときの知的興奮は今でも忘れられない。

---

(8)　池上甲一他（2007）『食の共同体——動員から連帯へ』ナカニシヤ出版。

　それから，しばらくして，自分の中でなかなかうまく位置づけられなかったナチスの人種主義や障害者差別を，ようやくこの文脈で考えることができそうになった。それも，半ば強制的な要因である。職場の大学の文学部で「食と農の現代史」を受け持つことになり，必死になって読んできた本が，実はこれまで紹介してきた本である。

　ナチスは，まず政権獲得後，失業問題を「解決」した。600万人といわれた失業者たちは統計上ほぼゼロになったのである。また，食糧完全自給自足は達成できなかったとはいえ，ある程度まで食糧問題を「解決」してしまった。ドイツ人は戦争の末期に至るまでほとんど飢えることはなかったのである。

　ただし，ここからが重要なのだが，そのために多くの「異人種」と「障害者」を犠牲にすることさえ厭わなかった。失業問題の解決と，共産主義者や異人種や障害者の排除と殺戮は不可分の関係にあった。また，ドイツ人が飢えなかったのは，スラヴ人やユダヤ人を農場で「奴隷」として働かせ，さらに，占領地の住民やソ連の捕虜にも十分な食事を与えない政策を意図的に取ったことと関係する（これを「飢餓計画 Hungerplan」と呼ぶ）。

　ひるがえって，もう一度，あなたの食卓や冷蔵庫の食べものを眺めてみよう。それらは，植民地の統治者たちのような暴力からどこまで自由なのだろうか。ナチスのような差別意識からどこまで自由なのだろうか。仮にこれらの暴力が現在の日本にも見られるとするならば，プランターでも奴隷所有者でもナチズムの信奉者でもないはずの私たちは何者なのだろうか。

　私たちを取り巻く食の環境が飽食でありながら，いかに制限されているかに気づき，食を選ぶという行為が，いかに強大な力に動かされた結果であるのかを考えてみることは，私の研究過程が如実にあらわしているように，食の研究の到達点として示されるべきもの，というよりは，入門の段階で心得ておくべきことだろう。食と農の人文学という門の扉が実はかなり重いと私が思うのは，さしあたり以上のような読書や研究の経験から抱いた遅まきの反省からである。

推薦図書
・ピーター・チャップマン　小澤卓也・立川ジェームズ訳（2018）『バナナのグローバ

ル・ヒストリー』ミネルヴァ書房

アメリカ発の多国籍企業のユナイテッド・フルーツ社の歴史を描く。軍隊の力で労働者のストライキを打破し，過酷な労働を強いた事実を淡々と伝える作品。奴隷解放後の奴隷的労働を扱った名著だといえよう。

・開高健（1982）『輝ける闇』新潮文庫

開高健の食事の描写はいつも匂いと歯応えが強烈に伝わってくる。これは，ヴェトナム戦争のアメリカ軍の従軍記者となって，その恐るべき実態を描いた作品なのだが，普段の味覚，普段の睡眠の延長としてあらわれる20世紀後半の人類史の負の到達点の人間模様は大きな示唆を与えてくれるだろう。

・ポール・ロバーツ　神保哲生訳（2012）『食の終焉——グローバル経済がもたらしたもうひとつの危機』ダイヤモンド社

いつも，私を「食と暴力」の問題に立ち返らせてくれる座右の書。学生たちにも必ず薦める。鳥イフンルエンザの問題や過剰な食品の広告がグローバルなフードシステムと深く絡んでいるという警鐘に戦慄を覚える。

あ と が き

　学問の営みを，高校や大学の白い壁のなかに閉じ込めているのはもったいない。ましてや，毎日，3回も4回も私たちの身体を貫き通す「食べもの」の文化や経済や歴史を学ぼうとするのであれば，あるいはまた，私たちの衣食住を支える農業や漁業を人文学の視点から学ぼうとするのであれば，高校や大学だけで学習や研究を終えることは，やはり，いろいろともったいない。本書の書き手はみな，そこを大胆にはみ出ているからこそ，誰もが体験できない世界を知ることができている。編者である私たちだって，書き手たちの信じられないような魅惑の体験に嫉妬し，歯ぎしりしているのだから。

　本書を閉じるにあたって，本書のユニークな点だと思われることについて，2点だけお伝えすることをお許しいただきたい。

　第一に，大学の外で仕事をしている人たちや，かつて仕事をしてきた人たちがたくさん執筆していることである。作家やノンフィクション・ライターの厳しくも充実した取材と表現の試行錯誤を追体験することは，間違いなく，食と農の人文学の入門のモチベーションを高めてくれるだろう。また，研究者になるまえに働いてきたことが，のちの研究に生きていくプロセスを知ることは，大学の外で働きながらも研究をしている人たちにも勇気を与える。

　本書の第二の特徴は，食と農をめぐる学習と研究の悩みが，章によってはかなり赤裸々に語られていることである。演劇だったら楽屋や稽古の話にあたるだろうし，料理ならば料理人の修行中の話にあたるかもしれない。とりわけ，フィールドワークという人類学や地理学で積極的にもちいられる手法は，なにせ，現場に入り込んで，その場で起こる日常のことを体当たりで記述しようとする試みなのだから，裏話が魅力的であるのは当然である。そんな話が収録されているのは，もちろん，表現者だって研究者だってしょせん人間なのだから，と弱みを晒して，読者に媚を売るためではない。表現や研究の担い手にとって，

とりわけ本書のようなテーマを選ぶとき，日常の試行錯誤のなかに，食や農，もっといえば，生の本質が垣間見える瞬間があるから，どうしても自分の行為をみつめることが必要だからである。そして，本書のいくつかの章が，出会った人たちの生の「やるせなさ」や「切なさ」を描いているように感じられるのも，食と農というテーマの切実さと深く関係しているからだと思う。

　本書は，ミネルヴァ書房の本田康広さんに「食と農をめぐる入門書を」と声をかけられた編者の湯澤規子さんが，日頃，農業史学会でシンポジウムを組織したり，食と農をめぐる研究会を共同運営したりしている伊丹一浩さんと私(藤原)に声をかけ，実現したものである。次々に押し寄せる原稿はどれも驚くものばかりで，編集は楽しい作業だった。本書の生みの親である本田さんに，心からお礼を申し上げたい。

　本書によって，食と農の人文学という，冒険的で雑多で，五感が活性化する世界の門に足を踏み入れるきっかけを読者が得られたならば，これに勝る喜びはない。

　2024年正月

　　　　　　　　　　　　　　　編者を代表して　藤原辰史

索　引　＊は人名

《執筆者紹介》 所属，執筆分担，執筆順　＊は編著者

横山　智（よこやま　さとし）第**1**章
　　名古屋大学大学院環境学研究科教授
　　専門領域：文化地理学，生業研究，東南アジア地域研究，発酵食文化
　　主著：『納豆の起源』NHK出版，2014年

野中健一（のなか　けんいち）第**2**章
　　立教大学文学部史学科教授
　　専門領域：地理学・生態人類学
　　主著：『民族昆虫学──昆虫食の自然誌』東京大学出版会，2005年

小松かおり（こまつ　かおり）第**3**章
　　北海学園大学人文学部教授
　　専門領域：生態人類学・地域研究
　　主著：『バナナの足，世界を駆ける──農と食の人類学』京都大学学術出版会，2022年

井坂理穂（いさか　りほ）第**4**章
　　東京大学大学院総合文化研究科教授
　　専門領域：南アジア近代史
　　主著：*Language, Identity, and Power in Modern India: Gujarat, c.1850–1960*, Routledge, 2022

橋爪伸子（はしづめ　のぶこ）第**5**章
　　同志社大学経済学部非常勤講師
　　専門領域：食文化史
　　主著：『地域名菓の誕生』思文閣出版，2017年

＊伊丹一浩（いたみ　かずひろ）第**6**章
　　編著者紹介頁参照

山手昌樹（やまて　まさき）第**7**章
　　共愛学園前橋国際大学国際社会学部専任講師
　　専門領域：イタリア近現代史
　　主著：『教養のイタリア近現代史』（共編著）ミネルヴァ書房，2017年

岩間一弘（いわま　かずひろ）第**8**章
　　慶應義塾大学文学部教授
　　専門領域：東アジア近現代史
　　主著：『中国料理の世界史──美食のナショナリズムをこえて』慶應義塾大学出版会，2021年

野間万里子 (のま まりこ) **第9章**

大阪樟蔭女子大学学芸学部ライフプランニング学科准教授

専門領域：食料・農業経済学，畜産史，食生活史

主著：『近代日本牛肉食史』吉川弘文館，2024年

阿部希望 (あべ のぞみ) **第10章**

宮城大学食産業学群フードマネジメント学類助教

専門領域：農業史，食文化史

主著：『伝統野菜をつくった人々──種子屋の近代史』農山漁村文化協会，2015年

安井大輔 (やすい だいすけ) **第11章**

立命館大学食マネジメント学部教授

専門領域：社会学，Food Studies

主著：『フードスタディーズ・ガイドブック』（編著）ナカニシヤ出版，2019年

赤嶺 淳 (あかみね じゅん) **第12章**

一橋大学大学院社会学研究科教授

専門領域：食生活誌学，食生活史研究

主著：『クジラのまち 太地を語る──移民，ゴンドウ，南氷洋』（編著）英明企画編集，2023年

平賀 緑 (ひらが みどり) **第13章**

京都橘大学経済学部准教授

専門領域：食の政治経済学，食と資本主義の歴史

主著：『植物油の政治経済学──大豆と油から考える資本主義的食料システム』昭和堂，2019年

木村純子 (きむら じゅんこ) **第14章**

法政大学経営学部教授

専門領域：地理的表示，テリトーリオ，地域活性化

主著：『イタリアのテリトーリオ戦略：甦る都市と農村の交流』（共編著）白桃書房，2022年

池口明子 (いけぐち あきこ) **第15章**

横浜国立大学教育学部教授

専門領域：地理学，文化生態学

主著：『身体と生存の文化生態』（共編著）海青社，2014年

＊湯澤規子 (ゆざわ のりこ) **第16章**

編著者紹介頁参照

友松夕香（ともまつ　ゆか）第**17**章

　法政大学経済学部経済学科教授

　専門領域：アフリカ研究，文化人類学，農業史，ジェンダー

　主著：『サバンナのジェンダー──西アフリカ農村経済の民族誌』明石書店，2019年

矢野敬一（やの　けいいち）第**18**章

　静岡大学教育学部教授

　専門領域：近現代文化史

　主著：『まちづくりからの小さな公共性──城下町村上の挑戦』ナカニシヤ出版，2017年

河上睦子（かわかみ　むつこ）第**19**章

　相模女子大学名誉教授

　専門領域：哲学，社会思想，女性論

　主著：『宗教批判と身体論』御茶ノ水書房，2008年

原山浩介（はらやま　こうすけ）第**20**章

　日本大学法学部教授

　専門領域：現代史，社会学

　主著：『消費者の戦後史』日本経済評論社，2011年

須崎文代（すざき　ふみよ）第**21**章

　神奈川大学建築学部建築学科准教授

　専門領域：建築史，生活史，民俗学

　主著：カトリーヌ・クラリス『キュイジーヌ──フランスの台所近代化』(訳)鹿島出版会，2024年

中原一歩（なかはら　いっぽ）第**22**章

　ノンフィクション作家

　専門領域：政治，社会，食文化

　主著：『私が死んでもレシピは残る　小林カツ代伝』文藝春秋，2016年

深緑野分（ふかみどり　のわき）第**23**章

　小説家

　専門領域：小説およびその他書き物全般の執筆

　主著：『戦場のコックたち』東京創元社，2015年

＊藤原辰史（ふじはら　たつし）第**24**章

　編著者紹介頁参照

《編著者紹介》

湯澤規子（ゆざわ　のりこ）
　　2003年　筑波大学大学院歴史・人類学研究科博士一貫課程満期退学
　　2004年　博士（文学，筑波大学）
　　現　在　法政大学人間環境学部人間環境学科教授
　　専　門　歴史地理学，農業史，社会経済史
　　主　著　『焼き芋とドーナツ──日米シスターフッド交流秘史』KADOKAWA，2023年。
　　　　　　『胃袋の近代──食と人びとの日常史』名古屋大学出版会，2018年。
　　　　　　『在来産業と家族の地域史──ライフヒストリーからみた小規模家族経営と結城紬生
　　　　　　産』古今書院，2009年。

伊丹一浩（いたみ　かずひろ）
　　1998年　東京大学大学院農学生命科学研究科博士課程単位取得退学
　　1999年　博士（農学，東京大学）
　　現　在　茨城大学農学部地域総合農学科教授
　　専　門　近代フランス農業史
　　主　著　『製酪組合と市場競争（フィックスト・ゲーム）への誘引──19世紀から20世紀初頭の
　　　　　　フランス・オート＝ザルプ県を対象に』御茶の水書房，2022年。
　　　　　　『山岳地の植林と牧野の具体性剥奪──19世紀から20世紀初頭のフランス・オート＝ザ
　　　　　　ルプ県を中心に』御茶の水書房，2020年。
　　　　　　『堤防・灌漑組合と参加の強制──19世紀フランス・オート＝ザルプ県を中心に』御茶
　　　　　　の水書房，2011年。

藤原辰史（ふじはら　たつし）
　　2002年　京都大学大学院人間・環境学研究科博士課程中退
　　2003年　博士（人間・環境学，京都大学）
　　現　在　京都大学人文科学研究所准教授
　　専　門　食と農の現代史
　　主　著　『分解の哲学──腐敗と発酵をめぐる思考』青土社，2019年。
　　　　　　『給食の歴史』岩波新書，2018年。
　　　　　　『決定版　ナチスのキッチン──「食べること」の環境史』共和国，2016年。

入門 食と農の人文学

2024年4月30日　初版第1刷発行　　　　　　　　　〈検印省略〉

定価はカバーに
表示しています

編 著 者　　湯　澤　規　子
　　　　　　伊　丹　一　浩
　　　　　　藤　原　辰　史

発 行 者　　杉　田　啓　三

印 刷 者　　藤　森　英　夫

発行所　株式会社　ミネルヴァ書房
607-8494　京都市山科区日ノ岡堤谷町1
電話代表　(075)581-5191
振替口座　01020-0-8076

©湯澤, 伊丹, 藤原ほか, 2024　亜細亜印刷・吉田三誠堂製本
ISBN978-4-623-09719-7
Printed in Japan

ミネルヴァ書房
https://www.minervashobo.co.jp/